康养职业技能培训系列教材

# 指导师

总主编：韦莉萍
主　编：韦莉萍　王秀岚
副主编：巫炬华　林丽娜
编　委（排名不分先后）：
　　　　边文彦　黄廷芬　麦剑荣
　　　　林丽娜　沈　怡　王秀岚
　　　　巫炬华

·广州·

**图书在版编目（CIP）数据**

汤养指导师/韦莉萍，王秀岚主编．—广州：广东高等教育出版社，2021.12

（康养职业技能培训教材）

ISBN 978-7-5361-7046-9

Ⅰ．①汤… Ⅱ．①韦…②王… Ⅲ．①汤菜－烹饪－职业培训－教材 Ⅳ．①TS972.122

中国版本图书馆 CIP 数据核字（2021）第 129809 号

TANGYANG ZHIDAOSHI

| | |
|---|---|
| 出版发行 | 广东高等教育出版社 |
| | 地址：广州市天河区林和西横路/510500 |
| | 营销电话：（020）87553335　38493773 |
| | 网　　址：http://www.gdgjs.com.cn |
| 印　刷 | 东莞市翔盈印务有限公司 |
| 开　本 | 787 mm×1 092 mm　1/16 |
| 印　张 | 21.25 |
| 字　数 | 375 千 |
| 版　次 | 2021 年 12 月第 1 版 |
| 印　次 | 2021 年 12 月第 1 次印刷 |
| 定　价 | 58.00 元 |

# 前　言

中国的饮食文化和烹调技艺是五千年文明史的重要组成部分，是我们向世界展示璀璨文化的亮丽名片。中华民族自古就有"寓医于食"的传统。在中医学数千年的发展史中积累、总结了丰富的食疗经验，《黄帝内经·素问》提出"五谷为养，五果为助，五菜为充，五畜为益，气味合而服之，以补益精气"的论点，东汉医圣张仲景在《金匮要略》中说："所食之味，有与病相宜，有与身为害，若得宜则益体，害则成疾。"唐代药王孙思邈的《千金要方·食治》，精辟地论述了食疗是行之有效的治病方法之一；明代医药学家李时珍的《本草纲目》中有700多种食物性味归经，并指出"食物入口，与药之治病同为一理"的传统食疗理论。粤菜是我国八大菜系之一，也是体现我国传统食药同源理念的典范。民间素有谚语"食在广州，厨出凤城"，粤菜因其取百家之长、选料广博、做工精细、中西结合、质味鲜美、养生保健等特点而名扬天下。"宁可食无肉，不可食无汤""饭前先喝汤，胜过良药方"是岭南汤养文化的特点。

本书旨在深入浅出、通俗易懂地介绍汤对人体的益处，不但从营养学的角度解释食物的营养素和能量，还从中医食疗、药膳的角度认识广东靓汤的汤料选取和搭配；立足实用，详细介绍养生汤的制作方法和流程。作为汤养指导师的培训教材，学习者通过学习本教材，可以具备在餐饮企业、养老机构、月子会所等汤品生产岗位从业的能力，同时能提升家政从业者的专业技能，并为从事乡村旅游的家庭赋值。

根据国务院办公厅印发的《职业技能提升行动方案（2019—2021年)》《广东省职业技能培训合格证书管理办法》，广东省人力资源和社层保障厅相继颁布了培训合格证书的标准。合格证书制度不仅仅是国务院提出的大规模技能提升行动方案实施的一项重要举措，更是取消国家职业资格认定、推行职业培训包制度的有益补充，也是适应技能提升真正落地的重要制度。习近平总书记说"没有全民健康就没有全面小康"。健康应该是生命全周期的健康，康养技能培训主要是指一老一小的健康相关职业的培训，康养职业技能不仅能解决就业问题，更能拉动内需，促进经济发展，利他利己，利国利民。为了更好地配合落实培训合格证制度，中国医药教育协会健康服务与职业能力评价中心、南方医院营养与健康研究院组织编写了系列康养职业技能的合格证书教材，包括《小儿推拿保健指导》《家庭芳疗照护》《康养照护》《汤养指导师》等。参加本教材编写的有广东南大职业培训学院的韦莉萍，广州新华学院的边文彦、黄廷芬、麦剑荣、林丽娜、沈怡、王秀岚，广州市旅游商务职业学校的巫炬华。本教材编写时间仓促，有不足之处，请联系13332866388。

编　者

2020年3月于广州

# 目 录

## 01 第一章
### 职业基本素质 ......... 1
第一节　粤菜灵魂：汤文化 ......... 2
第二节　职业道德素养 ......... 3

## 02 第二章
### 营养学概论 ......... 9
第一节　营养学的发展简史 ......... 10
第二节　能量 ......... 16
第三节　营养素 ......... 22
第四节　水 ......... 54
第五节　各类食物的营养价值 ......... 56
第六节　中国居民膳食指南 ......... 69

## 03 第三章
### 中医与营养 ......... 78
第一节　中医食养 ......... 79
第二节　食物的四气、五味及其配伍应用原则 ......... 87
第三节　不同体质辨识与食养 ......... 105
第四节　不同人群的特点及其药膳汤品选择 ......... 120

## 04 第四章
## 烹调与食物营养 …… 147

- 第一节　烹调与食物营养　……　148
- 第二节　汤品食材加工方法　……　180
- 第三节　汤品的制作方法　……　183
- 第四节　不同季节的汤品制作　……　191

## 05 第五章
## 食品安全与卫生管理 …… 201

- 第一节　食品安全与食品卫生概述　……　202
- 第二节　食品污染及其预防　……　206
- 第三节　各类食品的卫生要求及其管理　……　226
- 第四节　食物中毒及其预防　……　257

## 附　录 …… 277

- 附录1　膳食指南知识自测表　……　277
- 附录2　中国成人BMI与健康体重对应关系　……　275
- 附录3　中国7～17岁儿童营养状况的BMI标准　……　278
- 附录4　常见身体活动强度（MET）和能量消耗表　……　279
- 附录5　定量估计食物摄入量　……　289
- 附录6　中国居民膳食营养素参考摄入量表（DRIs 2013）　…　287
- 附录7　常见食物成分表　……　293
- 附录8　重要营养素的主要食物来源　……　310
- 附录9　食物血糖生成指数　……　321

## 参考文献 …… 331

# 第一章 职业基本素质

## 学习目标

**识记**

掌握汤养指导师的职业道德。

**理解**

(1) 了解汤品的起源。

(2) 了解汤品的发展。

(3) 了解职业道德的含义。

**运用**

掌握有效沟通的技巧。

## 第一节 粤菜灵魂：汤文化

岭南地区背山临海，炎热多雨，气候适宜生物的生长繁殖；拥有漫长的海岸线、丰富的海产资源，这些都为岭南地区的居民提供了丰富的食材；也为岭南地区汤品的制作提供了自然基础。

汤的制作历史文化悠久，是饮食文化的重要组成部分。伊尹的《汤液经》中记载，造汤"阳补之姜，招摇之桂"；《黄帝内经》中记载"半夏秫米汤"；张仲景的《金匮要略》中记载"当归生姜羊肉汤"；唐代宫宴的甘露羹（配制了何首乌、鹿筋、鹿血等制成的汤）；清代满汉全席上有鲜蛏萝卜丝羹。这些历代所记载的汤几乎都是药食同源的养生思想的体现。同时，《礼记·王制》中记载"羹食自诸侯以下至于庶人，无等"，表明了汤的运用范围广，是人人可食用的大众化菜肴。从秦朝至隋唐时代，大批的中原汉人南迁，与南越人共处，有"汉越融合"之说，使得岭南地区不断接受中原文化和医学的辐射。这些都为岭南地区汤养文化的形成和发展奠定了文化基础和群众基础。

在长期的发展中，岭南汤养文化渗透着"食医合一"的饮食理念，即岭南地区的居民将汤的养生保健作用发挥到了极致，使得汤品在人们的日常养生、防治疾病以及病后康复等方面都发挥着重要作用。善于就地取材的岭南居民会根据时令选择地方本草煲汤以达到养生保健的目的，例如，岭南地区的居民在春季选择煲塘葛菜生鱼汤来疏肝清补；夏季选择煲冬瓜薏米水鸭汤来清心消暑；秋季选择煲菜干杏仁猪肺汤来养肺润燥；冬季则选择煲茶树菇土鸡汤来补肾固本、滋阴壮阳。

经过长期的传承和演化，岭南汤养文化成为岭南地区的重要文化符号。2010年广州亚运会，在国宴上接待亚洲45个国家政要贵宾的第一道菜就是极具岭南地域特色的汤——选用野菊、水鸭、花胶配以鲜鸡熬成的鸡汁和山泉水清炖而成的润而不燥的滋补养生汤。在岭南地区，无论是丰盛的宴会还是每天的家常便饭，居民几乎离不开各种美味的汤，他们既热衷饮汤，又擅长根据季节、性别、年龄、健康状况等选择用不同的汤料、不同的烹调方法烹制出不同口味和功效的汤。这些汤大多以滋味鲜美、营养丰富而享誉各地，因此促进了岭南汤养文化的传播。

## 第二节 职业道德素养

### 一、职业道德

职业道德是人们从事某种职业活动必须遵守的行为规范。从业人员缺乏职业道德将会影响行业与社会公众的关系，损害社会公众的利益，最终必然损害从业人员的自身利益。

作为一名合格汤养指导师，不仅要有较高的制作汤品技术，更要具备良好的职业道德。汤养指导师职业道德守则如下。

（一）忠于职守，爱岗敬业

汤养指导师向公众提供健康、安全、好滋味的汤品，丰富人民群众的饮食生活，研究汤品制作，不仅能造福人民，也能为丰富我国优秀传统文化做贡献。汤养指导师应认识到自己工作的意义，热爱本职工作，积极钻研业务，履行工作职责，树立"讲科学、重研究"的思想意识。

（二）讲究质量，注重信誉

在日常工作中，汤养指导师应以高度的责任感对待每一刀、每一勺、每一块原料、每一款汤品，视汤品质量如个人生命，把满足客人的需求视为自己的责任。对待业务工作要重信誉、讲诚信，严把质量关，不偷工减料，不用来源不明的原料。

### （三）尊师爱徒，团结协作

在日常工作中，人际关系和环境气氛的和谐程度对工作效率的提高有极其重要的作用，因此，在工作中应尊重师长、耐心授徒、团结协作。

尊重师长就是要尊重师傅、老师和有经验的人，虚心向他们学习，主动向他们请教。在技术研究方面，可以解放思想、大胆突破，但在思想上和行动上仍要抱谦虚的态度。

耐心授徒就是要放弃"教会徒弟、饿死师傅"的保守思想，热情、耐心地向徒弟、学生、新员工传授技艺，促进他们成才。

团结协作要求同事间在工作上互相帮助、互相配合；技术上互相交流、学习，取长补短；思想上互相沟通、互相理解，在同事间、上下级间营造良好的人际关系氛围。

### （四）积极进取，开拓创新

人们对汤品的需求是无止境的。一名汤养指导师应以满足人们对汤品的需求为己任，积极进取，开拓创新，不断开发健康、安全、滋味的汤品，丰富人们的饮食生活。

烹制汤品是以手工操作为主，经验决定了汤品质量。与现代技艺相比，它既有根基深厚的一面，也有相对落后的一面。要使这些工艺赶上现代社会发展的步伐，从业者就要积极进取、开拓创新。

在创新方面，应把握好以下三个要点：

（1）创新不能脱离群众的普遍要求。脱离群众的需求是不切实际的做法，亦非创新。

（2）创新应尊重科学。创新是在科学理论指导下进行的，不是盲目的行为。

（3）创新应讲究效益。没有效益的创新是毫无意义的，创新既要追求经济效益，也要追求社会效益。

### （五）遵纪守法，讲究公德

（1）汤养指导师应严格遵守国家和地方的法律法令，应是一名守法的好公民。

（2）汤养指导师应严格遵守国家保护濒危动植物的法令，任何情况下都要拒绝烹煮受国家保护的动植物；还应树立环保的观念，做环保的促进者而不是破坏者。

（3）汤养指导师应带头遵守行规店规，自觉遵守企业规章制度、纪律。

（4）严格履行合同协议，保持良好的个人形象。

（5）遵守卫生法规，养成良好的卫生习惯，重视客人的身体健康和饮食安全，确保食品卫生。

## 二、沟通技巧

良好的人际关系不仅能够得到客户的认可，还有利于创造和谐的沟通氛围，彼此接纳，建立信任，保证服务的顺利开展，因此汤养指导师应不断提高语言表达能力及沟通技巧。

（一）语言沟通技巧

1. 寒暄技巧

当第一次接触客户时，一般多用打招呼、寒暄、自我介绍和问候等语言形式，更容易被客户顺利接纳。

2. 交流技巧

汤养指导师要用客户熟悉、易懂的语言，如可以使用当地方言和习惯用语；语气和蔼可亲、语速适中、声音有起伏、吐字清晰；谈话的内容简单明了，用词通俗易懂，注意把握谈话内容的深度，必要时运用图画、专业书籍等辅助表达，尽量避免使用生僻的专业术语；注意适当重复重点内容和不易被理解的概念；通过询问、观察，给对方提问和思考的机会，及时取得反馈，并根据对方的反应调整说话方式。

3. 倾听技巧

有效的倾听是人际沟通的基本技能之一。倾听是交流的基础，只有先了解对方的基本情况、存在的问题、对某些问题的想法及产生的根源，才能有效地进行判断和处理。对方讲话时，应始终保持一种鼓励和重视的态度，包括耐心和集中精力听对方讲话，交流中不要轻易打断对方，不在对方讲话时做其他事情，对方讲话内容离题时给以适当的引导，倾听中适当用虚词如"嗯""是的""明白"等，也可以通过微笑、点头等来表达对谈话的反应；注意辨别和理解对方的真实情感和思想；不轻易对对方的话做出结论；不急于表达自己的观点等。

4. 提问技巧

提问是人际沟通中获取信息、加深了解的重要手段。汤养指导师可以根据咨询中获取的信息，针对不同需要选用不同的提问方式。常用的提问方式有五种类型，每种提问都会产生不同的谈话效果。

（1）开放式提问，即提问者对所问问题的答案没有任何限定。这类问题给回答者以思考的余地，有助于对方坦率地表达自己的意见，是获取反馈信息的良好方式，适用于谈话和交往活动继续进行下去的场合。

（2）封闭式提问，即提问者对所问问题提供了有限的答案。这种提问方式，要求对方做出简短而确切的答复，如"知道"或"不知道"，"能"或"不能"，以及有关名称、地点、数量等问题。

（3）探索式提问，即针对回答者对封闭式、开放式问题的回答，为了了解对方存在某种观点、认识、现象、行为的原因，提问者要进一步问"为什么"，以进一步寻求更深层次的信息。适用于对某一问题进行深入了解的场合。

（4）倾向式提问，即提问者把自己的观点加在问话中，有暗示对方做出自己想要的答案的倾向。适用于有意提示对方注意某事的场合。在调查研究、健康咨询等以收集信息为首要目的的活动中，应注意避免使用此类提问方式。

（5）复合式提问，指一句问话中包含了两个或两个以上的问题。这种提问方式常使回答者感到困惑，不知如何作答，而且容易顾此失彼，遗漏其他问题。因此，在咨询过程中，应尽量避免使用复合式提问。

5. 反馈技巧

反馈及时是人际传播的一个重要特点。反馈技巧是指对谈话对象表达出来的情感或言行做出恰当的反应，这是建立良好人际关系的重要一环，可使谈话进一步深入，也可使对方得到激励和指导。反馈可分为多种形式，如：

（1）积极性反馈：表示一方对另一方的言行的理解或赞同。

（2）消极性反馈：表示一方对另一方的言行不理解、不赞同或反对。

（3）模糊性反馈：表示信息一方对另一方没有表达明确的态度和立场。

（4）鞭策性反馈：表示一方对另一方言行做出客观性的评价，或说明对方的言行给自己留下的印象，或向对方提出要求对问题做出最后的回答等。

（5）情感性反馈：表示运用移情方法，对咨询对象的感情流露做出恰当的反应，以表达已经理解对方的情感或思想之意。

（二）非语言沟通技巧

1. 表情

汤养指导师与客户交流时要不断地看着对方的面部，观察其反应。自然微笑能够使沟通在一个轻松的氛围中展开，消除由于陌生、紧张带来的障碍。

2. 眼神

眼睛是心灵之窗，内心的思想常不自觉地通过眼神流露出来。目光的接触，常表示对对方的尊重，但通常对视时间不宜超过 10 秒，否则可能会引起对方的不舒服。

3. 姿态和位置

汤养指导师要具有大方、得体的姿态。交谈中身体略微倾向对方，能让对方感受到热情和勾起对方对话题的兴趣。交谈时注意与客户之间的距离，不宜靠太近，保持礼貌距离即可，应该在30厘米左右。操作时，一般位于客户的右侧。

4. 动作

动作主要是辅助解释和传授某种技能所用。作为汤养指导师要尽量克服一些不好的习惯性动作。在操作过程中，动作要轻柔。

## 思考与练习

（1）汤品是怎样形成与发展起来的？
（2）结合现在社会发展谈谈汤品发展的趋势。
（3）汤养指导师应具备哪些职业道德？

# 第二章 营养学概论

### 学习目标

**识记**

（1）能正确陈述中国居民膳食宝塔（2016年）、中国居民平衡膳食餐盘（2016年）和儿童平衡膳食算盘三种可视化平衡膳食模式。

（2）能正确陈述《中国居民膳食指南（2016）》核心推荐六条内容。

**理解**

（1）能用自己的语言解释现代营养学和中国传统食疗的区别和各自特点。

（2）能用营养素的知识解释为什么人们要养成均衡膳食的饮食习惯，避免挑食、偏食。

（3）能根据各类食物的特点，解释煲汤时不同食材的搭配优缺点。

**运用**

（1）能熟练查阅《中国居民膳食营养素参考摄入量》（2013年版），确定不同人的膳食营养素目标值。

（2）根据营养学的基础知识和《中国居民膳食指南（2016）》的核心原则，为不同的人搭配煲汤的食材。

## 第一节　营养学的发展简史

### 一、对现代营养学和中国传统营养学差异化的理解

营养学是一门研究食物与机体的相互作用，以及食物营养成分（包括营养素、非营养素、抗营养素等成分）在机体里分布、运输、消化、代谢等的学科。对一门学科的理解，往往需要建立在对其历史发展脉络的理解之上。东、西方的营养学是完全不同的体系，保持开放的心态，方能兼容并蓄，西为中用。现代营养学发源于西方，奠基者是一些化学家，注重对营养素在分子层面的研究。所以，我们在学习时也往往从某一营养素的化学结构式、生理功能以及缺乏时的机体表现进行理解和识记，鉴于本书的实用性，我们省

略各营养素的结构式。美国属于分子领域的营养学代表，中国是整体营养学的代表，而日本则兼备了两者的特点。

## 二、中国传统营养学的特点

中国的饮食文化、中医文化和养生学是现代营养学的鼻祖。对食物安全性的研究，最早可追溯到远古时期的神农尝百草。在世界饮食科学史上，最早提平衡饮食观点的也是中国。成书于2400多年前的中医典籍《黄帝内经·素问》已有"五谷为养，五果为助，五畜为益，五菜为充，五畜为益，气味合而服之，以补精益气"及"谷肉果菜，食养尽之，无使过之，伤其正也"的记载，开创了均衡膳食的先河。中国传统营养学以中医理论为基础，重视整体观，讲究天人合一，即人体作为一个有机整体与自然息息相通，人体内环境与自然环境间呈现动态平衡，若因内外环境的改变或致病因素的干扰破坏了平衡，就可能导致疾病的发生，如气候突然变化，骤受寒冷，导致脏腑功能失调，应及时用驱寒食物以维持和促使人体内外环境相对稳定和平衡。

（一）因时制宜

食物的摄入本身就是自然界对人体内环境的一种直接干预，是保持人体内外环境相对统一的重要因素。正确运用不同性能的食物，可以使人体顺应气候变化，保持内环境的稳定，如夏季应多食西瓜、绿豆等，冬季应多食羊肉、狗肉等，秋季应多食梨、百合等。

（二）因地制宜

我国地域广阔、物产丰富，但人们生活的地理位置和生态环境差别较大，故生活习惯和饮食结构不尽相同。使人体顺应不同地理环境条件，是提高食物疗效的重要方面，如东南沿海地区潮湿温暖，宜食清淡、祛湿的食物；西北高原地区寒冷干燥，宜食温热、散寒、生津的食物。

（三）因人制宜

机体随着年龄的变化和体质的不同而有明显区别，因此应注重个体差异性，针对不同体质，选择相应的食物。如儿童身体娇嫩，为稚阴稚阳之体，宜选用性质平和、易于消化、健脾开胃的食物，慎食滋腻峻补之品；老年人气血阴阳渐趋虚弱，身体各部分机能低下，故宜食用有补益作用的食物，慎用过于寒凉和温热难以消化的食物；成年男性因消耗体力过多，应注重阳气的守护，宜多食补气助阳的食物；而女性在经、孕、产、乳等特殊生理时期，易伤血，故宜食清凉、阴柔、补血之品。阳虚者宜食温热补益之品；阴血不足者宜食养阴补血之品；易患感冒者宜食补气之品；湿热较甚者宜食清淡渗利之品。从而充分利用食物的各种性能，调节和稳定人体内环境，使之与自然环境相适应，起到保持健康、祛病延年的作用。

### 三、现代营养学的发展简史

2000年前，西方医学之父希波克拉底提出了饮食法则："把你的食物当药物，而不是把你的药物当食物。"1616年，笛卡尔创立了解析几何，为西方创立了新的思维方式，他对现代营养学的主要贡献是把食物整体进行分解，进而奠定了现代营养学发展史是一部分解的历史的基础，从食物中逐步发现各种营养素。

现代营养学从开始至今，大致可分为以下三个时期。

#### （一）营养学的萌芽与形成期（1785—1945年）

营养学的萌芽与形成期的特点：①在认识到食物与人体基本化学元素组成的基础上，逐渐形成了营养学的基本概念、理论；②建立了食物成分的化学分析方法和动物实验方法；③明确了一些营养缺乏病的病因；④1912—1942年，分离和鉴定了食物中绝大多数营养素（nutrient），该时期是发现营养素的鼎盛时期，也是营养学发展的黄金时期；⑤1934年美国营养学会的成立，标志着现代营养学的基本框架已经形成。

这一时期是营养学历史上突破最大、最多的时期，代表性的成果有：

1778年，"营养学之父"法国化学家拉瓦锡（Lavosier）鉴定并命名了氢和氧，阐明了生命过程是一呼吸过程，并提出呼吸是氧化燃烧的理论；1785年，法国化学家贝托莱（Berthollet）证明动物、植物体内存在氨（$NH_3$）和氮，这一重要发现标志着现代营养学的开端。随后一大批科学家陆续发现了蛋白质、碳水化合物、脂肪和常量矿物元素，并证明了它们是人体所必需的营养素。

19—20世纪初是发现和研究各种营养素的鼎盛时期。1839年，荷兰科学家穆耳德（Mulder）认识到蛋白质均大约含16%的氮。1842年，德国有机化学家李比希（Liebig）明确了食物组成和物质代谢概念。1860年，德国生理学家沃伊特（Voit）创建了氮平衡学说，并于1881年首次系统提出了蛋白质、碳水化合物和脂肪的每日供给量。1894年，德国化学家Voit的一名学生鲁布纳（Rubner）确定了碳水化合物、脂肪、蛋白质的能量系数；而另一名学生拉斯克（Lusk）研究了基础代谢和食物的热效应，并撰写了经典著作《营养学》（*The Science of Nutrition*）。1910年德国科学家费歇尔（Fischer）

完成了简单碳水化合物结构的测定。这些科学家以其伟大的科研业绩成为现代营养学的重要奠基人。

1886年，荷兰细菌学家艾克曼（Eijkman）建立了研究脚气病的模型，并发现白色精制大米可导致该病产生，而粗制带有麸皮的大米具有治疗作用。1912年，波兰科学家冯克（Funk）提出维生素的概念，并从半糖中提取出尼克酸。1913年，美国科学家麦考伦（McCollum）和戴维斯（Davis）及孟德尔（Mendel）发现维生素A缺乏导致夜症。1926年，荷兰科学家詹森（Jansen）和多纳特（Donath）分离出抗脚气病的维生素。到第二次世界大战结束，科学家们共发现了脂溶性和水溶性维生素14种，并证实了碘、钠、镁、铜和铁等矿物质对人体健康的重要意义。在此期间，科学界接受了坏血病、脚气病、佝偻病、癞皮病、干眼病等致残、致死性疾病是营养素缺乏性疾病的观点。

1929年，美国科学家Burr GM和Burr MM发现必需脂肪酸亚油酸。1935年，美国科学家Rose开始研究人体需要的氨基酸，确定8种必需氨基酸及需量。

1957年，为解决宇航员饮食问题，美国科学家格林斯坦（Greenstein）发明要素膳。1961年，瑞典科学家弗雷特林德（Wretlind）采用大豆油、卵磷脂、甘油等成功研制脂肪乳剂。1967年，美国科学家（Dudridk）提出静脉高营养的概念。1977年，美国科学家布赖克本（Blackburn）等调查发现患者存在着不同程度的营养不良。1977年，美国发布第一版《美国膳食指南》。

（二）营养学的全面发展与成熟期（1946—1985年）

（1）继续发现一些新营养素，并系统研究了这些营养素的消化、吸收、代谢及生理功能，营养素缺乏引起的疾病及其机制。

（2）不仅关注营养缺乏问题，而且开始关注营养过剩对人类健康的危害。1992年，美国发表了第三版《膳食指南》与《膳食指导金字塔》。1997年，美国提出"膳食参考摄入量"的概念。

（3）第二次世界大战期间，美国政府为防止士兵患营养缺乏病而建立了战时食物配给制度，这些调整食物结构的政策以及预防营养缺乏病所采取的社会性措施为公共营养的发展奠定了基础。"二战"后，国际上开始研究宏观营养，营养工作的社会性不断得到加强；随后在世界卫生组织（World Health Organization，WHO）和联合国粮农组织（Food and Agriculture Organization，FAO）的努力下，加强了全球营养工作的宏观调控性质，公共营养学应运而生。1996年，梅森（Mason）等人提出、并经1997第十六届国际营养大会讨论同意,将"公共营养"的定义最终明确下来,它标志着公共营养的发展已经成熟。

### (三)营养学发展的新的突破与孕育期(1986年至今)

1. 营养学的研究领域更加广泛

除传统营养素外,植物化学物(phytochemicals)对人体健康的影响,尤其是对慢性病的防治作用逐渐成为营养学研究热点;另外,不仅研究营养素的生理功能,还研究其对疾病的预防和治疗作用。

2. 营养学的研究内容更加深入

随着分子生物学技术和理论向各学科的逐渐渗透,特别是在1995年"分子营养学"名词的提出及2006年《分子营养学》教材的出版,分别标志着分子营养学研究的开始以及这门学科的成熟,并将促进发现营养素新的生理功能,同时利用营养素以促进人体内有益基因的表达和(或)抑制有害基因的表达;另外,还可根据人群个体不同基因型制定不同的膳食营养素参考摄入量,为预防营养相关疾病提出重要的科学依据。

3. 营养学的研究内容更加宏观

2005年5月发布的《吉森宣言》(*Giessen Declaration*)中及同年9月第十八届国际营养学大会上均提出了营养学的新定义:营养学也称新营养学(new nutrition science),是一门研究食品体系、食品和饮品及其营养成分与其他组分和它们在生物体系、社会和环境体系之间及之内的相互作用的科学。因此它的研究内容不仅包括食物与人体健康,还包括社会政治、经济、文化等,以及环境与生态系统的变化对食物供给的影响进而对人类生存健康的影响。它不仅关注一个地区、一个国家的营养问题,而且更加关注全球的营养问题;不仅关注现代的营养问题,而且更加关注未来营养学可持续发展的问题。

因此,新营养学的研究内容比传统营养学的研究内容更加广泛和宏观。新营养学的进一步发展将从生物学、社会学和环境科学的角度,综合制定出"人人享有安全、营养的食品"权利的方针、政策,最大限度地开发人类潜力,享有最健康的生活,发掘、保持和享受多元化程度逐渐提高的居住环境与自然环境。

以上三个方面的研究才刚刚起步,还处于初级阶段,但其未来的发展前景和将要产生的重大突破及其对人类和社会发展的巨大贡献是可预见的。因此,这一时期是营养学发展的新的突破孕育期。

## 四、中国营养学进展

中国现代营养学的发展约始于 20 世纪初。当时的生化学家做了一些食物成分分析和膳食调查方面的工作。1927 年,刊载营养学论文的《中国生理杂志》创刊。1928 年、1937 年分别发表了《中国食物的营养价值》和《中国民众最低营养需要》。1939 年,中华医学会参照国际联盟建议提出了我国历史上第一个营养素供给量建议。1941 年,中央卫生实验院召开了全国第一次营养学会议。1945 年中国营养学会成立,并创办《中国营养学杂志》。

1952 年,我国出版第一版《食物成分表》。1956 年,《营养学报》创刊。1955 年,提出中华人民共和国成立后第一个营养素供给量建议(recommended dietary allowance,RDA)。1959 年,我国进行第一次全国膳食调查。

1980 年,中国报告硒与克山病的研究工作,提出人体硒的最低需要量。1988 年,中国营养学会修订《推荐的每日膳食中营养素供给量(RDA)》。1989 年,中国营养学会发表第一版《中国膳食指南》。1982—2002 年,每隔 10 年进行一次全国性营养调查。1992 年,中国预防医学科学院营养与食品卫生研究所主编的《食物成分表》出版。1993 年,国务院颁布《九十年代中国食物结构改革与发展纲要》。1997 年,中国营养学会发表第二版《中国居民膳食指南》,发布《中国居民平衡膳食宝塔》。

根据社会发展和居民膳食结构的改变,1997 年、2007 年和 2016 年中国营养学会先后修订了《中国居民膳食指南》。并发布了《中国居民平衡膳食宝塔》;2000 年,中国营养学会发布了我国第一部《中国居民膳食营养素参考摄入量》(dietary reference intakes,DRIs),并于 2013 年进行了修订。2013 年版 DRIs 不仅有我国学者研究的数据,而且增加了与慢性非传染性疾病有关的建议值,即宏量营养素可接受范围(acceptable macronutrient distribution ranges,AMDR)、预防非传染性慢性病的建议摄入(proposed intakes of preventing non-communicable chronic disease,PI-NCD)和特定建议值(specific proposed levles,SPL)。

我国政府一直十分重视居民营养与健康问题。1993 年,国务院发布了《九十年代食物结构改革与发展纲要》,1994 年,国务院总理签发了《食盐加碘消除碘缺乏危害管理条例》;1997 年,国务院办公厅发布了《中国营养改善行动计划》;2001 年和 2014 年分别发布了《中国食物与营养发展纲要(2001—2010 年)》和《中国食物与营养发展纲要(2014—2020 年)》。2001 年,国务院提出我国应该实行营养师制度。2014 年起,国家卫计委托中国营养学会再次启动指南修订工作,修订过程中,根据《中国居民营养与慢性病状况报告(2015)》中指出的我国居民面临营养缺乏和营养过剩双重挑战的情况,结合中华民族饮食习惯以及不同地区食物可及性等多方面因素,参考其他国家膳食指南制定的科学依据和研究成果,对部分食物日摄入量进行调整,提出符合我国居民营养健康状况和基本需求的膳食指导建议,出版发行了《中国居民膳食指南(2016)》。这一系列具有法律效力的文件不仅为与国民健康提供了有力的保障,而且为我国营养学的发展注入了巨大的推动力。

## 第二节 能量

### 一、能量概述

热能又称热量、能量等,它是生命的能源。能量守恒定律是自然科学中最基本的定律之一,本身阐述的是物理现象,同样适用于我们的机体。人们在生命活动过程中不断从外界摄取食物获得人体必需的营养物质,这些被吸收的小分子营养物质在细胞内经过合成代谢构成机体组成成分或更新衰老的组织,称为合成代谢,需要供给能量;同时经过分解代谢形成代谢产物,并释放出所蕴藏的化学能,经过转化便成为生命活动过程中各种能量的来源。因此,机体在物质代谢过程中所伴随的能量释放、转移和利用构成了整个能量代谢过程,是生命过程的基本特征之一。

### 二、能量单位以及人体能量的来源

(一)能量单位

能量单位以千焦(kilo joule,kJ)或焦耳(joule,J)标示。在营养学上,为了计算方便,采用千焦耳(kJ)或兆焦耳(mega joule,MJ)。传统上习惯用的能量单位为千卡(kilocalorie,kcal),是指将1 000 g纯水的温度由15 ℃上升到16 ℃所需的能量。两者的换算方法是:1 kcal =4.184 kJ,1 kJ = 0.239 kcal,1 MJ =239 kcal。通常标注

能量单位以及人体的能量来源

食物中的能量时，在以千卡（kcal）标示能量值时，应同时标示千焦（kJ）。

### （二）人体能量的来源

人体所需要的能量来源于食物中的碳水化合物、脂肪和蛋白质，三者统称"产能营养素"。

1. 碳水化合物

碳水化合物是人类最主要的能量来源。食物中的碳水化合物经消化吸收后，为机体供给能量。葡萄糖是神经系统和心肌的主要能源，也是肌肉活动时的主要燃料，对维持神经系统和心脏的正常功能，增强耐力有重要意义。糖原是肌肉和肝脏碳水化合物的储存形式，肌糖原是骨骼肌随时可动用的储备能源，用来满足骨骼肌的需要；肝脏也是一种储备能源，约储存机体内1/3的糖原，主要用于维持血糖水平的相对稳定。

2. 脂肪

人类脂类总量占体重的10%~20%。脂肪又称"甘油三酯"，是体内重要的储能和供能物质，约占体内脂类总量的95%。当人体摄入能量过多不能被利用时，就转变为脂肪储存起来。当机体需要时，脂肪立即分解为甘油和脂肪酸释放出能量以满足机体的需要。安静状态下空腹的成年人，所需的大约25%能量来自游离脂肪酸，15%来自葡萄糖，其余由内源性脂肪提供。但脂肪不能直接给脑和神经细胞以及血细胞提供能量，因此，节食减肥不当可能导致机体分解组织蛋白质，通过糖异生保证血糖水平。

3. 蛋白质

人体在一般情况下主要是利用碳水化合物和脂肪的氧化供能。但在某些特殊情况下，如长期不能进食或能量消耗过多时，体内的糖原和储存脂肪已大量消耗之后，将依靠组织蛋白质分解产生氨基酸来获得能量，以维持必要的生理功能。

### （三）产能系数

1 g产能营养素在体内氧化分解（或在体外燃烧）所产生的能量值称为"食物的热价"或"食物的卡价"，又称"能量系数"。食物的热价可分为物理热价和生物热价。物理热价是指食物在体外燃烧时所释放的热量；生物热价是指食物在体内氧化时所释放出的热量。碳水化合物和脂肪在体内能完全氧化分解，它们的物理热价和生物热价相等；蛋白质在体内不能完全被氧化分解，还产生一些不能继续被分解利用的含氮化合物，可产生5.44 kJ的能量。如果采用体外测试热量试验推算体内氧化产生的能量值，1 g碳水化合物、脂肪和蛋白质在体内氧化产生的能量分别为17.15 kJ（4.10 kcal）、39.54 kJ（9.45 kcal）和23.65 kJ（5.65 kcal）。同时，三大营养素在人体内的消化率也不相同。混合膳食中碳水化合物、脂肪和蛋白质的吸收率分别为98%、95%和92%。因此，在实际应用中，将产能营养素产生的能量多少按照如下关系进行换算：

1 g 碳水化合物：17.15 kJ × 98% = 16.81 kJ（4 kcal）

1 g 脂肪：39.54 kJ × 95% = 37.56 kJ（9 kcal）

1 g 蛋白质：(23.65 - 5.44) × 92% = 16.75 kJ（4 kcal）

### （四）能量来源的比例

按中国人的膳食习惯和特点，三大营养素的适宜比例是：成年人碳水化合物占总能量供给的 55%~60%，即每日应进食 250~300 g；脂肪占 25%~30%，进食 50~60 g；蛋白质占 10%~15%，进食 50~60 g。

### （五）能量平衡

能量平衡主要包括能量摄入和能量消耗两方面，两方面相互作用的结果决定体内的能量储备。对成年人来说，能量的摄入与能量的消耗应大体相当。人如果长期摄入热量不足，就会使体内贮存的糖逐渐减少，到一程度时，将开始动用脂肪，并消耗部分蛋白质，使肌肉和内脏萎缩、消瘦、乏力、体重减轻、变得"骨瘦如柴"，各种生理功能受到严重影响，甚至危及生命。对未成年人而言，如果长期吃的食物不够，能量不足，日久会影响未成年的生长发育。能量摄入过多，可导致肥胖、高血压、心脏病、糖尿病和某些癌症发病率增高。

## 三、人体的能量消耗

人体通过摄入食物而获得能量，同时通过代谢产热而消耗能量。人体能量消耗包括以下五个方面。

### （一）基础代谢和基础代谢率

**1. 基础代谢**

基础代谢（basal metabolism，BM）是指人体为了维持生命，各器官进行最基本的生理机能所消耗的最低能量，如维持正常体温、血液流动、呼吸运动、骨骼肌的张力及腺体的活动等。

**2. 基础代谢率**

基础代谢率（basal metabolism rate，BMR）是指人体处于基础代谢的状态下，每小时每平方米体表面积的能量消耗 [kJ/($m^2 \cdot h$)]。

食物的热价与人体的能量消耗

在正常情况下，人体的基础代谢率比较恒定。我国人群不同性别、年龄的正常基础代谢率见表2-1。

表2-1 我国人群正常基础代谢率平均值

| 年龄/岁 | 11~15 | 16~17 | 18~19 | 20~30 | 31~40 | 41~50 | >51 |
|---|---|---|---|---|---|---|---|
| 男 | 195.4 | 193.3 | 166.1 | 158.6 | 157.7 | 154.0 | 149.0 |
|  | [46.7] | [46.2] | [39.7] | [37.9] | [37.7] | [36.8] | [35.6] |
| 女 | 172.4 | 181.6 | 154.0 | 146.8 | 146.4 | 142.2 | 138.5 |
|  | [41.2] | [43.4] | [36.8] | [35.1] | [35.0] | [34.0] | [33.1] |

注：方括号内数值单位为"kcal（$m^2 \cdot h$）"。

3. 影响基础代谢率的因素

（1）体表面积：基础代谢率的高低与体表面积基本上成正比。

（2）年龄：在人的一生中，婴幼儿阶段是代谢最活跃的阶段，其中包括基础代谢率，到青春期以后又出现一个较高代谢的阶段。成年以后，随着年龄的增加，代谢缓慢地降低，其中也有一定的个体差异，60岁以后下降得更多。

（3）性别：实际测定表明，在同一年龄、同一体表面积的情况下，男性基础代谢率比女性高5%~10%。

（4）激素：激素对细胞的代谢及调节都有较大影响。如甲状腺功能亢进可使基础代谢率明显升高；相反，患黏液水肿时，基础代谢率低于正常值，去甲肾上腺素可使基础代谢率下降25%。

（5）环境温度与气候：环境温度对基础代谢有明显影响，在舒适环境（20~25 ℃）中，代谢最低；在低温和高温环境中，代谢率会升高。

（6）劳动强度：基础代谢率在不同劳动强度人群中存在一定差别，劳动强度高者高于劳动强度低者。

（7）其他因素影响：交感神经活动等一些因素也影响人体基础代谢率。尼古丁和咖啡因可以刺激基础代谢水平增高。疾病也可以改变基础代谢水平，如创伤、感染，甲状腺功能亢进者，基础代谢率可比正常平均值增加40%~80%。

（二）体力活动

除基础代谢外，体力活动是影响机体能量消耗的主要部分。体力活动包括人体日常生活中的学习、工作、锻炼等所有活动。通常各种体力活动所消耗的能量占人体总能量消耗的15%~30%。体力活动所消耗的能量与活动的强度、活动所持续的时间以及工作的熟练程度有关。活动强度越大,持续时间越长,能量消耗越多;工作程度越熟练,完成同样的工作所需时间越短,所消耗能量越少。

（三）食物的热效应

食物的热效应也称食物特殊动力作用,它的产生是由于食物在消化、吸收、转运、代谢和储存过程需要额外消耗能量,同时引起体温升高和散发热量,人体因进食而引起能量消耗增加的现象称为食物的热效应。食物的热效应与营养素成分、进食量和进食频率有关。不同的产能营养素的食物的热效应不同,进食碳水化合物和脂肪对代谢的影响较小,分别为本身产生能量的 4%~6% 和 4%~5%,持续时间为 1 小时左右;进食蛋白质对代谢的影响则较大,可达 30%,持续时间也较长,可达 10~12 小时。一般混合性膳食的食物热效应占其本身能量消耗的 10%。另外,进食量越大,能量消耗也越多;进食快者比进食慢者食物热效应高。

（四）特殊生理阶段的能量消耗

特殊生理阶段包括孕期、哺乳期和婴幼儿、儿童、青少年等阶段。孕期额外能量消耗的增加主要包括胎儿生长发育和孕妇子宫、乳房与胎盘的发育及母体脂肪的储存以及这些组织的自身代谢等;哺乳期乳母产生乳汁及乳汁自身含有的能量也需要额外的能量消耗。婴幼儿、儿童和青少年阶段生长发育额外的能量消耗,主要是指机体生长发育中合成新组织所需的能量,如出生后 1~3 个月,能量需要量约占总能量需要量的 35%；2 岁时,能量需要量约为总能量需要量的 3%；青少年能量需要量为总能量需要量的 1%~2%。

（五）其他

人的情绪和精神状态对能量的消耗也有一定的影响。精神处于紧张状态时,能量的代谢显著增高。另外,外界环境的温度对机体能量消耗也有一定影响。

## 四、能量需要量及膳食推荐摄入量

人体能量代谢的最佳状态是达到能量消耗与能量摄入的平衡。能量代谢失衡,即能量缺乏或过剩都对身体健康不利。

（一）能量需要量的确定

由于基础代谢占总能量消耗的 60%~70%,故近年

影响基础代谢的因素,能量的需要量与食物来源

多以基础代谢率（BMR）乘以体力活动水平（PAL）计算能量需要量，即

$$能量需要量 = BMR \times PAL$$

式中 BMR 可由表 2-1 查得，也可根据表 2-2 的公式计算得知。成年人的 PAL 受劳动强度的影响，不同劳动强度的 PAL 值见表 2-3。

表 2-2　按体重计算 BMR 的公式

| 年龄/岁 | 男 | | 女 | |
|---|---|---|---|---|
| | kcal/天 | MJ/天 | kcal/天 | MJ/天 |
| 0~2 | 60.9 w - 54 | 0.255 0 w - 0.23 | 61.0 w - 51 | 0.255 0 w - 0.21 |
| 3~9 | 22.7 w + 495 | 0.094 9 w + 2.07 | 22.5 w + 499 | 0.941 0 w + 2.09 |
| 10~17 | 17.5 w + 651 | 0.073 2 w + 2.72 | 12.2 w + 746 | 0.051 0 w + 3.12 |
| 18~30 | 15.3 w + 679 | 0.064 0 w + 2.84 | 14.7 w + 496 | 0.061 5 w + 2.08 |
| 30 岁以上 | 11.6 w + 879 | 0.048 5 w + 3.67 | 8.7 w + 829 | 0.036 4 w + 3.47 |

注：w = 体重（kg）。

表 2-3　不同劳动强度的 PAL 值

| 劳动强度 | PAL 值 |
|---|---|
| 轻 | 1.0~2.5 |
| 中 | 2.6~3.9 |
| 重 | >4.0 |

（二）膳食能量推荐摄入量

中国营养学会根据上述 BMR 和 PAL 的计算方法，推算我国成年男子、轻体力劳动者膳食能量推荐摄入量（RNI）为 10.03 MJ/天（2 400 kcal/天）。不同年龄人群能量摄入量（RNI）值见附录 6。

## 第三节 营养素

### 一、营养素的定义和分类

营养素（nutrient）是为维持机体繁殖、生长发育和生存等一切生命活动和过程，需要从外界环境中摄取的物质。营养素必须从食物中摄取，能够满足机体的最低需求。来自食物的营养素种类繁多，根据其化学性质和生理作用可将营养素分别分为五大类或七大类，七大类分为蛋白质、脂类、碳水化合物、矿物质、膳食纤维、维生素和水。五大类则不包括水和膳食纤维。根据人体对各种营养素的需要量或体内含量多少，又可将营养素分为宏量营养素和微量营养素。

人体对宏量营养素的需要量较大，包括碳水化合物、脂类和蛋白质，这三种营养素经体内氧化后均可以释放能量。

### 二、膳食营养素参考摄入量

膳食营养素参考摄入量（DRIs）是在推荐的每日膳食营养摄入量（RDA）基础上发展起来的一组每日平均膳食营养素摄入量的参考值。RDA是以预防营养缺乏病为目标而提出的人体所需要一日膳食中能量和营养素的种类和数量。然而，随着经济发展和膳食模式改变，营养相关性慢性病患病率呈逐年上升趋势，成为威胁人类健康的主要问题之一，营养素和膳食成分影响着一些慢性病的发生发展，这对营养素的摄入标准提出了新的要求。与传统的 RDA 相比，DRIs 不仅考虑到防止营养不足的需要，同时也考虑到降低慢性疾病风险的需要。2000 年 10 月，中国营养学会颁布了符合我国国情的 DRIs。DRIs 内容包括四个营养水平指标：平均需要量（EAR）、推荐摄入量（RNI）、适宜摄入量（AI）和可耐受最高摄入量（UL）。中国营养学会分别于 2010 年和 2013 年对《中国居民膳食营养素参考摄入量》做了两次修订。

1. 平均需要量（estimated average requirement，EAR）

平均需要量是指某一特定性别、年龄及生理状况群体中个体对某营养素需要量的平均值。营养素摄入量达到 EAR 的水平时可以满足人群中 50% 的个体对该营养素的需要。EAR 是制定 RNI 的基础,也可用于评价或计划群体的膳食摄入量,或判断个体某营养素摄入量不足的可能性。由于某些营养素的研究尚缺乏足够的资料,因此并非所有的营养素都已制定出其 EAR。

2. 推荐摄入量(recommended nutrient intake,RNI)

推荐摄入量是指可以满足某一特定性别、年龄及生理状况群体中绝大多数个体(97%~98%)需要量的某种营养素摄入水平。长期摄入 RNI 水平,可以满足机体对该营养素的需要,维持组织中有适当的营养素储备和机体健康。RNI 相当于传统意义上的 RDA。RNI 的主要用途是作为个体每日摄入该营养素的推荐值,是健康个体膳食摄入营养素的目标,但不作为群体膳食计划的依据。RNI 在评价个体营养素摄入量方面的作用有限,当某个个体的日常摄入量达到或超过 RNI 水平,则可认为该个体没有摄入不足的危险,但当个体的营养素摄入量低于 RNI 时,并不一定表明该个体未达到适宜的营养状态。

3. 适宜摄入量(adequate intake,AI)

适宜摄入量是通过观察或实验获得的健康人群某种营养素的摄入量。例如,纯母乳喂养的足月产健康婴儿,从出生到 4~6 个月,他们的营养素全部来自母乳,故母乳中的营养素含量就是婴儿所需各种营养素的 AI。当某种营养素的个体需要量研究资料不足而不能计算出 EAR,进而无法推算 RNI 时,可通过设定 AI 来代替 RNI。AI 和 RNI 的相似之处是两者都可以作为目标人群中个体营养素摄入量的目标,可以满足该人群中几乎所有个体的需要。值得注意的是,AI 的准确性远不如 RNI,可能高于 RNI,因此,使用 AI 作为推荐标准时要比使用 RNI 更加需要注意。AI 主要用作个体的营养素摄入目标,也可用于评价群体的平均摄入量水平。当某群体的营养素平均摄入量达到或超过 AI 水平,则该群体中摄入不足者的比例很低;当某个体的日常摄入量达到或超过 AI 水平,则可以认为该个体摄入不足的概率很小。AI 也可作为限制营养素摄入过多的参考。

4. 可耐受最高摄入量(tolerable upper intake levels,UL)

可耐受最高摄入量是指平均每日摄入营养素的最高限量。"可耐受"指这一摄入水平在生物学上一般是可以耐受的,但并不表示可能是有益的。对一般人群来说,摄入量达到 UL 水平对几乎所有个体均不致损害健康,但并不表示达到此摄入水平对健康是有益的。对大多数营养素而言,健康个体的摄入量超过 RNI 或 AI 水平不会产生益处,因此 UL 并不是一个建议的摄入水平。在制定个体和群体膳食时,应使营养素摄入量低于 UL,以避免营养素摄入过量可能造成的危害。鉴于近年来我国营养素强化食品和营养素补充剂的日渐发展，有必要制定营养素的UL来指导安全消费。如果某营养素的有害作用与摄入总量有关，则该营养素的UL值需要依据食物、饮水及补充剂提供的总量而定。如果营养素的有害作用仅与强化食物和补充剂有关，则UL的制定需依据这些来源来制定。对许多营养素来说，目前尚缺乏足够的资料来制定它们的UL，但没有UL值并不意味着过多摄入这些营养素没有潜在的危害。

5. 宏量营养素可接受范围（acceptable macronutrient distribution ranges，AMDR）

宏量营养素可接受范围是指蛋白质、脂肪和糖类理想的摄入量范围，该范围可以提供这些必需营养素的需要，并且有利于降低非传染性慢性病（NCD）发作的危险，常用占能量摄入量的百分比表示。蛋白质、脂肪和糖类都属于在体内代谢过程中能够产生能量的营养素，因此称为产能营养素（energy source nutrient）。它们属于人体的必需营养素，而且三者的摄入比例还影响微量营养素的摄入状况。另外，当产能营养素摄入过量时又可能导致机体能量储存过多，从而增加NCD的风险。因此有必要提出AMDR，以预防营养素缺乏，同时减少摄入过量而导致NCD的风险。传统上AMDR常以某种营养素摄入量占摄入总能量的比例来表示，其显著的特点之一是具有上限和下限。如果个体的摄入量高于或低于推荐范围，则可能引起必需营养素缺乏或罹患NCD的风险增加。

6. 预防非传染性慢性病的营养素建议摄入量（proposed intakes for preventing non-communicable chronic diseases，PI-NCD），以下简称建议摄入量（PI）

膳食营养素摄入量过高导致的NCD一般涉及肥胖、高血压、血脂异常、中风、心肌梗死以及某些癌症。PI是以NCD的一级预防为目标而提出的必需营养素的每日摄入量。当NCD易感人群某些营养素的摄入量达到PI时，可以降低发生NCD的风险。此次提出PI值的有维生素C、钾、钠。

综上所述，人体每天都需要从膳食中获得一定量的各种必需营养素。如果人体长期摄入某种营养素不足就有发生该营养素缺乏症的危险。当日常摄入量为零时，摄入不足的概率为1.0。当摄入量达到EAR水平时，发生营养素缺乏的概率为0.5，即有50%的机会缺乏该营养素。摄入量达到RNI水平时，摄入不足的概率变得很小，也就是绝大多数的个体都没有发生缺乏症的危险。摄入量达到UL水平后，若再继续增加就可能开始出现毒副作用。RNI和UL之间是一个"安全摄入范围"。

营养素摄入量与慢性病发生、发展之间的关系非常复杂，而且需要长时间的观察才可以得到比较确切的研究结果，因此编写著作的专家们在提出

NCD 一级预防的营养素摄入量时,秉持非常慎重的态度。《中国居民膳食营养素参考摄入量》(2013 年版)经过对研究文献的筛选,基于证据较强、学术界公认的研究资料,提出了蛋白质、脂类、糖类、钾、钠、维生素 C 等几种营养素的 AMDR 或 PI,首次提出预防非传染性慢性病的营养素建议摄入量。

## 三、宏量营养素

### (一) 蛋白质

蛋白质是一切生命的物质基础,没有蛋白质就没有生命。正常成人体内,蛋白质含量为 16%～20%,一个 70 kg 健康成年男性体内含有 11.2～14.0 kg蛋白质。人体内的蛋白质处于不断分解又不断合成的动态平衡之中,借此达到组织蛋白不断更新和修复的目的。肠道和骨髓内的蛋白质更新速度较快。

蛋白质1　　　　　　　蛋白质2　　　　　　　蛋白质3

1. 氨基酸及其分类

蛋白质的基本构成单位为氨基酸,是由许多氨基酸以肽键连结在一起,并形成一定的空间结构的大分子。自然界存在的氨基酸有 300 余种,但构成人体蛋白质的氨基酸只有 20 种。

必需氨基酸:人体内不能合成或合成速度不能满足机体需要,必须从食物中直接获得的氨基酸。构成人体的 20 种氨基酸中有 9 种为必需氨基酸,即异亮氨酸、亮氨酸、赖氨酸、蛋氨酸、苯丙氨酸、苏氨酸、色氨酸、缬氨酸和组氨酸,其中组氨酸是婴儿的必需氨基酸。

非必需氨基酸:人体可以自身合成,不一定需要从食物中直接供给的氨基酸。

条件氨基酸:某些氨基酸在正常情况下能够在体内合成,为非必需氨基酸;但在某些特定条件下,由于合成能力有限或需要量增加,不能满足机体需要,必须从食物中获取,变成必需氨基酸,即条件必需氨基酸。正常情况下谷氨酰胺和精氨酸是非必需氨基酸,但在创伤和患病期间谷氨酰胺为必需氨基酸，在肠道代谢功能异常或严重生理应激条件下，精氨酸也成必需氨基酸。

2. 蛋白质的生理功能

人体内的蛋白质始终处于不断分解和合成的动态平衡中，从而达到组织蛋白更新和修复的目的。

（1）人体组织和器官的主要构成成分：人体的任何组织和器官都以蛋白质作为重要的组成成分。在细胞中，除水分外，蛋白质约占细胞内物质的80%。

（2）调节生理功能：蛋白质是体内许多重要生理活性物质的基本成分，如作为酶或激素参与机体的物质代谢、物质的转移、调节各种生理功能并维持着内环境的稳定；作为载体（细胞膜蛋白、血红蛋白、脂蛋白等）参与体内物质的运输和交换；作为抗体或细胞因子参与免疫的调节；白蛋白参与调节体液渗透压、维持酸碱平衡的作用等；血液的凝固、视觉的形成、人体的运动等都与蛋白质有关。

（3）供给能量：当碳水化合物、脂肪提供的能量不能满足机体需要时，蛋白质可被代谢水解，释放能量。

（4）肽类的特殊生理功能：近年来，研究发现直接从肠道吸收进入血液的活性肽具有许多重要的功能。它们不仅作为氨基酸的供体，而且也是一类生理调节物。如免疫调节肽对免疫系统既有抑制作用又有增强作用；酪蛋白磷酸肽促进钙、铁的吸收；来自乳酪蛋白、鱼类和植物等的肽类具有降压功能，称为降压肽；谷胱甘肽具有清除自由基的作用。

3. 食品中蛋白质含量的计算

蛋白质主要含碳、氢、氧、氮四种元素，是人体唯一的氮源。有的蛋白质还含有硫、磷、碘、硒、铁、锌、铜、锰等元素。一般蛋白质中氮的含量为16%，通常通过检测生物样品中的含氮量来确定其蛋白质的大致含量，其折算系数为6.25。但不同的蛋白质含氮量有差别，折算系数也有所不同。食品中蛋白质含量的计算公式如下：

蛋白质（g/100 g）= 总氮量（g/100 g）× 蛋白质的换算系数（6.25）

4. 蛋白质的分类

营养学上根据食物蛋白质所含氨基酸的种类和数量，将食物蛋白质分三类。

（1）完全蛋白质：这是一类优质蛋白质。它们所含的必需氨基酸种类齐全，数量充足，彼此比例适当。这一类蛋白质不但可以维持人体健康，还可以促进生长发育。

（2）半完全蛋白质：这类蛋白质所含氨基酸虽然种类齐全，但其中某些氨基酸的数量不能满足人体的需要。它们可以维持生命，但不能促进人体生长发育。

（3）不完全蛋白质：这类蛋白质不能提供人体所需的全部必需氨基酸，单纯靠它们既不能促进生长发育，也不能维持生命。

5. 蛋白质互补作用

为了提高植物性蛋白质的营养价值，往往将两种或两种以上的食物混合食用，而达到以多补少的目的，提高膳食蛋白质的营养价值。不同食物间相互补充其必需氨基酸不足的作用，称为蛋白质互补作用。蛋白质互补作用的应用原则包括以下几个方面。

（1）食物的种类越多越好：在一日三餐的膳食中，提倡食物多样化，不仅能提高食欲，促进食物在人体内的消化吸收，而且能充分发挥蛋白质的互补作用。

（2）食物的种属越远越好：要将食物的种属中鱼、肉、蛋、禽、奶、米、豆、菜、果、花，还有菌藻类食物混合食用，搭配组合；动物性食物与植物性食物搭配在一起，比单纯植物性食物之间搭配组合更有利于提高蛋白质的生理价值。

（3）搭配的食物要同餐食用：食物中的蛋白质经过消化分解为氨基酸吸收进入体内，构成人体组织蛋白所需要的氨基酸。只有同时或先后到达身体组织，才能构成人体的组织蛋白，多余的氨基酸短暂储存在肝脏内，经过一定时间仍没有符合构成人体组织蛋白所需要氨基酸的种类和比例，这些氨基酸就不能组成蛋白质，只能作为热能被消耗掉。

6. 供给量和食物来源

理论上成人每天摄入约 30 g 蛋白质就可满足零氮平衡，但从安全性和消化吸收等其他因素考虑，成人按 $0.8 \text{ g}/(\text{kg} \cdot \text{d})$ 摄入蛋白质为宜。我国由于以植物性食物为主，所以成人蛋白质推荐量为 $1.16 \text{ g}/(\text{kg} \cdot \text{d})$。中国营养学会推荐成人蛋白质的 RNI 为：男性 65 g/d，女性 55 g/d。蛋白质营养正常时，人体内反映蛋白质营养水平的指标应处于正常水平。蛋白质摄入要适量，过多易致便秘、食欲缺乏；过少易致抵抗力下降、肌张力下降、水肿、贫血、消瘦。婴幼儿生长发育迅速，不仅需要满足新陈代谢所需，还需要满足生长发育所需，故婴幼儿所需蛋白质较成人多，故婴幼儿食物中应有 50%以上的优质蛋白质。

蛋白质广泛存在于动植物性食物中。动物性食品蛋白质中，畜、禽、肉和鱼类蛋白质含量为 16%～20%，蛋类为 11%～14%，鲜乳为 2.7%～3.8%。动物性蛋白质质量好、利用率高，同时富含饱和脂肪酸和胆固醇，是优质蛋白的重要来源。植物性食品蛋白质含量较高的是干豆类，含量为

20%~40%，其中大豆蛋白质含量高，可达35%~40%，氨基酸组成合理，利用率较高，是植物蛋白质非常好的来源；花生、核桃等硬果为15%~30%，薯类为2%~3%，谷物为7%~10%，植物性蛋白质生理价值一般较动物性蛋白质低，但对于我国居民来讲，植物性蛋白质是重要的蛋白质来源。

因此，为提高日常膳食中蛋白质的营养价值，应当注意食物多样化，粗细杂粮兼用，防止偏食，使动物蛋白、豆类蛋白、谷类蛋白合理分布于各餐中，以此充分发挥蛋白质的互补作用，提高蛋白质的利用率。大豆可提供丰富的优质蛋白质，其对人体健康的益处也越来越被认可；牛奶也是优质蛋白质的重要食物来源，我国人均牛奶的年消费量很低，应大力提倡我国各类人群增加牛奶和大豆及其制品的消费。

（二）脂类

脂类1　　　　　　　脂类2　　　　　　　脂类3

脂类包括脂肪和类脂，是一种不溶于水而溶于有机溶剂、具有重要生物学作用的一类化合物。人类脂类总量占体重的10%~20%。脂肪包括脂类与类脂。

1. 脂类的组成和分类

（1）脂肪。脂肪又称甘油三酯或三酰甘油。体内脂肪大部分分布在皮下、大网膜、肠系膜以及肾周围等脂肪组织中，常以大块脂肪组织形式存在，通常称为脂库。人体脂肪含量常受营养状况和体力活动等因素的影响而有较大变动，多吃碳水化合物和脂肪，其含量增加，饥饿则减少。当机体能量消耗较多而食物供应不足时，体内脂肪就大量动员，经血液循环运输到各组织，被氧化消耗。

来自动物性食物的甘油三酯由于碳链长、饱和程度高，熔点高，常温下呈固态，故称为脂；来自植物性食物中的甘油三酯由于不饱和程度高，熔点低，故称为油。脂肪因其所含的脂肪酸链的长短、饱和程度和空间结构不同，而呈现不同的特性和功能。

（2）脂肪酸。脂肪酸是构成甘油三酯的基本单位。常见的分类如下。

①按脂肪酸碳链长度分类。脂肪酸分为长链脂肪酸（含14碳以上）、中

链脂肪酸（含 8～12 碳）和短链脂肪酸（含 2～6 碳）。食物中主要以 18 碳脂肪酸为主，人体内含有的各种脂肪酸大多数为长链脂肪酸。

②按脂肪酸饱和程度分类。脂肪酸分为饱和脂肪酸（SFA）和不饱和脂肪酸（USFA）。饱和脂肪酸的碳链中不含双键，多呈固态，如动物脂肪。不饱和脂肪酸多呈液态，如植物油。根据不饱和双键的数量，将只含一个不饱和双键的脂肪酸称为单不饱和脂肪酸（MUFA），含有两个及以上不饱和双键的脂肪酸称为多不饱和脂肪酸（PUFA）。膳食中最主要的多不饱和脂肪酸为亚油酸和 α-亚麻酸，主要存在于植物油中。

③按脂肪酸空间结构分类。脂肪酸分为顺式脂肪酸和反式脂肪酸。自然界中天然存在的脂肪酸大部分为顺式结构脂肪酸，只有少数的是反式脂肪酸（主要存在于牛奶和奶油中）。大部分反式脂肪酸是对植物油氢化处理时产生的。氢化植物油易于保存，口感好，而且价格便宜，在食品加工行业广泛应用。但膳食中反式脂肪酸占总能量供给的 5% 以上时，能明显增加心血管病的危险性。反式脂肪酸还能诱发肿瘤、哮喘、2 型糖尿病、过敏等疾病，对胎儿、青少年发育有不利影响。

④按不饱和双键的位置分类。从脂肪酸甲基端的碳原子位置算起，用 $n$ 或 $\omega$ 来表示第一个不饱和双键的位置。所以第一个不饱和键位于第 3、第 6、第 9 位的脂肪酸，归类为 n-3（ω-3）、n-6（ω-6）、n-9（ω-9）系列脂肪酸。n-3 系列脂肪酸能降低血胆固醇、血甘油三酯含量并升高高密度脂蛋白（HDL），对心血管有较好的防治效果。二十碳五烯酸（EPA）和二十二碳六烯酸（DHA）都属于 n-3 脂肪酸，对脑和视网膜的支持生长和发育有重要作用。

（3）类脂。类脂在体内的含量较恒定，主要有磷脂、糖脂、类固醇等。

①磷脂：磷脂主要有甘油磷脂、卵磷脂、神经鞘磷脂等。甘油磷脂存在于各种组织、血浆，并有少量储存于体脂库中，构成细胞膜，并与机体脂肪运输有关。卵磷脂又称为磷脂酰胆碱，存在于蛋黄和血浆中。神经鞘磷脂存在于神经鞘。

②糖脂：糖脂包括脑苷脂类和神经苷脂。糖脂也是构成细胞膜所必需的。

③类固醇及固醇：类固醇是含有环戊烷多氢菲的化合物。类固醇中含有自由羟基者视为高分子醇，称为固醇。常见的固醇有动物组织中的胆固醇和植物组织中的谷固醇。

2. 脂类的生理功能

（1）脂肪。

①人体重要组成成分。

②储存和提供能量。

③促进脂溶性维生素的吸收，另外有些食物脂肪含有脂溶性维生素，如奶油含有丰富的维生素 A 和维生素 D。

④是必需脂肪酸的主要来源。

⑤改善食物风味，增味提香。

⑥增加食物饱腹感。

⑦维持体温、支持和保护脏器，并有隔热、保温作用。

（2）必需脂肪酸。必需脂肪酸是指机体不能合成，必须从食物中摄取的脂肪酸，有亚油酸和 a-亚麻酸两种。必需脂肪酸主要有以下功能。

①构成磷脂的组成成分，维持细胞膜和细胞器膜的结构和功能。

②合成前列腺素和凝血素的前体。前列腺素有多种生理功能，如使血管扩张和收缩、神经传导、影响肾脏对水的排泄，奶中的前列腺素可以防止婴儿消化道损伤等。凝血素可以减少血栓形成和血小板聚集。此外，以必需脂肪酸为前体合成的类二十烷酸，具有调节血压、血脂、血栓形成，以及调节机体对伤害、感染的免疫反应等。

③参与胆固醇的正常代谢，预防动脉粥样硬化斑块的形成。

④亚麻酸衍生的 EPA 和 DHA 对维持视觉功能、促进大脑发育、提高儿童的学习功能有很好的效果。

⑤其他功能：参与动物精子的形成、促进生长发育、维持皮肤完整性等功能。

（3）类脂。类脂主要功能是构成身体组织和一些重要的生理活性物质。

①磷脂：a. 细胞膜成分，维持细胞与细胞器的正常形态与功能。b. 乳化剂作用，利于脂肪的吸收、转运和代谢。c. 改善心血管功能，磷脂能改善脂肪的吸收和利用，防止胆固醇在血管内沉积、降低血液黏稠度、促进血液循环，对预防心血管疾病具有一定作用。d. 改善神经系统功能，鞘磷脂是神经鞘的重要成分，可保持神经鞘的绝缘性；脑磷脂大量存在于脑白质，参与神经冲动的传导。e. 提供能量。

②胆固醇：a. 细胞膜和细胞器膜的重要成分，人体内 90% 的胆固醇存在于细胞之中。b. 是人体内许多重要活性物质的合成原料，如胆汁、维生素 $D_3$、性激素（如睾酮）、肾上腺素（如皮质醇）等。

3. 脂类的摄入量和来源

（1）参考摄入量。脂肪摄入过多，可导致肥胖症、心血管疾病、高血压和某些癌症发病率的升高，因此预防此类疾病发生的重要措施就是降低脂肪的摄入量。中国营养学会推荐成人脂肪摄入量应占总能量的 20%～30%，儿童、青少年为 20%～30%，1～3 岁幼儿为 35%，7～12 个月婴儿为 40%，初生至6个月婴儿为48%,重体力劳动者为了保证能量的供给,可适当调高脂肪的摄入量。饱和脂肪酸多存在于动物脂肪和乳酸中,虽然可使血液中LDL-C水平升高,与心血管疾病的发生有关,但因为其不易被氧化产生有害的氧化物、过氧化物等,且一定量的饱和脂肪酸有助于HDL的形成,因此人体不应完全限制饱和脂肪酸的摄入。

关于n-6系列脂肪酸和n-3系列脂肪酸的推荐摄入量,《中国居民膳食营养素参考摄入量》(2013年版)提出,成年人亚油酸的适宜摄入量占总能量的4%,宏量营养素可接受范围(AMDR)占总能量的2.5%~9.0%;α-亚麻酸的适宜摄入量占总能量的0.6%,宏量营养素可接受范围(AMDR)占总能量的0.5%~2.0%。婴幼儿DHA的适宜摄入量为100 mg/d,孕妇和乳母EPA和DHA的AI值为250 mg/d,其中DHA为200 mg/d。一般来说,只要注意摄入一定量的植物油,便不会造成必需脂肪酸的缺乏。

胆固醇的来源包括从食物中摄取外源性胆固醇(每天300~500 mg)和体内合成的内源性胆固醇(每天约1 000 mg),其总量远远大于膳食中的胆固醇。正常情况下体内胆固醇合成量可自动调节,以保持平衡。对代谢旺盛的青少年和经常参加体力活动或坚持锻炼的青壮年,胆固醇不易积累,没有必要过分限制膳食胆固醇的摄入量。但对中老年人,由于内分泌的改变,体力活动减少,脂类代谢失调,使血清胆固醇增多,导致高胆固醇血症,对机体产生不利的影响。如动脉粥样硬化、静脉血栓形成和胆石症与高胆固醇血症有密切的相关性。

(2)膳食脂肪来源。膳食脂肪主要来源于动物性食物及植物种子。动物性食物如畜肉类、禽肉类、鱼类、动物内脏、奶类和蛋类及其制品中均含有脂肪。其中脂肪含量最高的是肥肉和骨髓,多为饱和脂肪酸。猪瘦肉的脂肪含量远高于牛羊肉。禽肉类和鱼肉的脂肪含量一般低于10%以下,且鱼类脂肪中含有比较丰富的不饱和脂肪酸,具有降血脂、降血压等作用,所以多吃鱼对于预防心脑血管疾病具有一定的作用。蛋类的脂肪大部分存在于蛋黄中,以单不饱和脂肪酸为多。各种植物油类含有比较丰富的必需氨基酸,植物种类不同,脂肪酸的含量也不一样。橄榄油中含有非常丰富的单不饱和脂肪酸;玉米油、米糠油中亚油酸的含量占脂肪总含量的50%以上;花生油中亚油酸含量约占脂肪总含量的38%。我国常用的食用油中亚麻酸的含量均较少,含量较高的豆油中亚麻酸也仅占到7%左右。坚果类也是必需氨基酸的重要来源,如核桃仁、花生仁中亚油酸含量均达到38%,核桃仁的亚麻酸含量达到12%。

亚油酸主要来源于植物油、坚果类(核桃、花生),亚麻酸主要存在于深海鱼油及坚果类。婴儿期的多不饱和脂肪酸主要来源于母乳,母乳能够提供足够的亚油酸和亚麻酸。n-3系列脂肪酸多由寒冷地区的水生植物合成，以这些植物为食的海洋鱼类中含有丰富的n-3系列脂肪酸，如鲑鱼、鲱鱼和鳕鱼等。

磷脂主要来源于蛋黄、瘦肉、动物的脑、肝和肾脏中，机体自身也能合成所需要的磷脂。食物中含有的磷脂主要是卵磷脂和脑磷脂。胆固醇主要来源于动物性食物，在动物内脏尤其是脑组织中含量丰富，蛋黄、鱼子、蟹黄、鱿鱼中含量也较高，鱼类和奶类中含量较低。

（三）碳水化合物

碳水化合物是由碳、氢、氧三种元素组成的大类化合物，是人类能量的主要来源，占人体总能量的40%~80%。

碳水化合物1

碳水化合物2

1. 分类

根据FAO/WHO专家组（1998年）的建议，碳水化合物的分类根据其聚合度（polymerization）（单体数量）分为单糖（每分子水解产生1~2个单糖分子）、漏双糖寡糖（每分子水解产生3~9个单糖分子）和多糖（每分子水解产生10个以上个单糖分子）。

葡萄糖是最常见的单糖。果糖是自然界中甜度最高的单糖。糖醇是单糖还原后的产物，其代谢不需要胰岛素，常用于糖尿病患者膳食。

双糖包括乳糖、蔗糖和麦芽糖。乳糖是双糖，只存在于哺乳动物乳汁中，是婴幼儿哺乳期碳水化合物的主要来源。蔗糖是食品加工中最常用的双糖。

寡糖又称低聚糖。低聚果糖，可在结肠发酵，促使益生菌群如双歧杆菌、乳酸菌等增殖，抑制有害菌的生长，对人体有益，称为益生元。

多糖分为储存多糖和结构多糖。淀粉是食物的重要组成部分，是植物细胞的储存多糖，存在于种子和块茎中。淀粉在体内的作用下降解为单糖。糖原是动物体内的储存多糖，主要储存在肌肉和肝脏中，肌肉中糖原约占肌肉总重量的3.2%，肝脏中糖原占肝脏总量的6%~8%，在维持血糖过程中发挥重要作用。结构多糖是植物细胞细胞壁的主要成分，包括纤维素、半纤维素、果胶和亲水胶质等非淀粉多糖。

2. 生理功能

（1）碳水化合物。

①提供和储存能量：是人体获得能量的主要来源。中枢神经、成熟的红细胞只能靠葡萄糖提供能量，婴儿期缺少碳水化合物会影响脑细胞的生长发育。碳水化合物消化吸收后转变成的葡萄糖除了被机体直接利用，还以糖原的形式储存在肝脏和肌肉中，一旦机体需要，糖原即被分解成葡萄糖供应能量。

②其是构成机体的重要物质：每个细胞都有碳水化合物，主要以糖脂、糖蛋白和蛋白多糖的形式存于细胞膜、细胞器、细胞质和细胞间质中。糖结合物还广泛存在于各种组织中，如脑和神经组织中含大量糖脂等。

③节约蛋白质作用：碳水化合物的摄入充足时，人体首先利用碳水化合物作为能量来源。如果碳水化合物供给不足，机体动用蛋白质通过糖异生作用产生葡萄糖，供给能量。膳食摄入足够的碳水化合物能预防体内或膳食蛋白质的消耗，具有节约蛋白质的作用。

④抗生酮作用：碳水化合物在代谢过程中产生草酰乙酸，草酰乙酸是脂肪代谢的必需物质。当碳水化合物供给不足时，一方面草酰乙酸的供应减少，另一方面机体需要动用大量的脂肪供给能量，由于草酰乙酸的供应减少，脂肪分解代谢中间产物中的酮体不能完全氧化，酮体在体内累积引起酮症进一步发展成酮症酸中毒，甚至昏迷。膳食中充足的碳水化合物可防止这种现象的产生。

⑤增加胃的充盈感和体重调节作用：摄入含碳水化合物丰富的食物，可以增加饱腹感和充盈感。

⑥与癌症的关系：淀粉的摄入量与结肠癌的发病呈显著负相关，这得益于不消化的碳水化合物对肠道的保护作用。另外，部分碳水化合物高的食物含有植物雌激素，对乳腺癌、子宫癌等有一定保护作用。不过高淀粉饮食可能增加胃癌的发生风险。

（2）膳食纤维。

①肠道健康作用：膳食纤维可以缓解便秘，促进益生菌生长，发挥肠道黏膜屏障功能和免疫功能等来影响肠道作用。

②血糖调节和 2 型糖尿病预防作用：大多数膳食纤维都有低的血糖生成指数，可以延迟葡萄糖的吸收，减慢血糖水平和胰岛素反应。

③饱腹感和体重调节作用：富含膳食纤维的食物大多体积大而且能量密度低，因此可以增加饱腹感，对体重控制有较好的作用。

④预防脂代谢紊乱：膳食纤维的摄入可以降低冠心病和心血管疾病的发

生和死亡风险。

⑤影响矿物质吸收：可溶性膳食纤维在结肠可促进矿物质的吸收，但不溶性膳食纤维与植酸可影响矿物质的吸收。

⑥预防某些癌症：高膳食纤维的摄入可以降低结肠癌、乳腺癌等的发生。

3. 人体对碳水化合物的需要量

人体对碳水化合物的需要量常以碳水化合物提供能量占总能量的百分比来表示。碳水化合物的 AI 值为人体总能量的 50% ~ 65%。碳水化合物应有不同的来源，包括复合碳水化合物淀粉、不消化的抗性淀粉、非淀粉多糖和低聚糖等。

4. 食物来源

碳水化合物主要来源于粮谷类、薯类和根茎类食物，以及谷类制品如面包、饼干、糕点等。其他来源主要是糖果、甜食、含糖饮料、蜂蜜、水果和酒类等。

膳食纤维主要来自植物性食品。全谷物、豆类、水果、蔬菜和马铃薯是膳食纤维的主要来源，坚果和种子中的含量也很高。如全谷物、豆类、麸皮、糠、豆皮含有大量的纤维素、半纤维素和木质素；燕麦和大麦含有大量的膳食纤维；柠檬、柑橘、苹果、菠萝、香蕉等水果和卷心菜、苜蓿、豌豆、蚕豆等蔬菜含有较多的果胶，见表 2-4。

表 2-4 部分食物中膳食纤维含量表（g/100 g 可食部分计算）

| 食物 | 膳食纤维 | 食物 | 膳食纤维 |
| --- | --- | --- | --- |
| 麦麸 | 31.3 | 海带（干） | 6.1 |
| 全麦粉 | 12.6 | 黄豆（鲜） | 4.0 |
| 荞麦面 | 12.3 | 青豆 | 4.0 |
| 高粱米 | 7.3 | 蚕豆（鲜） | 3.1 |
| 玉米面 | 6 | 豌豆（鲜） | 3.0 |
| 燕麦片 | 5.3 | 甘薯 | 3.0 |
| 糙米 | 3.6 | 白芸豆（鲜） | 2.1 |
| 标准粉 | 2.1 | 马铃薯 | 1.6 |
| 小米 | 1.6 | 胡萝卜 | 1.1 |
| 白面粉 | 1.2 | 白萝卜 | 1.0 |
| 粳米 | 0.6 | 黄芽白 | 0.6 |
| 冬菇（干） | 32.3 | 红果（干） | 49.7 |

续上表

| 食物 | 膳食纤维 | 食物 | 膳食纤维 |
|---|---|---|---|
| 香菇（干） | 31.6 | 荔枝（鲜） | 16.1 |
| 白木耳（干） | 30.4 | 炒花生 | 6.3 |
| 黑木耳（干） | 29.9 | 番石榴 | 5.9 |
| 发菜 | 21.9 | 白橄榄 | 4.0 |
| 黄豆（干） | 15.5 | 樱桃（野、白刺） | 3.9 |
| 玉兰片 | 11.3 | 橘饼 | 3.5 |
| 蚕豆（干） | 10.5 | 芭蕉 | 3.1 |
| 白芸豆（干） | 9.8 | 桂圆（干） | 2.0 |
| 豌豆（干） | 8.6 | 桃 | 1.3 |
| 金针菜 | 7.7 | 国光苹果 | 0.8 |
| 绿豆（干） | 6.4 | 雪花梨 | 0.8 |

注：数据引自杨月欣、王光正、潘兴昌主编《中国食物成分表2002》。

矿物质1

矿物质2

矿物质3

## 四、矿物质

### （一）概述

人体内几乎含有自然界存在的所有化学元素，其元素的种类和含量都与其生存的地理环境表层元素的组成及膳食摄入量有关。人类已发现人体内约有20种元素是构成人体组织、机体生化代谢、维持生理功能所必需的。在这些元素中，除碳（C）、氢（H）、氧（O）、氮（N）元素构成有机化合物外，其余的元素都以无机物的形式存在，称为矿物质，亦称为无机盐。其中含量占人体重量的0.01%以上或膳食中摄入量大于100 mg/d的元素称为常量元素，包括钙、磷、镁、钾、钠、氯、硫7种；还有一些元素在人体内含量甚微，占人体重量的0.01%以下或膳食中摄入量小于100 mg/d，这些元素称为微量元素，包括铁、碘、锌、硒等。

## （二）常量元素

### 1. 钙

钙是人体内含量最多的无机元素，占体重的 1.5%~2.0%，成人体内钙含量为 850~1 200 g。其中 99% 的钙存在于骨骼和牙齿中，其余 1% 的钙以游离或结合状态存在于软组织、细胞外液和血液中，称为混溶钙池，这部分钙与骨骼钙保持着动态平衡，维持体内细胞正常的生理功能。

（1）生理功能。

①钙构成骨骼和牙齿，起保护和支撑作用。

②维持神经和肌肉活动，递质的释放、冲动的传导、肌肉的收缩及心脏的支持搏动等生理活动都需要钙的参与。

③钙参与血液凝固过程，促进体内某些酶的活性，维持血管正常的通透性；还参与激素分泌、维持体液酸碱平衡等。

（2）缺乏和过量。

①钙缺乏：主要影响骨骼与牙齿的发育，儿童长期钙缺乏和维生素 D 不足可导致生长发育迟缓、骨软化、骨骼变形，严重缺乏者可导致佝偻病，现"O"形或"X"形腿、肋骨串珠、鸡胸等症状。中老年人钙流失加快，易引起骨质疏松症；缺钙者易患龋齿，影响牙齿质量。血清钙含量不足，可使神经肌肉的兴奋性提高，引起手足痉挛，主要表现为肌肉痉挛、腿抽筋、惊厥等。

②钙过量：过量摄入钙可增加肾结石的危险，干扰其他矿物质的吸收。

（3）参考摄入量与食物来源。

①参考摄入量：特殊生理人群和特殊环境作业人群均要增加钙的供给量。我国《中国居民膳食营养素参考摄入量》（2013 年版）中规定，居民膳食钙的 RNI 值（mg/d）：0.5 岁以下（AI）为 200，0.5~1 岁（AI）为 250，1~4 岁为 600，4~7 岁为 800，7~11 岁为 1 000，11~14 岁为 1 200，14~18 岁为 1 000，18 岁~50 岁为 800，50 岁以上人群为 1 000，孕妇早期为 800，孕中、晚期和乳母均为 1 000，可耐受最高摄入量（UL）为 2 000 mg/d。

②食物来源：奶和奶制品是食物中钙的最好来源，不但含量丰富，而且吸收率高，是婴幼儿的最佳钙源。蔬菜、豆类、油料种子、芝麻酱、小虾米皮、海带等含钙也特别丰富。但过多的膳食纤维、服用制酸剂等均影响钙的吸收。

### 2. 磷

磷是人体必需的元素之一，成人体内含量 600~700 g。体内约 85% 的磷以羟磷灰石结晶 $[Ca_{10}(PO_4)_6(OH)_2]$ 和磷酸钙 $[Ca_3(PO_4)_2]$ 的形式存在于骨骼和牙齿中，10%~15%的磷与糖、蛋白质、脂肪及其他化合物结合分布于细胞膜、骨骼肌、皮肤、神经组织和体液中。

（1）生理功能。

①磷构成骨骼和牙齿，起支撑和保护人体的作用。

②磷是多种酶的构成成分或调节因子，调节机体糖类、脂肪及蛋白质代谢。

③磷是体内主要的碱性缓冲离子 $H_2PO_4^-$ 和 $H_2PO_4^{2-}$ 的组成成分，维持机体的酸碱平衡。

④是高能磷酸化合物三磷酸腺苷的组成成分，参与能量代谢。

（2）缺乏和过量。

①磷缺乏：早产儿仅喂以母乳，乳汁含磷量较低，不能满足早产儿骨磷沉积的需要，可发生磷缺乏佝偻病样骨骼异常。严重磷缺乏者，可发生低磷血症，表现为厌食、贫血、肌无力、骨痛、骨软化、佝偻病、全身虚弱、对传染病的易感性增加、感觉异常、共济失调、精神错乱，甚至死亡。

②磷过量：过量的磷在体内可能会对骨产生不良影响，还会引起非骨组织的钙化。过量的磷酸盐也能引起低钙血症，增强神经兴奋性，导致手足抽搐和惊厥。

（3）食物来源与参考摄入量。由于磷来源广泛，体内对磷的需要量从正常膳食中可得到满足，一般不会缺乏。临床常见磷缺乏的病人多是长期使用大量抗酸药物或禁食者。我国《中国居民膳食营养素参考摄入量》（2013年版）中规定，居民膳食磷的 RNI 值（mg/d）：0.5 岁以下（AI）为 100，0.5~1 岁（AI）为 180，1~4 岁为 300，4~7 岁为 350，7~11 岁为 470，11~14 岁为 640，14~18 岁为 710，18~50 岁为 720，50~65 岁为 720，65~80 岁为 700，80 岁以上为 670。孕妇早、中、晚期及乳母均为 720。膳食中钙磷比例应维持在1∶1~1.5∶1较好，不宜低于0.5∶1。

磷在食物中分布很广泛，瘦肉、禽、鱼、蛋、坚果、紫菜、海带、豆类等均是磷的良好来源。茶叶含有一定量的磷，长期饮用也是人体磷的来源之一。谷类中的磷大部分以植物酸磷形式存在，吸收和利用率较低。

### （三）微量元素

1. 铁

铁是人体必需微量元素中含量最多、也最容易缺乏的一种，成年人体内含铁 3~5 g，其含量随性别、年龄、体重和营养、健康状况的不同而有较大的个体差异。成年人体内约 75% 的铁为功能性铁，主要存在于血红蛋白、肌红蛋白和含铁酶中；其余 25% 的铁是储存铁，以铁蛋白和含铁血黄素的形式存在于肝、脾和骨髓中。

矿物质4　　　　　　矿物质5　　　　　　矿物质6

（1）生理功能。

①参与体内氧的运送和组织呼吸过程：铁为血红蛋白、肌红蛋白、细胞色素酶以及某些呼吸酶的成分，参与体内氧和二氧化碳的转运、交换和组织呼吸过程。

②维持正常的造血功能：铁与红细胞的形成和成熟有关。缺乏铁时，新生的红细胞中会出现血红蛋白量不足。缺铁也可影响DNA的合成及幼红细胞的增殖。

③其他重要功能：催化β-胡萝卜素转化为维生素A、参与嘌呤与胶原的合成、脂类转运及肝脏解毒等。

（2）缺乏和过量。

①铁缺乏：长期膳食铁供给不足，可引起体内铁缺乏或导致缺铁性贫血。缺铁性贫血是一种很常见的营养缺乏病，最常见和最早出现的症状为：疲乏、困倦、软弱无力；皮肤、黏膜苍白（一般观察睑结膜、手掌大小鱼际及甲床的颜色）；口角炎与舌炎、食欲减退、异食癖、腹部胀气、恶心、便秘等；心悸为最突出的症状之一，有心动过速、严重贫血或原有冠心病者，可引起心绞痛、心脏扩大、心力衰竭，严重时呼吸困难；头晕、头痛、耳鸣、眼花、注意力不集中、嗜睡等均为常见症状。贫血严重时可出现晕厥甚至神志模糊，特别是老年患者；妇女患者中常有月经失调，如闭经或月经过多；在男女两性中性欲减退均多见。皮肤干燥、角化和萎缩，毛发易折与脱落；指甲不光整、扁平甲，反甲和灰甲。贫血的临床分级见表2-5。

表2-5　贫血的临床分级

| 分级 | 血红蛋白（g/L） | 临床表现 |
| --- | --- | --- |
| 轻度 | 91~120（9.1~12 g/dl） | 症状轻微 |
| 中度 | 61~90（6.1~9 g/dl） | 体力劳动后感到心慌、气短 |
| 重度 | 31~60（3.1~6 g/dl） | 卧床休息时也感到心慌、气短 |
| 极度 | <30（3.1 g/dl以下） | 常合并贫血性心脏病 |

②铁过量:铁过量损伤的主要器官是肝脏,可致肝纤维化、肝硬化和肝细胞瘤等。铁过量可以使活性氧基团和自由基的产生过量,这种过氧化能够引起线粒体 DNA 的损伤,诱发突变,与肝脏、结肠、直肠、肺、食管、膀胱等多种器官的肿瘤有关。另外,铁过量与动脉粥样硬化发生也有关。

(3)供给量与食物来源。膳食中铁的平均吸收率为 10%~20%。铁的需要量应考虑日常的丢失、生长发育所需以及各种生理条件下的额外所需。我国《中国居民膳食营养素参考摄入量》(2013年版)中规定,居民膳食中铁的 RNI 值(mg/d):0.5 岁以下(AI)为 0.3,0.5~1 岁为 10,1~4 岁为 9,4~7 岁为 10,7~11 岁为 13,11~14 岁为 15(男)、18(女),14~18 岁为 16(男)、18(女),18~50 岁为 12(男)、20(女),50 岁以上人群为 12(男)、12(女),孕妇早期为 20、孕妇中期为 24、孕妇晚期为 29、乳母为 24。铁的 UL(mg/d):1~4 岁为 25,4~7 岁为 30,7~11 岁为 35,11~14 岁为 40,14~18 岁为 40,18 岁以上人群及孕妇、乳母为 42。

铁存在于各类食物中,一般动物性食物中铁的含量及吸收率均较高,是铁的良好来源,主要有动物全血、动物肝脏及畜、禽肉类;而植物性食物如谷粮类、水果及蔬菜中铁含量不高,利用率较动物性食物低。此外,桂圆、大枣、鹿茸、地黄、细辛、当归等含铁多,见表 2-6。蔬菜、牛奶及奶制品铁含量不高,且吸收率也低。

表 2-6 几种常见食物中的铁含量(mg/100 g 可食部分)

| 食物 | 铁含量 | 食物 | 铁含量 | 食物 | 铁含量 |
| --- | --- | --- | --- | --- | --- |
| 大米 | 0.7 | 菠菜 | 2.9 | 猪瘦肉 | 3.0 |
| 标准粉 | 3.5 | 雪里蕻 | 3.2 | 猪肝 | 22.6 |
| 小米 | 5.1 | 芹菜(茎) | 1.2 | 猪血 | 8.7 |
| 玉米面 | 3.2 | 油菜 | 1.2 | 牛瘦肉 | 2.8 |
| 大豆 | 8.2 | 葡萄干 | 9.1 | 鸡肉 | 1.4 |
| 绿豆 | 6.5 | 红枣(干) | 2.3 | 鸡肝 | 12.0 |
| 红小豆 | 7.4 | 乌枣 | 3.7 | 鸡血 | 25.0 |
| 芝麻酱 | 58.0 | 黑木耳 | 97.4 | 鸡蛋 | 2.3 |
| 海带 | 4.7 | 带鱼 | 1.2 | 海米 | 11.0 |
| 鲤鱼 | 1.0 | 草鱼 | 0.8 | | |

注:数据引自杨月欣、王光正、潘兴昌主编《中国食物成分表 2002》。

2. 锌

锌主要存在于骨骼,其次存在于皮肤、肌肉、牙齿中。此外,人体的肝、肾、心、胰、脑等器官也含有一定量的锌，尤以视网膜和前列腺为多。

（1）生理功能。

①酶的组成成分。

②促进生长发育。

③促进性器官和性功能的正常发育。

④促进食欲。

⑤促进维生素A的代谢和生理作用。

⑥参与免疫功能。

（2）缺乏和过量。

①锌缺乏：a. 味觉、嗅觉、视觉障碍：儿童或成人缺锌，均可引起味觉减退及食欲不振，出现异食癖。严重缺锌时，即使肝脏中有一定量的维生素A储备，亦可出现暗适应能力降低。b. 生长发育障碍：孕妇缺锌，可致胎儿无脑畸形，早产儿、低体重儿。儿童发生慢性锌缺乏病时，主要表现为生长停滞。c. 性发育障碍，性功能低下：锌影响胰岛素、生长素和性激素，青少年缺锌会使性成熟推迟、性器官发育不全、第二性征发育不全等；成人缺锌可致性功能障碍。d. 影响皮肤：容易出现复发性口腔溃疡、痤疮、皮肤干燥粗糙等症状，在急性锌缺乏病中，主要表现为皮肤损害和秃发病，也有发生腹泻、嗜睡、抑郁症和眼的损害。e. 肠原性肢体皮炎：肠原性肢体皮炎为地方性遗传性疾病，幼儿在母乳喂养停止后发病，病因主要是小肠吸收锌功能不全（异常）。

②锌过量：成人一次摄入2 g以上的锌会发生锌中毒，引起恶心呕吐、腹痛、腹泻等症状。锌过量可干扰铁、铜等微量元素的吸收和利用，影响巨噬细胞和中性粒细胞活力，抑制细胞杀伤能力，可损害免疫功能。

（3）供给量与食物来源。中国营养学会推荐锌的RNI值成年男性为12.5 mg/d，女性为7.5 mg/d；成年人锌的UL值40 mg/d。正常人血锌值应为13.94 μmol/L，如低于11.48 μmol/L，则视为缺锌。

食物来源：锌普遍存在于各种食物中，动、植物性食物锌的含量和吸收利用率有很大差别。贝壳类海产品、红色肉类、动物内脏均为锌的良好来源，蛋类、豆类、谷类胚芽、燕麦、干果类、花生等也富含锌。中药：补骨脂、杜仲、何首乌、人参、五味子、山药等含锌较多，蔬菜水果中锌的含量较低。

3. 碘

碘是人体必需的微量元素之一，正常人体内碘总量为15~20 mg，其中70%~80%分布在甲状腺，甲状腺的碘以一碘酪氨酸、二碘酪氨酸、三碘甲状腺原氨酸（$T_3$）和甲状腺素（$T_4$）的形式存在，其余的碘分布于皮肤、骨骼、淋巴结和脑组织中。

（1）生理功能。碘的生理作用主要通过甲状腺素来完成：

①甲状腺素参与碳水化合物、蛋白质与脂类的代谢，促进氧化磷酸化过程，从而调节能量的转化。

②促进生长发育：甲状腺素可促进神经系统的发育，对胚胎发育期和出生后早期生长发育，特别是智力发育特别重要；发育期儿童身高、体重、骨骼、肌肉的增长和性发育均需要甲状腺素的参与。

③调节组织中的水盐代谢：甲状腺素有促进组织中水盐进入血液，并从肾脏排出的作用，缺乏时引起组织内水盐潴留，在组织间隙出现含有大量黏蛋白的组织液，而并发黏液性水肿。

④甲状腺素可促进烟酸的吸收利用及β-胡萝卜素向维生素A的转化。

⑤活化许多重要酶，促进物质代谢。

（2）缺乏与过量。

①碘缺乏：碘缺乏病的主要原因是环境缺碘，不同时期碘缺乏病的临床表现如下：a. 胎儿期和婴幼儿期：孕妇严重缺碘可影响胎儿神经、肌肉的发育及引起胚胎期和围生期死亡率上升。婴幼儿缺碘可引起生长发育迟缓、智力低下，严重者发生呆小症，又称克汀病。b. 儿童期和青春期：甲状腺肿、青春期甲状腺功能减退、亚临床型克汀病、智力发育障碍、体格发育障碍、单纯聋哑等，最严重的为呆小症。c. 成人期：成人缺碘主要表现为甲状腺肿，由于碘缺乏引起的甲状腺肿常具有地区性特点，故称为地方性甲状腺肿。此外，成人缺碘还可引起甲状腺功能减退。

②碘过量：碘过量也会导致高碘甲状腺肿、高碘性甲亢，通常发生于含碘量高的饮水和食物地区。高碘性甲状腺肿：长时间（3个月以上）的高碘摄入可导致高碘性甲状腺肿。

（3）供给量与食物来源。我国《中国居民膳食营养素参考摄入量》（2013年版）中规定，居民膳食碘的RNI值（μg/d）具体规定如下：0.5岁以下（AI）为85，0.5~1岁（AI）为115，1~4岁为90，4~7岁为90，7~11岁为90，11~14岁为110，14~18岁为120，18岁以上人群为120，孕妇早、中、晚期为230，乳母为240。碘的UL值（μg/d）：4~7岁为200，7~11岁为300，11~14岁为400，14~18岁为500，18岁以上人群及孕妇、乳母为600。

海产品如海带、紫菜、鱼类、干贝、海参、海蜇等含碘丰富，是碘的良好食物来源。动物性食物碘的含量大于植物性食物。此外，还可以从饮水和含碘食盐获得碘。

4．硒

硒是人体必需的微量元素。硒广泛分布于所有的组织和器官中，肝、胰、肾、心、脾、牙釉质和指甲中浓度较高,脂肪组织中硒的浓度最低。

(1) 生理功能。

①抗氧化、解毒和抗肿瘤作用:硒是谷胱甘肽过氧化物酶(GSH-Px)的组成成分,特异性催化还原型谷胱甘肽转化为氧化型谷胱甘肽,促进有毒的过氧化物还原为无毒的羟基化合物。

②保护心血管:硒能降低心血管病的发病率。

③促进生长、保护视觉器官:硒可减少视网膜的氧化损伤,提高视力。

(2) 缺乏和过量。

①硒缺乏:缺硒与克山病和大骨节病的发生有关,临床上可见其主要症状为心脏扩大、心力衰竭或心源性休克、心律失常、心动过速或过缓,严重时可有房室传导阻滞、期前收缩等。

②硒过量:硒过量会导致中毒,中毒症状为指甲变形和头发脱落、肢端麻木、抽搐,严重者偏瘫、死亡。

(3) 供给量与食物来源。我国居民膳食硒的 RNI 值(μg/d)具体规定如下:0.5 岁以下(AI)为 15,0.5～1 岁为 20,1～4 岁为 25,4～7 岁为 30,7～11 岁为 40,11～14 岁为 55,14～18 岁为 60,18 岁以上人群为 60,孕妇早、中、晚期为 65,乳母为 78。硒的 UL 值(μg/d):0.5 岁以下为 55,0.5～1 岁为 80,1～4 岁为 100,4～7 岁为 150,7～11 岁为 200,11～14 岁为 300,14～18 岁为 350,18 岁以上人群及孕妇、乳母为 400。

我国的传统富硒食品:富硒大米、富硒鸡蛋、富硒牛乳、富硒茶等。食物中硒含量较高的食物有海产品、鸡蛋、瘦肉、杏仁、坚果类、黄豆、紫菜、黄芪、母乳等。食物的含硒量随地区不同而有所差异。

维生素 1

维生素 2

维生素 3

维生素 4

维生素 5

## 五、维生素

维生素是维持人体生命活动必不可缺少的一类营养素。虽然各种维生素的生理功能并不相同,但它们都具有共同的特点:既不参与机体组成,也不提供能量;机体一般不能合成或合成量很少,必须由外界提供;虽然机体的需要量很少,但在机体的物质代谢和能量代谢中起着十分重要的作用。

(一)概述

1. 分类

根据维生素的溶解性可将其分为脂溶性维生素和水溶性维生素。

(1)脂溶性维生素。脂溶性维生素是指不溶于水而溶于脂肪及有机溶剂中的维生素,包括维生素 A、维生素 D、维生素 E 和维生素 K。脂溶性维生素的共同特点有以下几个方面。

①在食物中它们经常与脂类共存,其吸收与脂类的吸收有关。

②与其他脂类一起储存于脂肪组织中,通过胆汁缓慢排出体外。

③长期过量摄入,可在体内积累而导致中毒;但若不摄入,可缓慢出现缺乏症状。

(2)水溶性维生素。水溶性维生素是指可溶于水的维生素,主要有 B 族维生素和维生素 C。水溶性维生素的共同特点有以下几个方面。

①一般以前体形式存在于天然食物中,排泄率高,大剂量摄入不会发生蓄积,毒性小。

②绝大多数随尿液排出,在体内仅有少量储存。

③大多数以辅酶或辅基的形式参加各种酶的催化反应,在物质代谢中发挥重要作用。

④若摄入不足,可较快地出现缺乏症状。

2. 缺乏原因

(1)膳食中供给量不足。

(2)人体吸收利用率降低。

(3)维生素需要量相对增高。

(二)脂溶性维生素

1. 维生素 A

维生素 A 又称视黄醇或抗干眼病因子,它是一类具有视黄醇生物活性的物质。植物性食物来源的 β-胡萝卜素及其他类胡萝卜素可在人体内转化为维生素 A。天然存在于动物性食物中的维生素 A 是比较稳定的,一般烹调和罐头食品加工不易破坏；维生素A耐高温和耐酸碱，但高温、光照条件下易被氧化。当食物中含有维生素C或其他抗氧化物质时，有助于保持维生素A和β-胡萝卜素的稳定性。但油脂酸败时，其中的维生素A会被严重破坏。

（1）生理功能。

①维持正常视觉：当维生素A缺乏时，视紫红质的合成减少，对弱光的敏感性降低，严重时会发生夜盲症。

②合成糖蛋白：当维生素A缺乏时，可引起糖蛋白合成异常，使上皮组织干燥、增生和角化。免疫球蛋白也是糖蛋白，当体内维生素A缺乏时，机体免疫功能降低，易引起呼吸道和消化道感染。

③促进细胞生长和分化：缺乏维生素A的儿童生长停滞、发育迟缓、骨骼发育不良；缺乏维生素A的孕妇所生的新生儿体重减轻。

④抗氧化作用。

（2）缺乏。

①夜盲症：早期表现为暗适应能力下降，即当从光亮的环境突然进入黑暗处时，人的眼睛看清暗处物体的时间延长。严重者在暗光下无法看清物体，成为夜盲症，俗称"雀目眼"。

②干眼病：结膜角化、泪腺分泌减少形成干眼病，进一步发展可出现角膜溃疡、穿孔、失明，还可出现结膜皱折和毕脱斑。

③皮肤改变：大腿和上臂最早出现皮肤干燥，重者可累及整个背部，伴有角化过度性毛囊丘疹，剥之留一个小凹陷，称为毛囊角化过度症；还可出现毛发变灰，质脆易脱落；甲薄脆，有纵沟、横纹，典型者呈蛋壳甲，甲板透明；汗腺、皮脂腺萎缩，毛发干枯脱落。

④生长发育迟缓。

（3）过量。

①急性中毒：一次或连续多次摄入大量的维生素A可引起急性中毒，症状为恶心、呕吐、眩晕、视觉模糊、肌肉活动失调。婴儿可出现厌食、乏力、嗜睡等症状。

②慢性中毒：表现为头痛、脱发、肝脾肿大、皮肤瘙痒和干燥等；孕妇在怀孕早期若长期摄入RDA3~4倍的维生素A，可引起流产或胎儿畸形；绝大多数维生素A中毒是由于服用过量的维生素A制剂，如鱼肝油所致，食用大量动物肝脏也可导致中毒。

大量摄入富含胡萝卜素的食物，可出现皮肤变黄，但一般不会产生毒副作用，停止食用后，上述现象会慢慢消失。

（4）供给量与食物来源。维生素A的推荐摄入量（RNI），成年男性为800 μgRE/d，女性为700 μgRE/d，其他人群推荐摄入量参见附录6。

维生素 A 的良好来源是各种动物肝脏、鱼肝油、奶油、鸡蛋等。植物性食物提供类胡萝卜素，其中胡萝卜素在深绿色或红色、黄色的蔬菜和水果中含量丰富，如胡萝卜、红心红薯、杧果、辣椒和柿子等。药食同源的食物中车前子、防风、紫苏、藿香、枸杞子等含有丰富的胡萝卜素。

2. 维生素 D

维生素 D 又称为抗佝偻病维生素，主要包括维生素 $D_2$（麦角钙化醇）和维生素 $D_3$（胆钙化醇）。紫外线可催化皮下的 7-脱氢胆固醇转化为维生素 $D_3$，而维生素 $D_2$ 可由植物中的麦角固醇经紫外线作用后转化生成。因此，7-脱氢胆固醇和麦角固醇称为维生素 D 原。维生素 D 为脂溶性维生素，溶于脂肪和有机溶剂，在碱性条件下对热稳定，如以 130 ℃ 高温加热 90 分钟，仍能保持其活性，故在加工烹调中一般不易被破坏，但光及酸能促使其异构化。维生素 D 的油溶液加抗氧化剂后稳定。

（1）生理功能。

①促进小肠钙的吸收转运。

②促进肾小管对钙、磷的重吸收。

③促进骨的钙化和钙溶出。

④调节血钙平衡：维生素 $D_3$ 与甲状旁腺素、降钙素一起共同调节血钙的平衡。

（2）缺乏。婴儿缺乏维生素 D 会引起佝偻病，孕妇、乳母和老人缺乏维生素 D 会引起骨质软化症和骨质疏松症。

（3）过量。维生素 D 摄入过多可引起中毒，中毒症状主要包括食欲不振、体重减轻、恶心呕吐、腹泻、头痛，软组织钙化，增加患肾结石的危险性等。

（4）参考摄入量与来源。我国居民维生素 D 的推荐摄入量（RNI）见附录 6。因为维生素 D 可经日光照射在皮肤中产生当获得充足的日光照射时，人类没有补充外源维生素 D 的必要。维生素 D 主要存在于海水鱼、肝脏、蛋黄等动物性食品及鱼肝油制剂中，人乳和牛乳的维生素 D 含量较低，一般的植物性食物、水果和干果类食物中含维生素 D 极少。

3. 维生素 E

维生素 E 又称为生育酚，是指具有 α-生育酚生物活性的一类物质。

（1）生理功能。抗氧化作用；预防衰老；促进生殖，临床上常用维生素 E 治疗先兆流产和习惯性流产。抑制血小板的聚集；降低胆固醇水平；抗肿瘤作用。

（2）缺乏。维生素 E 缺乏症较为少见。维生素 E 缺乏多见于早产儿，可导致早产儿发生溶血性贫血。成年人发生维生素 E 缺乏大都是脂肪吸收不良的疾病所致，缺乏维生素 E 可能患某些癌、动脉粥样硬化、白内障及其他老年退行性病变的危险性增加。

（3）过量。每天摄入 800 mg α-TE/d 以上有可能出现中毒症状，如肌无力、视觉模糊、恶心、腹泻等。

（4）供给量与食物来源。我国成人维生素 E 的适宜摄入量 14 mg α-TE/d，可耐受最高摄入量（UL）为 800 mg α-TE/d。维生素 E 含量丰富的食物有麦胚、大豆、坚果和植物油（橄榄油、椰子油除外）；我国居民日常膳食中摄入的维生素 E 中约 70% 来自植物油，其余来自谷物、水果和蔬菜；鱼、肉类动物性食物；动物油脂中几乎不含维生素 E。

4. 维生素 K

维生素 K 是指含有 2-甲基-1,4-萘醌的一类化合物。维生素 $K_1$（叶绿醌）来源于植物，是维生素 K 的主要来源。此外，人体肠道细菌还可以合成维生素 $K_2$（甲萘醌）。

（1）生理功能。

①参与凝血过程。

②参与骨骼代谢。

（2）缺乏。维生素 K 缺乏易引起低凝血酶原血症，临床表现为出血。部分早产儿容易在出生后数周内出现维生素 K 缺乏症，严重者可发生颅内出血导致死亡。

（3）过量。服用大剂量人工合成的维生素 K 可能会发生中毒，尤其是婴幼儿和孕妇，会引起溶血等不良反应。

（4）供给量与食物来源。成人维生素 K 的适宜摄入量（AI）为 120 μg/d，可耐受最高摄入量（UL）未定。维生素 K 广泛分布于动植物食物中，绿叶蔬菜是维生素 K 最好的食物来源，动物肝脏、乳酪也是较好的来源。

（三）水溶性维生素

1. 维生素 $B_1$

维生素 $B_1$ 又称硫胺素、抗神经炎因子。维生素 $B_1$ 在酸性环境中比较稳定，加热不易分解，但在碱性溶液中极不稳定，易被氧化而失去活性；紫外线可使维生素 $B_1$ 分解。

（1）生理功能。

①影响能量代谢。

②在维持神经、肌肉特别是心肌的正常功能方面有明显的作用。

③在维持正常食欲、胃肠道的蠕动和消化液的分泌等方面都有明显的作用。

（2）缺乏。维生素 $B_1$ 缺乏引起脚气病。

①成人脚气病：成人脚气病又分为干性脚气病和湿性脚气病。a. 干性脚气病：以多发性神经炎症状为主，下肢倦怠、无力；感觉异常（针刺样、烧灼样疼痛）、肌肉无力、肌肉酸痛（以腓肠肌为主）。b. 湿性脚气病：以水肿和心脏症状为主，出现水肿、心悸、气促、心动过速、心前区疼痛；严重者表现为心力衰竭。

②婴儿脚气病：常见于出生 2~5 个月的婴儿，且多是维生素 $B_1$ 缺乏的乳母所喂养的婴儿，发病突然，病情急。

（3）过量。维生素 $B_1$ 过量引起的中毒十分少见，摄入超过 RNI 100 倍以上剂量的维生素 $B_1$ 可出现头痛、心律不齐等症状。

（4）供给量与食物来源。我国居民维生素 $B_1$ 的推荐摄入量（RNI）见附录6。维生素 $B_1$ 膳食来源为未精加工的谷类食物。瘦肉、动物内脏、杂粮、硬果及豆类中维生素 $B_1$ 含量较高，而蛋类、乳类中维生素 $B_1$ 含量较低。

2. 维生素 $B_2$

维生素 $B_2$ 又称核黄素，呈棕黄色，水溶性较差，所以，临床应用的维生素 $B_2$ 多采用口服而非静脉注射。在中性和酸性溶液中对热稳定，在碱性条件下易被分解破坏。游离维生素 $B_2$ 对光敏感，特别是紫外光。

（1）生理功能。维生素 $B_2$ 在体内通常以黄素腺嘌呤二核苷酸（FAD）和黄素单核苷酸（FMN）两种形式参与氧化还原反应。

①参与体内生物氧化与能量代谢。

②参与维生素 $B_6$ 和烟酸的代谢。

③参与机体的抗氧化防御体系。

（2）缺乏。临床症状表现主要为眼、口腔及皮肤的炎症反应，称为口腔-生殖综合征。

①眼部症状：怕光、流泪、视物模糊、结膜充血、角膜周围增生等。

②口腔-生殖综合征：a. 唇炎、口角炎、舌炎等，唇炎表现为微肿、脱屑、开裂，口角炎为口角呈乳白色、糜烂，舌炎则表现为疼痛、肿胀及"地图舌"等。b. 皮肤：鼻翼两侧皮肤常见脂溢性皮炎，阴囊炎也较为常见。

③影响铁的吸收，导致儿童缺铁性贫血。妊娠期缺乏核黄素可致胎儿骨骼畸形。

（3）过量。过量摄入维生素 $B_2$ 一般不会引起中毒。

（4）实验室营养状况的评价指标。

①红细胞谷胱甘肽还原酶活力系数（AC）：AC＜1.2 为正常，1.2＜AC＜1.4 为不足，AC＞1.4 为缺乏。

②尿中维生素 $B_2$ 与肌酐的比值：80～269 为正常，27～79 为不足，＜27 为缺乏。

③尿中维生素 $B_2$ 的排出量：让受试者清晨口服 5 mg 维生素 $B_2$，然后收集 4 小时以内排出的尿液，测定其中维生素 $B_2$ 的含量。判断标准为：4 小时尿液中维生素 $B_2$ 排出量在 400 μg 以下为缺乏，400～799 μg 为不足，800～1 300 μg 为正常。

（5）供给量与食物来源。维生素 $B_2$ 的需要量随能量摄入量的增加而增加。我国居民维生素 $B_2$ 的推荐摄入量（RNI）见附录6。维生素 $B_2$ 广泛存在于植物与动物性食品中，动物性食品中维生素 $B_2$ 含量比植物性食品高，肝脏、肾脏、心脏、蛋黄和乳中含量特别丰富，大豆和绿叶蔬菜也含有一定数量的维生素 $B_2$。

3. 维生素 $B_6$

维生素 $B_6$ 易溶于水及乙醇，在酸性溶液中稳定，在碱性溶液中易被破坏，在中性和碱性环境中对光敏感，高温下可被破坏。

（1）生理功能。维生素 $B_6$ 主要参与体内氨基酸、糖原和脂肪的代谢；参与一碳单位代谢，影响核酸和 DNA 的合成；维生素 $B_6$ 催化血红蛋白的合成；参与神经系统中许多酶促反应，使神经递质的水平升高。

（2）缺乏。

①皮肤改变：眼、鼻和口部皮肤脂溢样皮肤损害，伴有舌炎和口腔炎。

②神经系统：周围神经炎，伴有滑液肿胀和触痛，特别是腕滑液肿胀（腕管病）。

③高同型半胱氨酸血症。

④偶见高尿酸血症、小细胞性贫血。

（3）过量。维生素 $B_6$ 的毒性相对较低。

（4）供给量与食物来源。中国居民膳食参考摄入量中维生素 $B_6$ 的适宜摄入量（AI）见附录6。

维生素 $B_6$ 广泛存在于动植物性食物中，含量最高的食物为白色肉类（如鸡肉和鱼肉），其他良好的食物来源为肝脏、豆类、坚果类等，水果、蔬菜也是较好的来源。

4. 维生素 $B_{12}$

维生素 $B_{12}$ 又称钴胺素，是唯一含有金属元素的维生素。维生素 $B_{12}$ 必须与胃的内因子结合，在碱性肠液与胰蛋白酶的作用下才能被吸收。维生素 $B_{12}$ 可溶于水，在弱酸环境中稳定，在强酸和强碱环境中容易被分解，遇热易破坏，紫外线、氧化剂和还原剂均可使维生素 $B_{12}$ 受到破坏。

(1)生理功能。维生素 $B_{12}$ 与叶酸一起参与转甲基反应,使同型半胱氨酸甲基化形成蛋氨酸;维生素 $B_{12}$ 参与细胞的核酸代谢,还与神经物质的代谢密切相关。

(2)缺乏。素食者、消化吸收功能下降的老年人,胃大部分切除者都易造成维生素 $B_{12}$ 缺乏。临床表现为巨幼红细胞贫血;高同型半胱氨酸血症;神经系统损害。

(3)过量。膳食摄入大量的维生素 $B_{12}$ 无不良反应。

(4)供给量与食物来源。我国居民维生素 $B_{12}$ 的适宜摄入量(AI)见附录6。维生素 $B_{12}$ 的主要来源为畜禽鱼肉类、动物内脏、贝壳类及蛋类,乳及乳制品中含量少。植物性食物基本上不含维生素 $B_{12}$,素食者易出现维生素 $B_{12}$ 缺乏。

5. 烟酸

烟酸又名尼克酸、抗癞皮病因子。烟酸溶于水和乙醇,对酸、碱、光、热均稳定,一般烹调对其破坏甚少。

(1)生理功能。在体内参与碳水化合物、脂肪和蛋白质的合成与分解,与 DNA 复制、修复和细胞分化有关;参与脂肪酸、胆固醇以及类固醇激素的生物合成。大剂量的烟酸还有降低血甘油三酯、总胆固醇以及扩张血管的作用。

(2)缺乏。烟酸缺乏时,会引起"癞皮病",典型症状是皮炎(dermatitis)、腹泻(diarrhea)和痴呆(dementia),即所谓"三D"症状。癞皮病早期表现为食欲不振、体重减轻、失眠、疲劳、记忆力和工作能力减退。随后出现皮肤、消化系统和神经系统症状。

①皮炎:多呈对称性,分布于身体暴露和易受摩擦部位,初始表现为皮肤红肿、水疱及溃疡,随后皮肤转为红棕色,表皮粗糙、脱屑、过度角化、色素沉着。

②消化系统症状:表现为食欲减退、消化不良、腹泻。

③神经系统症状:肌肉震颤,腱反射亢进或消失,可有烦躁、焦虑、抑郁、健忘、感情冷漠,甚至痴呆症状。少数患者可有精神失常。

(3)过量。主要表现为黄疸、转氨酶升高等肝功能异常以及葡萄糖耐量的变化。

(4)供给量与食物来源。膳食中烟酸的参考摄入量用烟酸当量(NE)表示,我国居民烟酸 RNI 见附录6。烟酸广泛存在于各种食物中,在肝、肾、瘦肉、鱼及花生中含量丰富。玉米中烟酸含量也不低,但主要为结合型,不能被人体吸收利用,烹调时如加碱(小苏打等)处理,能使结合型烟酸分解为游离型,可被机体利用。

### 6. 叶酸

叶酸微溶于水，对热、光线、酸均不稳定，食物烹调加工后叶酸的损失率可达50%～90%。

（1）生理功能。叶酸影响DNA和RNA的合成，而且可以通过蛋氨酸代谢影响血红蛋白的合成。

（2）缺乏。

①巨幼红细胞贫血：叶酸缺乏可使红细胞分裂增殖过程中停留在巨幼红细胞阶段而成熟受阻，细胞变形增大，发生巨幼红细胞贫血。

②对胎儿的影响：孕妇怀孕早期缺乏叶酸可导致胎儿发生神经管畸形，孕早期及时补充叶酸可明显降低胎儿神经管畸形的发生率。

③对孕妇的影响：叶酸缺乏还使孕妇先兆子痫、胎盘早剥的发生率增高。

④高同型半胱氨酸血症：叶酸缺乏使同型半胱氨酸转变成蛋氨酸的过程受阻，导致高同型半胱氨酸血症，引起血管内皮细胞损伤，血小板黏附聚集。同型半胱氨酸血症是动脉粥样硬化的危险因素之一。

⑤癌症：结肠癌、直肠癌、乳腺癌以及宫颈癌的发生与叶酸缺乏有关。

（3）过量。大剂量服用叶酸可能产生毒副作用，如影响锌的吸收等。

（4）供给量与食物来源。叶酸的摄入量以膳食叶酸当量（DFE）表示。我国成人叶酸的参考摄入量RNI为400 μg DFE/d，孕妇为500 μg DFE/d，乳母为500 μg DFE/d，成人叶酸的UL值为1 000 μg DFE/d。

叶酸含量丰富的食物有动物肝脏、肾脏、鸡蛋、绿叶蔬菜、花椰菜和坚果。

### 7. 维生素C

维生素C又称抗坏血酸。维生素C溶于水，不溶于乙醇和脂肪，极易氧化，在铜离子存在或碱性条件下易被破坏，在酸性条件下较稳定。

（1）生理功能。

①抗氧化和抗肿瘤作用：维生素C是机体内一种很强的还原剂，它可直接与氧化剂作用，保护维生素A、维生素E、胡萝卜素、必需脂肪酸等免受氧化破坏，可降低胃癌以及其他恶性肿瘤的危险性。维生素C还可将双硫键（-S-S-）还原为巯基（-SH），在体内与其他还原剂一起清除自由基，所以维生素C在体内氧化防御系统中发挥重要作用。

②促进胶原组织的合成：胶原细胞体内的结缔组织、骨及毛细血管的重要构成成分。

③参与机体的造血机能：维生素C可使铁在消化道处于亚铁状态，提高机体对铁的吸收，故可预防营养性贫血；另外，维生素C还具有将叶酸转变

成活性型（四氢叶酸）的能力，对预防巨幼红细胞贫血有积极意义。

（2）缺乏。

①非特异性症状：激动、软弱、倦怠、食欲减退、体重减轻及面色苍白等，也可出现呕吐、腹泻等消化紊乱症状，此阶段可称为隐性病例。

②出血症状：表现为毛细血管脆性增加，牙龈肿胀与出血，牙齿松动、脱落、皮肤出现瘀血点与瘀斑，关节出血可形成血肿，鼻衄，便血，月经过多。

③其他：维生素 C 缺乏出现伤口愈合不良，胶原合成障碍，故可导致骨骼有机质形成不良进而出现骨质疏松。维生素 C 缺乏影响铁的吸收导致贫血。

（3）过量。一次口服数克时可能会出现腹泻、腹胀等症状，长期大剂量服用可以增加肾结石风险、引起不孕、使血栓发生率明显增加等。

（4）供给量与食物来源。我国居民维生素 C 的推荐摄入量（RNI）为：成人 100 mg/d，孕妇、乳母 130 mg/d。维生素 C 的主要来源是新鲜蔬菜和水果。蔬菜中，辣椒、茼蒿、苦瓜、豆角、菠菜、豌豆苗、马铃薯、韭菜等含有丰富的维生素 C。干的豆类及种子不含维生素 C，但当豆类发芽后则可产生维生素 C。水果中，酸枣、猕猴桃、鲜枣、草莓、柑橘、柠檬等含量最多。动物性食物中维生素 C 含量很少。各种维生素情况综述见表 2-7。

表 2-7 各种维生素一览表

| 名称 | 食物来源 | 主要功能 | 日需要量 | 缺乏症 |
| --- | --- | --- | --- | --- |
| 维生素 A | 鱼肝油、蛋黄、绿叶蔬菜、胡萝卜 | （1）构成视紫红质。<br>（2）维持上皮组织结构完成。<br>（3）促进生长发育 | 800 μg | 夜盲症、干眼病、皮肤干燥、毛囊丘疹 |
| 维生素 D | 肝脏、蛋黄、鱼肝油 | （1）调节和促进钙、磷代谢。<br>（2）促进骨盐代谢 | 5~10 μg | 佝偻病（儿童）、骨软化症（成人）、骨质疏松症（老年人） |
| 维生素 E | 植物油 | （1）抗氧化和抗肿瘤。<br>（2）维持生殖功能。<br>（3）促进血红素合成 | 8~10 mg | 人类未发现缺乏症，临床用于治疗习惯性流产 |

续上表

| 名称 | 食物来源 | 主要功能 | 日需要量 | 缺乏症 |
| --- | --- | --- | --- | --- |
| 维生素K | 肝脏、绿色蔬菜 | 促进肝脏合成凝血因子 | 60~80 μg | 皮下出血、肌肉及胃肠道出血 |
| 维生素$B_1$ | 酵母、大豆、谷类 | （1）α-酮酸氧化脱羧酶的辅酶。（2）抑制胆碱酯酶活性 | 1.2~1.5 mg | 脚气病、末梢神经炎 |
| 维生素$B_2$ | 肝脏、蛋黄、绿叶蔬菜 | 构成黄素酶的辅酶 | 1.2~1.5 mg | 口角炎、舌炎、唇炎、阴囊炎 |
| 烟酸 | 谷类、肝脏、肉类 | 构成脱氢酶的辅酶 | 15~20 mg | 癞皮病 |
| 维生素$B_6$ | 谷类、肝脏 | 氨基酸脱羧酶和转氨酶的辅酶 | 2 mg | 人类未发现缺乏症 |
| 叶酸 | 肝脏、绿叶蔬菜 | 以$FH_4$的形式参与一碳单位的转移，与蛋白质、核酸合成有关 | 200~400 μg | 巨幼红细胞性贫血、胎儿神经管畸形 |
| 维生素$B_{12}$ | 肝脏、肉、鱼、牛奶 | （1）促进甲基转移。（2）促进DNA合成。（3）促进红细胞成熟 | 2~3 μg | 巨幼红细胞性贫血、胎儿神经管畸形 |
| 维生素C | 新鲜蔬果 | （1）参与体内羟化反应和氧化还原反应。（2）促进铁吸收 | 60 mg | 坏血病 |

## 六、植物化学物

食物中除了含有多种营养素外,还含有许多其他对人体有益的物质。这类物质过去多被称为非营养素生物活性成分,来自植物中食物的生物活性成分,称为植物化学物。

1. 植物化学物的分类

植物化学物可按照它们的化学结构或者功能特点进行分类,包括多酚、类胡萝卜素、萜类化合物、有机硫化物、皂苷、植酸及植物胆固醇等见表2-8。

表2-8 常见植物化学物的种类、食物来源及生物活性

| 名称 | 代表化合物 | 食物来源 | 生物活性 |
| --- | --- | --- | --- |
| 多酚 | 原儿茶酸、绿原酸、白藜芦醇、黄酮、花色苷 | 各类植物性食物,尤其是深色水果、蔬菜和谷物 | 抗氧化、抗炎、抗肿瘤、调节毛细血管功能 |
| 类胡萝卜素 | 胡萝卜素、番茄红素、玉米黄素 | 玉米、绿叶蔬菜、黄色蔬菜及水果 | 抗氧化、增强免疫功能、预防眼病 |
| 萜类化合物 | 单萜、倍半萜、二萜、三萜 | 柑橘类水果 | 杀菌、防腐、镇静、抗肿瘤作用 |
| 有机硫化物 | 烯丙基硫化合物 | 大蒜、洋葱等 | 杀菌、抗炎、抑制肿瘤细胞生长 |
| 芥子油苷 | 异硫氰酸盐 | 十字花科蔬菜 | 杀菌、抑制肿瘤细胞生长 |
| 皂苷 | 甾体皂苷、三萜皂苷 | 酸枣、枇杷、豆类 | 抗菌及抗病毒作用、增强免疫功能 |
| 植物雌激素 | 异黄酮、木酚素 | 大豆、葛根、亚麻籽 | 雌激素样作用 |
| 植酸 | 肌醇六磷酸 | 各种可食植物种子 | 抗氧化作用、抑制淀粉及脂肪的消化吸收 |
| 植物固醇 | β-谷固醇、豆固醇 | 豆类、坚果、植物油 | 抗炎和退热作用、抑制胆固醇吸收 |

2. 植物化学物的生物活性

（1）抗氧化和抗肿瘤作用：癌症和心血管疾病的发病机制与过量自由基的存在有关。类胡萝卜素、多酚、植物雌激素、蛋白酶抑制剂和有机硫化物等具有明显的抗氧化和抗肿瘤作用。

（2）免疫调节作用：类胡萝卜素对免疫功能有调节作用；部分黄酮类化合物具有免疫抑制作用；而皂苷、有机硫化物和植酸具有增强免疫功能的作用。

（3）抗微生物作用。

（4）降胆固醇作用：以多酚、皂苷、植物固醇、有机硫化物和生育三烯酚为代表的植物化学物具有降低血胆固醇水平的作用。

（5）其他：植物化学物所具有的其他促进健康的作用还包括调节血压、血糖、血小板和血凝以及抑制炎症等作用。此外，部分植物化学物还有一些特殊作用，如叶黄素在维持视网膜黄斑功能发挥重要作用。植酸具有较强的金属离子的螯合能力。

## 第四节 水

水作为人体的重要组成成分，是人体维持生命活动最基本的物质基础。随着年龄的增长，水的含量下降，新生儿体内的水含量可高达80%，正常成年男性体内水的含量约占总体重的60%，成年女性占50%~55%。

### 一、生理功能

（一）构成细胞和体液的重要组成成分

水广泛分布在组织细胞的内外，约占人体组成的60%，占体液和血浆的80%以上，在肌肉中约占75%。

（二）调节体温

水的比热和蒸发热较大，在高温环境下，人体通过蒸发汗液，可带走大量的热量，维持体温；水的流动性大，水能随血液迅速分布至全身，而且细胞间液及细胞内液之间水的交换也非常迅速，故物质代谢产生的热量能在体内迅速分布。体温在水的调节下，可保持稳定。

### (三) 营养素和代谢产物的溶剂

一切营养素和代谢产物都以水为溶剂。水不仅将营养物质输送到全身各处发挥复杂的生理功能；同时，水还将细胞的代谢废物如 $CO_2$、尿素带到肾脏、肺、皮肤排出体外。

### (四) 润滑剂

水是人体内的润滑剂。在关节、脏器、组织之间起着润滑、缓冲、保护的功效。

## 二、水的摄入与排泄

在正常情况下，水的摄入量与排出量大约是相等的，以保持体液的恒定。

人体内水的来源包括饮水、食物中的水及内生水三大部分。内生水为体内产能营养素被氧化后产生的水，每克蛋白质产生的代谢水为 0.42 mL，脂肪为 1.07 mL，碳水化合物为 0.6 mL，每日膳食代谢产生的内生水为 300～400 mL。体内水的排泄以肾脏为主，约占 60%，其次是经肺、皮肤和粪便排泄。成年人每日水的摄入量和排出量维持在 1 900～2 500 mL，见表 2-9。

表 2-9 成年人每日水的出入量

单位：mL

| 来源 | 水的摄入量 | 来源 | 水的排出量 |
| --- | --- | --- | --- |
| 食物含水量 | 500～1 000 | 尿 | 900～1 300 |
| 饮水或饮料 | 1 100 | 非显性出汗 | 500 |
| 物质代谢水 | 300～400 | 肺呼出 | 300～500 |
|  |  | 粪便 | 200 |
| 合计 | 1 900～2 500 | 合计 | 1 900～2 500 |

## 三、缺乏与过量

### (一) 缺乏

水摄入不足或水丢失过多，可引起体内缺水，重度缺水可使细胞外液电解质浓度增加，形成高渗，细胞内水分向细胞外转移，引起脱水。缺水的临床症状可分为：

(1) 轻度缺水：失水量占体重2%，表现为口渴、尿少。

(2) 中度缺水：失水量占体重6%，表现为口干、尿少、心情烦躁。

(3) 严重缺水：失水量占体重7%以上，表现为幻觉、狂躁，眼眶下陷，皮肤失去弹性、起皱，全身无力，体温、脉搏增加，血压下降。

(4) 失水超体重20%时，会引起死亡。

因水摄入不足引起的缺水，适当补充水即可；因水丢失过多引起的缺水，可能同时出现电解质缺乏，应注意监测，在补充水分时，应根据监测结果同时补充适量的电解质。

(二) 过量及中毒

正常人极少出现水中毒。在疾病状况下，如果水摄入量超过肾脏排出的能力，可引起体内水过多或引起水中毒。

## 四、需要量和来源

目前，我国居民的饮用水主要包括白开水、管道直饮水、矿泉水和纯净水等。人体水的需要量取决于人体的失水量。人体每日失水量主要受代谢情况、年龄、体力活动、环境温度、膳食等因素影响，故水的需要量变化很大。人体水的需要量应按不同劳动强度下，出汗量与温度的函数关系计算，见表2-10。

表2-10 成人在不同气温与劳动强度下水的需要量

| 气温/℃ | 水的需要量/$(L \cdot d^{-1})$ | | | |
| --- | --- | --- | --- | --- |
| | 轻劳动 | 中等劳动 | 重劳动 | 极重劳动 |
| 41~45 | 3.6 | 10.5~11.4 | 11.4~12.5 | 13.3~13.6 |
| 36~40 | 3.5 | 9.2~10.1 | 9.8~10.9 | 10.5~11.9 |
| 31~35 | 3.4 | 7.9~8.8 | 8.2~9.4 | 8.8~10.1 |
| 25~30 | 3.3 | 6.3~7.5 | 6.3~7.8 | 6.7~8.3 |

## 第五节 各类食物的营养价值

人体所需要的能量和营养素主要从食物中获得。根据来源食物可分为植物性食物和动物性食物两大类，前者包括谷类、豆类、蔬菜、水果等，后者包括肉类、蛋类、乳类等。

各种食物由于所含营养素的种类和数量能满足人体营养需要的程度不同，故营养价值有高低之分。所含营养素种类齐全，数量及其相互比例适宜，易被人体消化吸收利用的食物，营养价值相对较高；所含营养素种类不全，或数量欠缺，或相互比例不适当，不易被机体消化吸收利用的食物，其营养价值相对较低。营养素的种类和含量可因食物的种类、品系、部位、产地和成熟程度等不同而存在差异。因此，了解各种食物的营养价值，对保障人体健康具有十分重要的意义。

## 一、植物性食物的营养价值

植物性食物主要包括谷类、豆类、蔬菜、水果、薯类、坚果、种子等，植物性食物多富含碳水化合物、维生素和矿物质，是人类获取能量、营养素和植物有效成分的主要来源。

（一）谷类

谷类包括大米、小麦、玉米、小米、高粱、莜麦、荞麦等，富含碳水化合物，是人体能量的主要来源，约66%的能量多来源于碳水化合物、58%的蛋白质来自谷类。此外，谷类含有丰富的B族维生素和矿物质，故谷类在我国人民膳食中占重要地位。

1. 主要营养成分及组成特点

（1）碳水化合物：谷类碳水化合物含量最丰富，主要集中在胚乳。一般而言，碳水化合物的含量在稻米中较高，小麦粉次之，玉米中较低。碳水化合物存在的主要形式为淀粉，以直链淀粉为主。由于加工方式不同，谷类中的膳食纤维和微量营养素水平变化较大。

（2）蛋白质：谷类蛋白质含量一般为7%~12%，其中稻谷中的蛋白质含量低于小麦粉，小麦胚粉含量最高。谷类蛋白质氨基酸组成中赖氨酸含量相对较低，因此谷类蛋白质生物学价值不及动物性蛋白质。

（3）脂类：谷类脂含量多数为0.4%~7.2%，以小麦胚粉中最高，其次为莜麦、玉米和小米，小麦粉较低，稻米类最低。谷类脂肪组成主要为不饱和脂肪酸，质量较好，从玉米和小麦胚芽中提取的胚芽油，80%为不饱和脂肪酸，其中亚油酸为60%，具有降低血清胆固醇，防止动脉粥样硬化的作用。

（4）维生素：谷类以B族维生素为主，是我国居民膳食维生素$B_1$和烟酸的主要来源。维生素主要分布在糊粉层和谷胚中，因此谷类加工越细，上述维生素损失就越多。在黄色玉米和小米中还含有较多的类胡萝卜素，玉米含烟酸较多，但主要为结合型，不易被人体吸收利用，故以玉米为主食的地区居民容易发生烟酸缺乏病（癞皮病）。在小麦胚粉中含有丰富的维生素E。

（5）矿物质：谷类含矿物质为1.5%~3.0%，包括钙、磷、钾、钠、镁及一些微量元素，其中小麦胚粉中除铁含量较低外，其他矿物质含量普遍较高；在莜麦粉、荞麦、高粱、小米和大麦中铁的含量较丰富；在大麦中，锌和硒的含量较高。

2. 合理利用

（1）合理加工：有利于谷类的食用和消化吸收，但由于蛋白质、脂类、矿物质和维生素主要存在于谷粒表层和谷胚中，因此加工精度越高，维生素和矿物质的损失越多。

（2）合理烹调：烹调过程可使一些营养素损失，如在大米淘洗过程中，B族维生素会损失。淘洗次数越多、浸泡时间越长、水温越高，损失越多。烹调方法不当时，B族维生素有不同程度的损失。因此稻米以少搓少洗为好，面粉蒸煮加碱要适量，且要少炸少烤。

（3）合理储存：粮谷类食品应在避光、通风、阴凉和干燥的环境中储存。

（4）合理搭配：谷类食物蛋白质中的赖氨酸含量普遍较低，宜与含赖氨酸多的豆类和动物性食物混合食用，以提高谷类蛋白质的营养价值。

（二）豆类及其制品

豆类可分为大豆类和除此之外的其他豆类。大豆类按种皮的颜色可分为黄色、青色、黑色、褐色和双色五种。其他豆类包括蚕豆、豌豆、绿豆、小豆等。豆制品是由大豆（或绿豆）等原料制作的半成品食物，包括豆浆、豆腐、豆腐干等。

1. 豆类的主要营养特点

（1）蛋白质：豆类的蛋白质含量较高，为20%~36%；其中大豆类最高，在30%以上；其他豆类，如绿豆、赤小豆、扁豆、豌豆等的蛋白质含量在20%~25%；豆制品蛋白质含量差别较大，高者可达16%~20%，如烤麸、素鸡、豆腐干，低者只有2%左右，如豆浆、豆腐脑。蛋白质中含有人体需要的全部氨基酸，属完全蛋白，是优质蛋白质的重要来源。虽然赖氨酸含量较多，但蛋氨酸含量较少，因此蛋白质的利用率相对较低。

（2）脂类：豆类脂肪含量以大豆类为高，在15%以上；其他豆类较低，在1%左右，其中绿豆、赤小豆、扁豆在1%以下；豆制品脂肪含量差别较大，豆腐、豆腐干等较高，豆浆、烤麸等较低。大豆脂肪组成以不饱和脂肪酸居多，其中油酸占 32%～36%，亚油酸占 51.7%～57.0%，亚麻酸占 2%～10%，此外尚有 1.64% 左右的磷脂。由于大豆富含不饱和脂肪酸，所以是高血压、动脉粥样硬化等疾病患者的理想食物。

（3）碳水化合物：大豆中含碳水化合物 34% 左右，豆制品依据加工方法和水分含量，碳水化合物普遍较低，高者为 10% 左右，如豆腐干、烤麸；低者在 5% 以下，豆浆中仅含 1%。大豆类碳水化合物组成比较复杂，其中难消化纤维素和低聚糖在 15% 以上，如棉籽糖、水苏糖等，并含有部分可溶性糖类。纤维素和低聚糖在体内较难消化，其中有些在大肠内成为细菌的营养素来源。细菌在肠道内生长繁殖过程中能产生过多的气体而引起肠胀气。

其他豆类碳水化合物主要以淀粉形式存在，碳水化合物含量较大豆高很多，如绿豆、赤小豆、芸豆、蚕豆等含碳水化合物 60% 以上，还含有少量的糖类，故食有甜味。

（4）维生素：豆类含有胡萝卜素、维生素 $B_1$、维生素 $B_2$、烟酸、维生素 E 等，相对于谷类而言，豆类的胡萝卜素和维生素 E 含量较高，但维生素 $B_1$ 含量较低，烟酸含量差别不大。种皮颜色较深的豆类，胡萝卜素含量较高，如黄豆、黑豆、青豆、绿豆等，青豆中胡萝卜素含量可达 790 μg/100 g。干豆类几乎不含抗坏血酸，但经发芽做成豆芽后，其含量明显提高，如黄豆芽，每 100 g 含有 8 mg 维生素 C。

（5）矿物质：豆类矿物质含量为 2%～4%，包括钾、钠、钙、镁、铁、锌、硒等。大豆中的矿物质含量略高于其他豆类，在 4% 左右，其他豆类为 2%～3%，豆制品多数在 2% 以下。与谷类比较，豆类的钙、钾、钠等的含量较高，但微量元素含量略低于谷类。相对而言，大豆类中钾、铁的含量较为丰富，而其他豆类略低。

（6）豆类中的其他成分：大豆中具有很多生物活性物质，如大豆低聚糖，大豆多肽，低聚肽、植物固醇、大豆磷脂、大豆皂甙和大豆异黄酮等。另外，在大豆、四季豆等豆类食物中，存在蛋白酶抑制剂和红细胞凝集素等抗营养因子，影响人体对蛋白质的消化和吸收，使人体产生不适，但通过加热处理或其他方法可减少或去除。

2. 豆类及其制品的合理利用

不同加工和烹调方法，对大豆蛋白质的消化率有明显的影响差异。整粒熟大豆的蛋白质消化率仅为 65.3%，但加工成豆浆后可达 84.9%，豆腐可提高到 92%～96%。豆类蛋白质含有较多的赖氨酸，与谷类食物混合食用，可较好地发挥蛋白质的互补作用，提高谷类食物蛋白质的利用率，因此豆类食物宜与谷类食物搭配食用。

豆类中膳食纤维含量较高，特别是豆皮，因此国外有人将豆皮经过处理后磨成粉,作为高纤维用于烘焙食品。据报道,食用含纤维的豆类食品可以明显降低血清胆固醇,对冠心病、糖尿病及肠癌也有一定的预防及治疗作用。将提取的豆类纤维加到缺少纤维的食品中,不仅可改善食品的松软性,还有保健作用。

### (三)坚果

坚果是以种仁为食用部分,因外覆木质或革质硬壳,故称坚果。按照其植物学来源的不同,又可以分为木本坚果和草本坚果两类,前者包括核桃、榛子、杏仁、松子、香榧、腰果、银杏、栗子、澳洲坚果,后者包括花生、葵花子、西瓜子、南瓜子、莲子等。坚果多富含脂肪和淀粉,是高能量食物。

1. 营养特点

(1) 蛋白质、脂肪和碳水化合物:新鲜的坚果蛋白质含量多为12%~22%,其中有些蛋白质含量更高,如西瓜子和南瓜子中的蛋白质含量达30%以上。坚果脂肪含量较高,多在40%左右,其中松子、杏仁、榛子、葵花子等达50%以上,坚果类当中的脂肪多为不饱和脂肪酸,富含必需脂肪酸。按照脂肪含量的不同,坚果可以分为油脂类坚果和淀粉类坚果,前者富含油脂多在40%以上,如核桃、榛子等。后者碳水化合物含量高而脂肪很少,包括栗子、芡实、银杏、莲子等。

(2) 维生素和矿物质:坚果类是维生素E和B族维生素的良好来源,黑芝麻中维生素E含量多达50.4 mg/100 g,一般鲜果中含有少量维生素C,干果中极少或无。坚果富含钾、镁、磷、钙、铁、锌、硒、铜等矿物质,铁的含量以黑芝麻为最高,硒的含量以腰果为最多,在榛子中含有丰富的锰,坚果中锌的含量普遍较高。

2. 合理利用

大多数坚果可以不经烹调直接食用,但花生、瓜子等一般经炒熟后食用。坚果仁经常制成煎炸、焙烤食品,作为日常零食食用,也是制造糖果和糕点的原料,并用于各种烹调食品的加香。植物油多来自芝麻、葵花子、花生、胡麻等。多数坚果水分含量低且较耐储藏,但含油坚果的不饱和程度高,易受氧化或滋生霉菌而变质,应当保存于干燥阴凉处,并尽量隔绝空气。

### (四)蔬菜类

蔬菜品类繁多,按其结构及可食部分不同,可分为叶菜类、根茎类、瓜茄类、鲜豆类和菌藻类等,多富含维生素、矿物质和膳食纤维等物质,对刺激胃肠蠕动、消化液分泌、促进食欲,调节体内酸碱平衡有很大作用。蔬菜类食物所含的营养成分因其种类不同,差异较大。

1. 主要营养成分及组成特点

(1) 叶菜类:包括白菜、菠菜、油菜、韭菜等,蛋白质、脂肪和碳水化合物含量较低,膳食纤维含量约1.5%。叶菜类是类胡萝卜素、维生素 $B_2$、维生素 C、矿物质及食纤维的良好来源,其中深绿色蔬菜维生素含量比较丰富,特别是类胡萝卜素的含量较高。叶菜类食物维生素 C 的含量多在 35 mg/100 g 左右,其中菜花、西兰花、芥蓝等含量较高,每 100 g 含 50 mg 以上;维生素 $B_1$、烟酸和维生素 E 的含量普遍较谷类和豆类低,与其水分含量高有关。矿物质的含量在1%左右,种类较多。

(2) 根茎类:包括胡萝卜、藕、山药、芋头、葱等。根茎类蛋白质和脂肪含量较低,碳水化合物含量相差较大,低者为3%左右,高者可达20%以上。膳食纤维的含量较叶菜类低,约为1%。胡萝卜中含胡萝素最高,每 100 g 中可达 4 130 μg。硒的含量以大蒜、芋头、洋葱、马铃薯等最高。

(3) 瓜茄类:包括冬瓜、南瓜、丝瓜、辣椒等。瓜茄类因水分含量高,营养素含量相对较低。蛋白质、脂肪、碳水化合物含量较低,膳食纤维含量为1%左右。胡萝卜素含量以南瓜、番茄和辣椒为最高,维生素 C 含量以辣椒、苦瓜较高。番茄中的维生素 C 含量虽然不很高,但受有机酸保护,损失很少;且食入量较多,是人体维生素 C 的良好来源。辣椒中还含有丰富的硒、铁和锌,是一种营养价值较高的蔬菜。

(4) 鲜豆类:包括毛豆、豇豆、四季豆等。蛋白质含量为2%~14%,脂肪含量在0.5%以下,碳水化合物为4%左右,膳食纤维为1%~3%。鲜豆类食物中胡萝卜素含量普遍较高,还含有丰富的钾、钙、铁、锌、硒等。

(5) 菌藻类:包括食用菌和藻类食物。食用菌是指供人类食用的真菌,包括蘑菇、香菇、银耳、木耳等品种。藻类是无胚、自养、以孢子进行繁殖的低等植物,可供人类食用的有海带、紫菜、发菜等。

菌藻类食物富含蛋白质、膳食纤维、碳水化合物,维生素和微量元素等。蛋白质含量以发菜、香菇和蘑菇最为丰富,在20%以上。蛋白质氨基酸组成比较均衡,必需氨基酸含量占蛋白质总量的60%以上,脂肪含量低。碳水化合物含量差别较大,干品在50%以上,鲜品较低。胡萝卜素含量差别较大,在紫菜和蘑菇中含量丰富,其他菌藻中较低。维生素 $B_1$ 和维生素 $B_2$ 含量也比较高。微量元素含量丰富,尤其是铁、锌和硒,其含量约是其他食物的数倍甚至 10 余倍。在海产植物中,如海带、紫菜等,还含丰富的碘,每 100 g 海带(干)中碘含量可达 36 mg。海藻多含多不饱和脂肪酸(如DHA),目前保健食品用 DHA 多来源于裂壶藻、双鞭甲藻等。

2. 合理利用

（1）合理选择：蔬菜含丰富的维生素，除维生素C外，一般叶部维生素含量比根茎部高，嫩叶比枯叶高，深色菜叶比浅色高，因此在选择时，应注意选择新鲜、深色的蔬菜。

（2）合理加工与烹调：蔬菜所含的维生素和矿物质易溶于水，所以宜先洗后切，尽快食用。烹调时要尽可能做到急火快炒。

（3）菌藻食物的合理利用：菌藻类食物除了可提供丰富的营养素外，还具有明显的保健作用。研究发现，蘑菇、香菇和银耳中含有多糖物质具有提高人体免疫功能和抗肿瘤的作用。香菇中所含的香菇嘌呤，可抑制体内胆固醇形成和吸收，促进固醇分解和排泄，有降血脂作用。黑木耳能抗血小板聚集和降低血凝，减少血液凝块，防止血栓形成，有助于防治动脉粥样硬化。海带因含有大量的碘，临床上常用来治疗缺碘性甲状腺肿。

（五）水果类

水果从状态分类可分为鲜果、干果。从形态和特征或果树的种类分类可分为仁果类、核果类、浆果类、柑橘类、热带和亚热水果类、瓜果类等。仁果类多指含有果芯小型种子的水果，如苹果、梨、山楂等。核果类多指内果含有木质化的硬核，核中有仁，如桃、李、梅、杏、樱桃等。浆果类多汁、种子小而多，子散布在果肉中，如葡萄、草莓、桑葚、石榴、无花果等。柑橘类很常见，如甜橙、柚子等。瓜果如西瓜、甜瓜、哈密瓜等。热带和亚热带水果或多年生草本，如香蕉、菠萝、杧果、荔枝等。瓜果与蔬菜一样，是低能量的食物，主要提供维生素和矿物质。

1. 主要营养成分及组成特点

（1）水分：新鲜果品组织中含有大量的水分，一般果品的含水量为70%~90%。果品中的水分以游离水、胶体结合水和化合水三种不同的状态存在。其中游离在果品组织的细胞间隙和液泡中水分占总量的70%~80%。胶体结合水是与果品组织中的蛋白质、多糖类等结合在一起，不能自由流动的水分。化合水是存在于果品化学物质中的水分，一般不会因干燥作用而损失。

（2）碳水化合物：是果品的主要成分，包括葡萄糖、果糖及蔗糖、淀粉、膳食纤维素、果胶和低聚、多聚糖类等。

仁果类、浆果类食物主要含果糖和葡萄糖，核果类食物主要含蔗糖，葡萄糖和果糖含量次之；柑橘类食物主要含蔗糖。以淀粉多糖为主的有香蕉、苹果、西洋梨等。

水果纤维素和果胶是水果的骨架物质，是细胞壁的主要构成成分。膳食纤维在水果皮层含量最多。水果种类不同，果胶的含量和性质亦有差异，水果中的山楂、柑橘、苹果等含有较多的果胶。纤维素和果胶不能被人体消化吸收，但可促进肠壁蠕动并有助于食物消化及粪便的排出。

（3）维生素：水果中含丰富的维生素，是人体所需维生素的重要来源。水果中的维生素种类和含量与水果的种类有关。杧果、杏、枇杷中胡萝卜素的含量分别为 3.8 mg/100 g、1.3 mg/100 g、1.5 mg/100 g。维生素 C 在鲜枣、橘子中的含量特别高，可达到 300～600 mg/100 g，其他水果，如山楂和柑橘中含量也比较高，分别为 90 mg/100 g 和 40 mg/100 g；但仁果类水果中维生素 C 的含量并不高，苹果、梨、桃子、李子、杏等水果中的含量一般不超过 5～6 mg/100 g。

（4）矿物质：水果中含有各种矿物质，它们大多以硫酸盐、磷酸盐、碳酸盐、有机酸盐和与有机物相结合的状态存在于植物体内，是人们获得矿物质的重要来源。

（5）有机酸：水果中因含有多种有机酸而具有酸味。如苹果含有苹果酸、柠檬酸和草酸等。

（6）其他成分：水果含有众多生物活性物质如单宁和多酚类化合物，它不仅影响食品风味，而且是影响食品色的一个重要原因。一般果实未成熟时单宁含量较多，涩味较强随果实成熟度的提高，单宁发生一系列变化，使果实的涩味逐渐减少直至消失。水果中的含氮物质种类很多但含量很少，水果中存在的各种糖大多数都具有甜味，其中某些糖苷还具有水果的独特气味。

2. 加工利用

鲜果类水分含量高，易于腐烂，宜冷藏。水果可制成干果、罐头、果汁、果粉和其他加工制品。干果是新鲜水果经过加工晒干制成，如葡萄干、杏干、蜜枣和柿饼等。受加工的影响，维生素损失较多，尤其是维生素 C。但干果便于储运，并别具风味，有一定的食用价值。

## 二、动物性食物的营养价值

动物性食物分为畜禽肉、禽蛋类、水产类和奶类等。动物性食物富含优质蛋白质、脂类、维生素和矿物质。

### （一）畜禽肉

畜禽肉的营养价值较高，可加工烹制成各种美味佳肴。畜禽肉包括畜肉和禽肉，前者指猪、牛、羊等的肌肉、内脏及其制品，后者包括鸡、鸭、鹅等的肌肉及其制品。

1. 主要营养成分及组成特点

禽畜肉的营养成分因动物的种类、年龄、肥瘦程度以及部位而异。

（1）蛋白质：畜禽肉中的蛋白质含量一般为10%~20%，在畜肉中，牛肉、羊肉、兔肉的蛋白质含量较高；在禽肉中，鸡肉、鹌鹑肉的蛋白质含量较高。一般来说，心、肝、肾等内脏器官的蛋白质量较高，而脂肪含量较少。

（2）脂类：在畜肉中，猪肉的脂肪含量最高，羊肉次之，牛肉最低；在禽肉中，鸭肉和鹅肉最高、鸡肉和鸽子肉次之，火鸡肉和鹌鹑肉的较低。畜禽肉内脏脂肪的含量为2%~10%，脑最高。禽类脂肪的营养价值高于畜类脂肪。动物脂肪所含的必需脂肪酸明显低于植物油脂，因此其营养价值低于植物油脂。

（3）碳水化合物：畜禽肉碳水化合物含量为0~9%，主要以糖原的形式存在于肌肉和肝脏中。动物在宰前过度疲劳，糖原含量下降，宰后放置时间过长，也可因酶的作用，使糖原含量降低，乳酸相应增高，pH下降。

（4）维生素：畜禽肉可提供多种维生素，以B族维生素和维生素A为主。内脏含量比肌肉多，其中肝脏富含维生素A和维生素$B_2$，维生素A的含量以牛肝和羊肝为最高，维生素$B_2$含量则以猪肝最丰富。在禽肉中还含有较多的维生素E。

（5）矿物质：畜禽肉矿物质的含量一般为0.8%~1.2%。畜禽肉中的铁主要以血红素形式存在，消化吸收率很高，铁的含量以猪肝和鸭肝最丰富。在内脏中还含有丰富的锌和硒，牛肾和猪肾的硒含量是其他一般食品的数十倍。此外，畜禽肉还含有较多的磷、硫、钾、钠、铜等。钙的含量虽然不高但吸收利用率很高。

2. 畜禽肉的合理利用

畜禽肉蛋白质营养价值较高，含有较多的赖氨酸，宜与谷类食物配食用，以发挥蛋白质的互补作用。因畜肉的脂肪和胆固醇含量较高，脂肪主要由饱和脂肪酸组成，食用过多易引起肥胖和高脂血症等疾病，因此膳食中的比例不宜过多。但是禽肉的脂肪含不饱和脂肪酸较多，故老年人及心血管疾病患者宜选用禽肉，内脏含有较多的维生素、铁、锌、硒、钙，特别是肝脏，维生素B和维生素A的含量丰富，因此宜适当食用。

（二）蛋类及蛋制品

蛋类包括鸡蛋、鸭蛋、鹅蛋、鹌鹑蛋及其加工制成的咸蛋、松花蛋等。蛋类的营养素含量不仅丰富，而且质量很好，是一类营养价值较高的食品。

1. 主要营养成分及组成特点

蛋的微量营养成分受到禽类品种、饲料、季节等多方面因素的影响，但蛋中宏量营养素含量总体上基本稳定，各种蛋的营养成分有共同之处。

（1）蛋白质：全鸡蛋蛋白质的含量为12%左右，蛋清中略低，蛋黄中较高，加工成咸蛋或松花蛋后，略有提高。鸭蛋、鹅蛋和鹌鹑蛋的蛋白质含量与鸡蛋近似。

蛋白质氨基酸组成与人体需要最接近，生物价最高。蛋白质中赖氨酸和蛋氨酸含量较高，与谷类和豆类食物混合食用，可弥补其赖氨酸或蛋氨酸的不足。

（2）脂类：蛋清中含脂肪极少，98%的脂肪存在于蛋黄中。蛋黄中的脂肪几乎全部以与蛋白质结合的良好乳化形式存在，因而消化吸收率高。蛋黄中性脂肪的脂肪酸中，以单不饱和脂肪酸油酸含量最丰富。蛋中胆固醇含量极高，主要集中在蛋黄；加工成咸蛋或松花蛋后，胆固醇含量无明显变化；蛋清中不含胆固醇。

（3）碳水化合物：含量较低，为1%~3%，蛋黄略高于蛋清，加工成咸蛋或松花蛋后有所提高。

（4）维生素：蛋中维生素含量十分丰富，且品种较为完全。其中绝大部分的维生素A、维生素D、维生素E和大部分维生素B都存在于蛋黄中。

（5）矿物质：主要存在于蛋黄部分，蛋清部分含量较低。蛋黄中含矿物质为1.0%~1.5%，其中钙、磷、铁、锌、硒等含量丰富。蛋中铁含量较高，但由于与蛋黄中的卵黄磷蛋白结合而对铁的吸收具有干扰作用，故而蛋黄中铁的生物利用率较低，为3%左右。

（6）其他：蛋黄中还含有丰富的卵磷脂、叶黄素，对婴幼儿脑发育及老年人黄斑性病变有保护作用。

2. 蛋类的合理利用

在生鸡蛋蛋清中，含有抗生物素蛋白和抗胰蛋白酶。抗生物素蛋白能与生物素在肠道内结合，影响生物素的吸收，食用者可引起食欲不振、全身无力、毛发脱落、皮肤发黄、肌肉疼痛等生物素缺乏的症状；抗胰蛋白酶能抑制胰蛋白酶的活力，妨碍蛋白质消化吸收，故不可生食蛋，烹调加热可破坏这两种物质，消除它们的不良影响。但是蛋不宜过度热，否则会使蛋白质过分凝固，甚至变硬变韧，形成硬块，反而影响食欲及消化吸收。

蛋黄中的胆固醇含量很高，大量食用能引起高脂血症，是动脉硬化、冠心病等疾病的危险因素，但蛋黄中还含有大量的卵磷脂对血管疾病有防治作用。因此，每天一个全蛋是最好的选择。

（三）水产类

水产品是指由水域中人工捕捞、获取的水产资源，如鱼类、软体类、甲壳类、海兽类和藻类等动植物。水产类食物是蛋白质、矿物质和维生素的良好来源。

1. 鱼类

按照鱼类生活的环境，可以把鱼分为海水鱼（如鲱鱼、鳕鱼等）和淡水鱼（如鲤鱼、鲢鱼等）。

（1）主要营养成分及组成特点。

①蛋白质：鱼类蛋白质含量为15%~22%，平均为18%左右。鱼类蛋白质的氨基酸组成较平衡，与人体需要接近，利用率较高，其中多数鱼类缬氨酸含量偏低。除了蛋白质外，鱼还含有较多的其他含氮化合物。

②脂类：脂肪含量为1%~10%，平均为5%左右，主要存在于皮下和脏器周围。鱼类脂肪多由不饱和脂肪酸组成，一般占60%以上，熔点较低，通常呈液态，消化率95%左右。不饱和脂肪酸的碳链较长，其碳原子数多为14~22个，不饱和双键有1~6个，多为n-3系列。

③碳水化合物：鱼类的碳水化合物含量较低，约为1.5%，以糖原形式存在。有些鱼不含碳水化合物，如鲳鱼、鲢鱼、银鱼等。

④维生素：鱼肉含有一定数量的维生素A和维生素D，维生素$B_2$、烟酸等的含量也较高，而维生素C含量很低。鱼油和鱼肝油是维生素A、维生素D和维生素E的重要来源。

⑤矿物质：鱼类矿物质含量为1%~2%，其中硒和锌的含量丰富；此外，钙、钠、氯、钾、镁等含量也较多。海产鱼类富含碘，有的海产鱼含碘量为500~1 000 g/kg，而淡水鱼含碘量仅为50~400 μg/kg。

（2）合理利用。

①防止腐败变质：鱼类因水分和蛋白质含量高，结缔组织少，较畜禽肉更易腐败变质。特别是青皮红肉鱼，如鲐鱼、金枪鱼等，一旦变质，可产生大量组胺，能引起人体组胺中毒。鱼类的多不饱和脂肪酸含量较高，所含的不饱和双键极易被氧化破坏，能产生脂质过化物，对人体有害。因此打捞的鱼类需及时保存或加工处理，防止变质。一般采用低温或食盐保存处理，来抑制组织蛋白酶的作用和微生物的生长繁殖。

②防止食物中毒：有些鱼含有极强的毒素，如河豚，虽其肉质嫩、味道鲜美，但其卵、卵巢、肝脏和血液中含有剧毒的河豚毒素，若加工处理方法不当，可引起急性中毒而死亡。故无经验的人，千万不要吃河豚。

2. 软体动物类

软体动物按其形态不同，可以分为双壳类软体动物和无壳类软体动物两大类。双壳类软体动物包括蛤类、牡蛎、贻贝、扇贝等；无壳类体动物包括章鱼、乌贼等。

软体动物类蛋白质含量多数在15%左右，含有所有必需氨基酸，其中酪氨酸和色氨酸的含量比牛肉和鱼肉高，贝类肉中还含有丰富的牛磺酸，其含量普遍高于鱼类，尤以海螺和杂色蛤为最高。软体动物类的脂肪和碳水化合物含量较低。

软体动物类维生素含量与鱼类相似，有些含有较多的维生素A、烟酸和维生素E。

软体动物类矿物质含量多在1.0%~1.5%，其中钙、钾、钠、铁、锌、硒、铜等含量丰富。河虾富含钙高达325 mg/100 g。微量元素以硒的含量最丰富，如牡蛎等；铁的含量以鲍鱼为最高；在河蚌中还含有丰富的锰。

（四）乳类及其制品

乳类是指动物的乳汁，经常食用的是牛奶和羊奶乳类经浓缩、发酵等工艺可制成奶制品，如奶粉、酸奶、炼乳等。乳类及其制品含有优质蛋白质、丰富维生素B以及矿物质等，具有很高的营养价值。

1. 主要营养成分及组成特点

乳类及其制品几乎含有人体需要的所有营养素，除维生素C含量较低外，其他营养素含量都比较丰富。某些乳制品加工时除去了大量水分，故其营养素含量比鲜乳的含量要高。

（1）乳类。

①蛋白质：液态乳水分含量为90%左右，牛乳中的蛋白质含量比较恒定，在3.0%左右，羊奶中的蛋白质含量为1.5%，人乳中蛋白质含量为1.3%。传统上将乳类蛋白质划分为酪蛋白和乳清蛋白两类。牛乳中酪蛋白约占80%，乳清蛋白约占20%；人乳中酪蛋白和乳清蛋白含量刚好与牛乳相反，因而人乳蛋白质更容易被消化吸收。

②脂类：牛乳含脂肪2.8%~4.0%；磷脂含量为20~50 mg/100 mL，胆固醇含量约为13 mg/100 mL。随饲料的不同、季节的变化，脂类成分略有变化。

③碳水化合物：主要是乳糖，其含量为3.4%~7.4%，人乳含量最高，羊乳居中，牛乳最少。乳糖可促进钙等矿物质的吸收，也为婴儿肠道内双歧杆菌生长的必需品，对于幼小动物的生长发育具有特殊的意义。但对于部分不经常饮奶的成年人来说，体内乳糖酶活性过低，大量食用乳及其制品可能引起乳糖不耐受的发生。

④维生素：牛乳中含有几乎所有种类的维生素。

⑤矿物质：牛乳中的矿物质主要包括钠、钾、钙等，大部分与有机酸结合形成盐类，少部分与蛋白质结合或吸附在脂肪球膜上。牛乳为弱碱性食品。乳类中的矿物质含量因品种、饲料、泌乳期等因素不同而有所差异，初

乳中含量最高，常乳中含量略有下降。发酵乳中钙含量高并具有较高的生物利用率，为膳食中最好的天然钙来源。

（2）乳制品。乳制品主要包括酸奶、奶粉、炼乳等。因加工工艺不同，乳制品营养成分有很大差异。

①酸奶：酸奶是在消毒鲜奶中接种乳酸杆菌并使其在控制条件下发酵而制成的。牛奶经乳酸菌发酵后，游离的氨基酸和肽增加，因此更易被消化吸收。乳糖减少，使乳糖酶活性低的成人易于接受。维生素 A、维生素 $B_1$、维生素 $B_2$ 等的含量与鲜奶含量相似，但叶酸含量却增加了 1 倍左右，胆碱也明显增加。此外，酸奶的酸度增加，有利于维生素的保护。乳酸菌进入肠道可抑制一些腐败菌的生长，调整肠道菌相，防止腐败胺类对人体的不良作用。

②干酪：也称奶酪，是在原料乳中加入适当量的乳酸菌发酵剂或凝乳酶，使蛋白质发生凝固，并加盐、压榨排除乳清之后的产品。

干酪中的蛋白质大部分为酪蛋白，经凝乳酶或酸作用而形成凝块。但也有一部分白蛋白和球蛋白被机械地包含于凝块之中。此外，经过发酵作用，奶酪中还含有肽类、氨基酸和非蛋白氮成分。奶酪制作过程中大部分乳糖随乳清流失，少量在发酵中起到促进乳酸发酵的作用，对抑制杂菌的繁殖有一定的意义。

奶酪中含有原料乳中的各种维生素，其中脂溶性维生素大多保留在蛋白质凝块中，而水溶性的维生素部分损失，但含量仍不低于原料乳。原料乳中微量的维生素 C 几乎全部损失。干酪的外皮部分 B 族维生素含量高于中心部分。

③炼乳：为浓缩奶的一种，分为淡炼乳和甜炼乳。新鲜奶在低温真空条件下浓缩，除去约 2/3 的水分，再经灭菌而成，称淡炼乳。因受加工的影响，维生素遭受一定的破坏，因此常用维生素加以强化，按适当的比例冲稀后，营养价值基本与鲜奶相同。淡炼乳在胃酸作用下，可形成凝块，便于消化吸收，适合婴儿和对鲜奶过敏者食用。

甜炼乳是在鲜奶中加约 15% 的蔗糖后按上述工艺制成。其中糖含量可达 45% 左右，利用其渗透压的作用抑制微生物的繁殖。因糖分过高，需经大量水冲淡，营养成分相对下降，不宜供婴儿食用。

④奶粉：奶粉是经脱水干燥制成的粉。根据食用目的，可制成全脂奶粉、脱脂奶粉、配方奶粉等。

全脂奶粉是将鲜奶浓缩除去 70%～80% 水分后，经喷雾干燥或热滚筒法脱水制成。喷雾干燥法所制奶粉粉粒小溶解度高，无异味，营养成分损失少，营养价值较高。热滚筒法生产的奶粉颗粒大小不均，溶解度小，营养素损失较多，一般全脂奶粉的营养成分为鲜奶的 8 倍左右。

脱脂奶粉是将鲜奶脱去脂肪，再经上述方法制成的奶粉。此种奶粉脂肪含量仅为 1.3%，脱脂过程使脂溶性维生素损失较多，其他营养成分变化不大。脱脂奶粉一般供腹泻婴儿及需要低脂膳食的患者食用。

配方奶粉是以牛奶为基础，参照人乳组成的模式和特点，进行营养素的调整和改善，更适合婴儿的生理特点和需要。目前，国家食品安全标准中已有多项婴儿配方奶粉标准，营养素组成明确，产品可依此制造。

2. 合理利用

由于鲜奶水分含量高，营养素种类齐全，容易受到微生物污染，须经严格消毒灭菌后方可食用。消毒方法常用煮沸法和巴氏消毒法。煮沸法是将奶直接煮沸，设备要求简单，可达到消毒的目的，但对奶的理化性质影响较大，营养成分有一定损失，多在家庭使用。大规模生产时采用巴氏消毒法。乳类应避光保存，以保护其中的维生素及延长保质期。

## 第六节 中国居民膳食指南

《中国居民膳食指南（2016）》是 2016 年 5 月 13 日由中华人民共和国国家卫生和计划生育委员会疾控局发布，为了提出符合我国居民营养健康状况和基本需求的膳食指导建议而制定的。

### 一、新版指南的修订意义

近年来，我国居民健康状况和营养水平得到不断改善，人均预期寿命逐年增长。2015 年发布的《中国居民营养与慢性病状况报告》显示，虽然我国居民膳食能量供给充足，体格发育与营养状况总体改善，但居民膳食结构仍存在不合理现象，豆类、奶类消费量依然偏低，部分地区营养不良的问题依然存在；脂肪摄入量过多，超重、肥胖问题凸显，与膳食营养相关的慢性病对我国居民健康的威胁日益严重。总体来看，我国居民的膳食营养结构及疾病谱都发生了新的较大变化。新指南由一般人群膳食指南、特定人群膳食指南和中国居民平衡膳食实践三个部分组成。同时推出了中国居民平衡膳食宝塔（2016）、中国居民平衡膳食餐盘（2016）和中国儿童平衡膳食算盘等三个可视化图形，指导大众在日常生活中进行具体实践。

## 二、指南推荐内容

### (一) 一般人群膳食指南

适用于 2 岁以上健康人群。

1. 食物多样，以谷类为主

平衡膳食模式是最大限度地保障人体营养需要和健康的基础，食物多样是平衡膳食模式的基本原则。每天的膳食应包括谷薯类、蔬菜水果类、畜禽鱼蛋奶类、大豆坚果类等食物。建议平均每天至少摄入 12 种以上食物，每周 25 种以上。

谷类为主是平衡膳食模式的重要特征，每天摄入谷薯类食物 250～400 g，其中全谷物和杂豆类 50～150 g，薯类 50～100 g；膳食中碳水化合物提供的能量应占总能量的 50% 以上。

2. 吃、动平衡，健康体重

体重是评价人体营养和健康状况的重要指标，吃和动是保持健康体重的关键。各个年龄段人群都应该坚持天天运动、维持能量平衡、保持健康体重。体重过低和过高均易增加疾病的发生风险。

推荐每周应至少有 5 天进行中等强度身体活动，累计 150 分钟以上。尽量减少久坐时间，坚持日常身体活动，平均每天主动身体活动 6 000 步。

3. 多吃蔬菜、水果、奶类、大豆

蔬菜、水果、奶类和大豆及其制品是平衡膳食的重要组成部分。蔬菜和水果是维生素、矿物质、膳食纤维和植物化学物的重要来源。奶类和大豆类富含钙、优质蛋白质和 B 族维生素，对降低慢性病的发病风险具有重要作用。

提倡餐餐有蔬菜，推荐每天摄入 300～500 g，深色蔬菜应占 1/2。天天吃水果，推荐每天摄入 200～350 g 的新鲜水果，果汁不能代替鲜果。吃各种奶制品，摄入量相当于每天液态奶 300 g。经常吃豆制品，摄入量每天相当于大豆 25 g 以上，适量吃坚果。

4. 适量吃鱼、禽、蛋、瘦肉

鱼、禽、蛋和瘦肉可提供人体所需要的优质蛋白质、维生素 A、B 族维生素等，有些也含有较高的脂肪和胆固醇。动物性食物优选鱼和禽类，鱼和禽类脂肪含量相对较低，鱼类含有较多的不饱和脂肪酸；蛋类各种营养成分齐全；吃畜肉应选择瘦肉，瘦肉脂肪含量较低。过多食用烟熏和腌制肉类可增加肿瘤的发生风险，应当少吃。

推荐每周吃水产类 280~525 g，畜禽肉 280~525 g，蛋类 280~350 g，平均每天摄入鱼、禽、蛋和瘦肉总量 120~200 g。

5. 少盐少油，控糖限酒

我国多数居民目前食盐、烹调油和脂肪摄入过多，这是高血压、肥胖和心脑血管疾病等慢性病发病率居高不下的重要因素。应当培养清淡饮食习惯，成人每天食盐不超过 6 g，每天烹调油 25~30 g。过多摄入添加糖可增加龋齿和超重发生的风险，推荐每天摄入糖不超过 50 g，最好控制在 25 g 以下。

水在生命活动中发挥重要作用，应当足量饮水。建议成年人每天 7~8 杯（1 500~1 700 mL），提倡饮用白开水或茶水，不喝或少喝含糖饮料。儿童、少年、孕妇、乳母不应饮酒，成人如饮酒，一天饮酒的酒精量男性不超过 25 g，女性不超过 15 g。

6. 杜绝浪费，兴新食尚

勤俭节约，珍惜食物，杜绝浪费是中华民族的美德。按需选购食物、按需备餐，提倡分餐不浪费。选择新鲜卫生的食物和适宜的烹调方式，保障饮食卫生。学会阅读食品标签，合理选择食品。应该从每个人做起，回家吃饭，享受食物和亲情，创造和支持文明饮食新风的社会环境和条件，传承优良饮食文化，树健康饮食新风。

### （二）中国居民平衡膳食宝塔

1. 膳食宝塔的内容

宝塔共分 5 层，体现了 5 类食物和食物量的多少，5 类食物包括谷薯类、蔬菜水果类、畜禽鱼蛋类、奶类、大豆和坚果类以及烹饪用油盐，这是一段时间内成人每人每天各类食物摄入量的平均范围。图形中还包含了身体活动量和需水量，推荐成年人每天进行至少相当于快步走 6 000 步以上的身体活动，推荐成年人每天至少饮水 1 500~1 700 mL，如图 2-1 所示。

2. 膳食宝塔的内容解读

（1）食物多样是实践平衡膳食的关键，只有多种多样的食物才能满足人体的营养需要。合理膳食模式可降低心血管疾病、高血压、2 型糖尿病、结直肠癌、乳腺癌的发病风险。

（2）宝塔建议的各类食物的摄入量一般是指食物的可食用部分生重。谷类加工的谷类食物如面包、烙饼、切面等应折合成相当的面粉量来计算。米饭、大米折合成相当的大米量来计算。25~30 g 大豆，以提供蛋白质的量计算。用食物交换份法，相当于 40 g 干豆：80 g 豆腐干，120 g 北豆腐，240 g 南豆腐，800 mL 豆浆。奶类及奶制品：液态奶 300 g，酸奶 360 g，奶粉

图2-1 中国居民平衡膳食宝塔（2016）

45 g；食盐6 g：20 mL酱油含有3 g盐，10 g黄豆酱含盐1.5 g。

（3）谷类、薯类、杂豆类的食物品种数平均每天3种以上，每周5种以上；蔬菜、藻类和水果类的食物品种数平均每天有4种以上，每周10种以上；鱼、蛋、禽肉：畜肉的食物品种数平均每天3种以上，每周5种以上；奶、大豆、坚果类的食物品种数平均每天有2种，每周5种以上。

（4）蔬菜水果是平衡膳食的重要组成部分，餐餐有蔬菜，天天吃水果，果汁不能代替鲜果。增加摄入蔬菜水果，可降低心血管疾病的发病和死亡风险。多摄入蔬菜可降低食管癌和结肠癌的发病风险。

（5）吃各种各样的奶制品，相当于每天液态奶300 g。奶类及其制品富含钙，多摄入增加成人骨密度；大豆蛋白富含优质蛋白质，对降低绝经期和绝经后女性乳腺癌、骨质疏松的发生风险有一定益处。

（6）目前，我国居民摄入鱼、畜禽肉类比例不适当，畜肉摄入过高，鱼禽肉摄入过低。鱼、畜禽肉和蛋类对人体所需的蛋白质、脂肪、维生素A、维生素$B_2$、维生素$B_6$、烟酸、铁、锌、硒的贡献率高。增加鱼类摄入量可降低心血管疾病和脑卒中的发病风险。烟熏肉可增加胃癌和食道癌的发病风险。

（7）养成清淡饮食习惯，少吃高盐和油炸食品。高盐摄入可增加高血压、脑卒中和胃癌的发生风险。油脂摄入量过多可增加肥胖的发生风险；摄入过多反式脂肪酸会增加冠心病的发生风险。过多摄入含糖饮料可增加龋齿和肥胖的风险。过量饮酒可增加肝损伤、直肠癌、乳腺癌、心血管疾病及胎儿酒精综合征等的发生风险。

（8）运动有利于身心健康，维持健康体重取决于机体的能量平衡。体重是客观评价人体营养和健康状况指标之一；体重过低和过高都可能导致疾病发生风险的概率增加，缩短寿命。超重肥胖是慢性病的独立危险因素。增加有规律的身体活动可以降低全因死亡风险；久坐不动会增加全因死亡率风险，是独立危险因素。

（三）中国居民平衡膳食餐盘

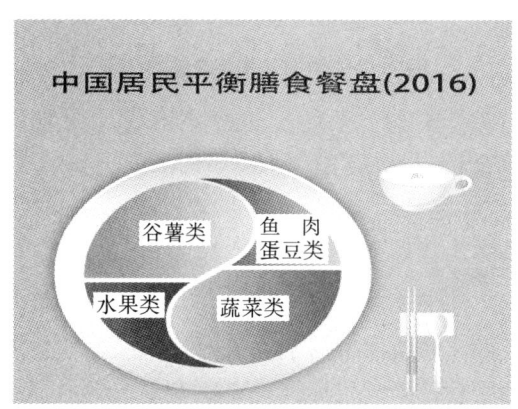

图2-2　中国居民平衡膳食餐盘（2016）

中国居民平衡膳食餐盘与中国居民平衡膳食宝塔相比更直观地描述了一人一餐中膳食的食物组成和比例，蔬菜类为膳食总重量的34%~36%，谷薯类占膳食重量的26%~28%，水果次之，占总膳食重量的20%~25%，提供蛋白质的动物性食物和大豆最少，占膳食总重量的13%~17%；一杯奶为300 g，如图2-2所示。

（四）中国儿童平衡膳食算盘

中国儿童平衡膳食算盘主要针对儿童，是儿童一日膳食的需求量。用不同颜色的彩珠标示食物多少。算盘简单明了，给儿童一个大致模式的认识。跑步的儿童身挎水壶，表达鼓励喝白开水，不忘天天运动，积极活跃的生活和学习，如图2-3所示。

图2-3 中国儿童平衡膳食算盘

## 三、平衡膳食模式的应用

膳食设计的基本步骤如下。

### (一)确定膳食营养目标

根据计划对象的年龄范围、性别和劳动强度确定能量需要量。直接采用对应的能量值作为膳食计划的目标见表2-11。

表2-11 中国居民膳食能量需要量(EER)、宏量营养素可接受范围(ADMR)、蛋白质参考摄入量(RNI)

| 年龄/生理阶段 | 能量需要量/(kcal·d$^{-1}$)(EER) | | | | | | 宏量营养素可接受范围(ADMR) | | 蛋白质/(g·d$^{-1}$) | |
|---|---|---|---|---|---|---|---|---|---|---|
| | 轻体力活动水平 | | 中体力活动水平 | | 重体力活动水平 | | 总碳水化合物(%E) | 总脂肪(%E) | RNI | |
| | 男 | 女 | 男 | 女 | 男 | 女 | | | 男 | 女 |
| 0~0.5岁 | — | — | 90 kcal (kg·d) | 90 kcal (kg·d) | — | — | — | 48 (AI) | 9 (AI) | 9 (AI) |
| 0.5~1岁 | — | — | 80 kcal (kg·d) | 80 kcal (kg·d) | — | — | — | 40 (AI) | 20 | 20 |
| 1~2岁 | — | — | 900 | 800 | — | — | 50~65 | 35 (AI) | 25 | 25 |

续上表

| 年龄/生理阶段 | 能量需要量/(kcal·d$^{-1}$)(EER) | | | | | | 宏量营养素可接受范围(ADMR) | | 蛋白质/(g·d$^{-1}$) | |
|---|---|---|---|---|---|---|---|---|---|---|
| | 轻体力活动水平 | | 中体力活动水平 | | 重体力活动水平 | | 总碳水化合物(%E) | 总脂肪(%E) | RNI | |
| | 男 | 女 | 男 | 女 | 男 | 女 | | | 男 | 女 |
| 2~3岁 | - | - | 1 100 | 1 000 | - | - | 50~65 | 35(AI) | 25 | 25 |
| 3~4岁 | - | - | 1 250 | 1 200 | - | - | 50~65 | 35(AI) | 30 | 30 |
| 4~5岁 | - | - | 1 300 | 1 250 | - | - | 50~65 | 20~30 | 30 | 30 |
| 5~6岁 | - | - | 1 400 | 1 300 | - | - | 50~65 | 20~30 | 30 | 30 |
| 6~7岁 | 1 400 | 1 250 | 1 600 | 1 450 | 1 800 | 1 650 | 50~65 | 20~30 | 35 | 35 |
| 7~8岁 | 1 500 | 1 350 | 1 700 | 1 550 | 1 900 | 1 750 | 50~65 | 20~30 | 40 | 40 |
| 8~9岁 | 1 650 | 1 450 | 1 850 | 1 700 | 2 100 | 1 900 | 50~65 | 20~30 | 40 | 40 |
| 9~10岁 | 1 750 | 1 550 | 2 000 | 1 800 | 2 250 | 2 000 | 50~65 | 20~30 | 45 | 45 |
| 10~11岁 | 1 800 | 1 650 | 2 050 | 19 000 | 2 300 | 2 150 | 50~65 | 20~30 | 50 | 50 |
| 11~14岁 | 2 050 | 1 800 | 2 350 | 2 050 | 2 600 | 2 300 | 50~65 | 20~30 | 60 | 55 |
| 14~18岁 | 2 500 | 2 000 | 2 850 | 2 300 | 3 200 | 2 550 | 50~65 | 20~30 | 75 | 60 |
| 18~50岁 | 2 250 | 1 800 | 2 600 | 2 100 | 3 000 | 2 400 | 50~65 | 20~30 | 65 | 55 |
| 50~65岁 | 2 100 | 1 750 | 2 450 | 2 050 | 2 800 | 2 350 | 50~65 | 20~30 | 65 | 55 |
| 65~80岁 | 2 050 | 1 700 | 2 350 | 1 950 | - | - | 50~65 | 20~30 | 65 | 55 |
| 80岁以上 | 1 900 | 1 500 | 2 200 | 1 750 | - | - | 50~65 | 20~30 | 65 | 55 |
| 孕妇(早期) | - | 1 800 | - | 2 100 | - | 2 400 | 50~65 | 20~30 | - | 55 |
| 孕妇(中期) | - | 2 100 | - | 2 400 | - | 2 700 | 50~65 | 20~30 | - | 70 |
| 孕妇(晚期) | - | 2 250 | - | 2 550 | - | 2 850 | 50~65 | 20~30 | - | 85 |
| 乳母 | - | 2 300 | - | 2 600 | - | 2 900 | 50~65 | 20~30 | - | 80 |

注：(1)未制定参考值者用"-"表示；(2)%E为占能量的百分比；(3)EER：能量需要量；(4)ADMR：可接受的宏量营养素范围；(5)RNI：推荐摄入量；(6)数据引自《中国居民膳食指南(2016)》。

## （二）确定和选择食物种类

依据三大平衡膳食模式中食物的分布，确定食物种类，注意食物多样性。

## （三）确定食物用量

根据表 2-12 选择适宜的能量水平，查找对应的膳食模式。

表 2-12 不同能量需要水平的平衡膳食模式和食物量/g

| 食物种类 | 不同能量摄入水平/kcal | | | | | | | | | |
|---|---|---|---|---|---|---|---|---|---|---|
| | 1 000 | 1 200 | 1 400 | 1 600 | 1 800 | 2 000 | 2 200 | 2 400 | 2 600 | 2 800 | 3 000 |
| 谷类 | 85 | 100 | 150 | 200 | 225 | 250 | 275 | 300 | 350 | 375 | 400 |
| 全谷物及杂豆 | 适量 | | | 50~150 | | | | | | | |
| 薯类 | | | | 50~100 | | | | 125 | 125 | 125 | |
| 蔬菜 | 200 | 250 | 300 | 300 | 400 | 450 | 450 | 500 | 500 | 500 | 600 |
| 深色蔬菜 | 占所有蔬菜的1/2 | | | | | | | | | | |
| 水果 | 150 | 150 | 150 | 200 | 200 | 300 | 300 | 350 | 350 | 400 | 400 |
| 畜禽肉类 | 15 | 25 | 40 | 40 | 50 | 50 | 75 | 75 | 75 | 100 | 100 |
| 蛋类 | 20 | 25 | 25 | 40 | 40 | 50 | 50 | 50 | 50 | 50 | 50 |
| 水产品 | 15 | 20 | 40 | 40 | 50 | 50 | 75 | 75 | 75 | 100 | 125 |
| 乳制品 | 500 | 500 | 350 | 300 | 300 | 300 | 300 | 300 | 300 | 300 | 300 |
| 大豆 | 5 | 15 | 15 | 15 | 15 | 15 | 25 | 25 | 25 | 25 | 25 |
| 坚果 | — | 适量 | | 10 | 10 | 10 | 10 | 10 | 10 | 10 | 10 |
| 烹调油 | 15~20 | 20~25 | | 25 | 25 | 25 | 25 | 25 | 25 | 25 | 25 |
| 食盐 | <2 | <3 | <4 | <6 | <6 | <6 | <6 | <6 | <6 | <6 | <6 |

注：数据引自《中国居民膳食指南（2016）》。

（四）确认和核查

计算评价食谱是否达到营养要求，使得膳食计划和需求一致。

# 第二章 中医与营养

## 学习目标

**识记**

（1）能正确陈述食疗和药膳的作用。
（2）能正确陈述体质的概念和不同体质的特点。
（3）能正确陈述常见食物的功效。
（4）能正确陈述食物的四气五味及配伍原则。
（5）能掌握不同病症的饮食禁忌。
（6）能正确陈述不同人群的生理特点及中医食养要点。

**理解**

（1）不同体质的中医食养要点。
（2）能根据食物配伍和饮食禁忌知识解释不同疾病的饮食搭配。
（3）能根据不同人群特点解释不同人群适宜的药膳汤品特点。

**运用**

（1）能根据不同体质特点选择食材，制作药膳汤品。
（2）能根据饮食禁忌内容指导不同病症患者的食物选择。
（3）能根据不同季节特点制作药膳汤品。
（4）能根据不同人群的特点指导其饮食，针对不同人群选择合适的食材制作药膳汤品。

## 第一节 中医食养

### 一、中医食养概述

食养，即选择适宜的食物来养生的方法，包括现在常说的食疗和药膳等方式来养生。食疗，就是通过饮食治疗疾病；药膳，就是在普通食物中加入药物，来达到食疗目的。提起"食疗"和"药膳"，人们总喜欢把它们联系在一起。但严格地说，食疗与药膳之间也有着细微的区别。食疗主要研究食物的治疗作用，以食为主，也就是说，具有治疗作用的是食物；药膳则是研究药物与食物的配合应用，选择针对性的药物，与常规食物一同烹制，既可作为常规食物食用,又可作为辅助食品服食或佐餐,其中的治疗作用由药膳方中的药物完成。不过,药物与食物之间,并没有明显的界限,我国素来有"药食同源"之说,因为很多食物具有治疗作用,且许多药物的药性相当平缓对身体没有任何不良反应,可以像食物一样长期服食,因此,药膳才更加凸显其独特的优势。

中医认为,食疗是针对"虚证"而言的。关于"虚证"及其相应补法的论述我国中医典籍早有记载,其年代久远,历史悠久,《黄帝内经》就曾指出"精气夺则虚"。此处所谓"精",并非仅指男性的肾精,而是泛指人体的阴液;所谓"气"指的是阳气,意指阴液和阳气受损将导致虚证。"虚者补之""损者益之"是指书中提出的治疗方法,也即利用食物或药物补充精气,可视为古之"食疗药膳"。扁鹊所著《难经》,又在《黄帝内经》的基础上,进一步根据五脏虚证的不同特点,提出了"损其肺者益其气,损其心者调其营卫,损其脾者调其饮食适其寒温,损其肝者缓其中,损其肾者益其精"等观点,也就是针对五脏不同的虚证,使用与之相应的药物进补,并注意饮食与冷暖的调理,这与现今的食疗药膳治病的原理是相同的。在归纳总结历代医学家运用补益法治疗虚证的经验分析的基础上,根据现代饮食理论,而衍生出如今的食养之法。

## 二、食疗的作用

饮食是人类赖以生存的首要条件,是维系人体生命的必要手段,而且人们可以通过饮食的渠道来防治疾病。但若人们饮食不合理、不科学,将适得其反,非但不能治病强身,反而容易导致各种疾患。其实在日常饮食中,很多人的饮食就极不科学,引起了许多疾病。那么,饮食不当会造成哪些危害呢?据科学研究表明,饮食不当最易使人早衰。曾有人利用各种方法推算过,人类的自然寿命应在100岁以上,但现实生活中,能成为百岁人的并不多见,其原因就在于人的寿命不仅与遗传因素有关,还与生活习惯、社会经济、生活环境、饮食营养等因素有关。而饮食营养及习惯不佳是导致早衰的元凶。

(1)长期缺乏营养:造成营养不良,免疫力低下,使人早衰。

(2)摄入铝元素:如经常食炸油条,铝元素可直接破坏神经内遗传物质脱氧核糖核酸的功能,使人痴呆或早衰。

(3)摄腌制食物:如腌鱼、肉、菜等,在腌制食物时,容易使加入的食盐转化为亚硝酸盐,它在体内酶的催化作用下,易生成亚硝酸胺,人吃多了易患癌症,并使人早衰。

(4)摄入霉变食物：粮食、花生、豆类等发生霉变时会产生大量的细菌和黄曲霉毒素。这些发物一被人食用，轻则恶心、呕吐、腹泻、头昏、乏力等，重则可致癌致畸，并使人早衰。

(5)摄入水垢：茶具和水具用久之后会产生水垢，水垢中含有较多的有害金属元素，如镉、汞、砷、铅等，如不及时清除干净，经常饮用会引起消化、神经、泌尿等系统的病变而导致衰老。

(6)摄入过氧化脂质：过氧化脂质是一种不饱和脂肪酸的过氧化物，如炸过食品的油放置过久；长期晒在阳光下的鱼干、腌肉；长期存放的饼干、糕点等易产生过氧化脂质。过氧化脂质进入人体后，会对人体的酶系统及维生素等产生极大的破坏作用，加速人体衰老。

(7)吸入高温油烟：食用油在高温的催化下，会释放出含有丁二烯成分的烟雾，长期大量吸入这种物质不仅会改变人的遗传免疫功能，而且易患肺癌，使人早衰。

(8)摄入酒精饮料：大量或经常饮酒，会使肝发生酒精中毒致使其发炎肿大、导致男性精子畸形、性功能衰退等；女于则会出现月经不调、性欲减退，甚至性冷淡等早衰现象。

食疗可以纠正日常不规范的饮食，是预防疾病、治疗疾病、增强体质、促造健康和延缓衰老的方法之一。其产生的功效和显现的特点可归纳为提高身心素质、优化生活质量，若论具体作用主要有以下三个方面。

### (一)补充营养

俗话说"民以食为天"。在人类生活中，首先需要食物营养的供给，才能维持生命，帮助身体生长发育，从事劳动生产和繁衍后代等活动。由此可见，营养对人类的生存和种族的优化有着极其重要的作用。如何来获得最佳营养呢？实践证明，正确地运用食物疗法可达到调整胃功能、补充营养的作用。因为食疗可供给人体所需的各种营养素和热能，能提高人体的抗病能力。例如丝瓜不仅具有清热化痰、祛风通络的作用，而且经现代医学研究证明，丝瓜中含有生物碱、氨基酸、糖类、皂苷、脂肪、蛋白质、B族维生素和维生素C等营养素。它既是夏令佳蔬，又是治疗痰热咳嗽、大便秘结、经络阻滞、关节不利的良药。

食疗者不仅要注重疗病的作用，对于食疗中食物的营养及其搭配也要十分重视。因此食疗除含有充足的营养外，还建立了十分科学合理的膳食结构。

人类为了保持正常的生命活动，就必须不断地通过进食食物获得各种营养物质，这种由饮食进入人体后，经过消化、吸收，而转变为人体必需的有效成分，就叫作营养素。一般地说，人类所需要的营养素有七大类，即蛋白质、脂肪、碳水化合物、维生素、无机盐、水和纤维素。这些营养素在人体所起的作用有三：一是作为能源物质，供给机体活动所需的热量；二是供给身体生长发育和组织修补所需的材料；三是作为调节物质，用以维持人体的各种生化活动。为维持人体正常的生长、发育、延寿及未成年人的成长。人们对各种营养素不仅有数量、质量和种类的要求，面且要求各种营养素的比例合理。

（二）平衡阴阳

阴阳是人之根本。阴阳平衡则健康长寿，阴阳失调，易引起疾病而加速衰老。如《黄帝内经》说："年四十而阴气自半也，起居衰矣。"《千金要方》说："人年五十以上，阳气日衰，损与日增，心力渐退，忘前失后，兴居怠惰。"人到中年往往阴不足，阳亦衰减，所以，调补阴阳是抗衰延年的重要措施。

肾藏真阴真阳。《医学正传》指出："肾元盛则寿延，肾元衰则寿夭。"肾为先天之本，主藏精、生髓、生殖、主骨，内寄元阴元阳、为人身生长发育、健康长寿的主要器官。肾阴（精）亏虚，往往出现无力，潮热盗汗，遗精，小便短赤，舌红少苔，脉象细弱或细数等症状。补肾阴的食物和药物，如枸杞子、桑葚子、女贞子、海参、龟肉、鳖肉、猪脊髓、牛脊髓等。肾阳虚衰可出现形寒肢冷、腰膝酸冷、阳痿早泄、耳聋耳鸣、小便清长、舌淡质润、脉象沉迟等症状。补肾阳的食物和药物，如鹿肉、鹿血、鹿鞭、鹿茸、韭菜、虾仁、牛肉、狗肉、羊肉、补骨脂、淫羊藿、金樱子、菟丝子、肉苁蓉、牛膝、杜仲等。阴阳两虚则阴阳双补。

补益阴阳主要补益肾阴肾阳，若心、脾阳虚可食用干姜、白术、茯苓、山药、肉桂等。若肺、胃阴虚则可食用沙参、麦冬、石斛、荸荠、甘蔗、蜂蜜、梨、白茅根、芦根、西瓜等。

人体脏腑功能的衰减，阴阳气血失去平衡是疾病发生的主要原因。食物疗法与药物疗法一样，可以调整人体阴阳气血的盛衰，纠正脏腑功能的失衡。因为药物和食物并无严格的区分，自古以来就是药食同用，许多药物都可以食用，许多食物亦可供药用，如莲子、红枣、百合、桂圆、核桃、山楂、生姜、葱、蒜、花椒等，虽属于中药范畴，但是日常也做食材。不同的食物有不同的性味和功能。只要根据不同的疾病及其症状表现，结合患者的体质、性别、年龄等因素，选择适合该种疾病的食物，即可达到调整阴阳气血、脏腑功能平衡的目的。如寒证选择性味温热的食物；热证选用清热的食物；不寒不热的患者给予平补的食物；脏腑功能失调的人，选用以脏补脏的疗法。

中医认为"以形补形",运用动物的内脏来调理补养人体内脏虚弱之证,如以肺补肺、以心补心、以肾补肾、以脑补脑等,已经有了相当悠久的历史。唐代医学家兼养生学家孙思邈发现动物的内脏和人体的内脏无论是在组织形态还是在生理功能上都十分相似,他在长期临床实践中,积累了丰富的食养食疗经验,创立了"以脏补脏"和"以脏治脏"的理论。例如,肾主骨,他就利用羊骨粥来治疗肾虚怕冷。肝开窍于目,他又发明了以羊肝来治疗夜盲雀目。男子阳痿,多责之命门火衰、肾阳不足,他就运用鹿肾医治阳痿。自唐代孙思邈以后,许多医家又发展了"以脏补脏"的具体运用,不少重要的医学著作中都记载了行之有效的以脏补脏疗法。如宋朝的《太平圣惠方》中介绍用羊肺羹治疗消渴病,《圣济总录》用羊脊羹治疗下元虚冷,元代的《饮膳正要》介绍用牛肉脯治疗脾胃久冷,不思饮食。明代李时珍主张"以骨入骨,以髓补髓"。清代王孟英介绍以猪大肠配合槐花治疗痔疮。中医认为肾主骨,骨生髓,西医则认为骨能造血,现代医家叶橘泉教授介绍治疗血小板减少性紫癜及再生不良性贫血,就是以生羊胫骨 1~2 根,敲碎后同红枣、糯米一同煮粥食用的。根据"以脏补脏"的理论,结合现代科学技术,运用越来越广,越加深入。例如,采取新鲜或冷冻的牛羊肝脏加工制成的肝浸膏,治疗肝病及各类贫血。将猪胃黏膜加工制成的胃膜素,有保护人胃黏膜的作用,可治疗胃或十二指肠溃疡。用动物睾丸制成的睾丸片,可治性功能减退症。采用猪、牛、羊的胎盘制成的"胚宝片",适用于神经衰弱、发育不良者。也有用动物内脏提取的多酶片,内含淀粉酶、胰酶、胃蛋白酶等,治疗因消化酶缺乏引起的消化不良等症。更有动物的内分泌腺中提取出的促性腺素、促皮质素、雌激素、雄激素、甲状腺素、胰岛素等,研制成各种激素类制剂,治疗内分泌功能低下症。所有这些,都是对古代"以脏补脏"的理论的进一步发展运用,而且逐渐揭示并证实了"以脏补脏"学说的科学道理。

(三)补益气血

气血是维持人体生命活动的最基本物质。气血的生成与脏腑功能活动密切相关。即脾胃为气血生化之源,肺为气之主,肾为气之根,心主血,肝藏血,脾统血。气是活力很强的精微物质,具有激发和推动作用,能激发和促进人体的生长发育及各脏腑经络、组织器官的生理功能。气能生血并推动血液的运行,促进津液的生成、输布和排泄。阳气气化生热,温煦人体;卫气可卫护肌肤,抗御邪气。气还可以固摄血液,固摄津液,不使妄行,控制汗液、尿液、唾液、胃液、肠液的分泌和排泄,固摄精液,不使妄泄。气还有营养作用。血是神志活动的物质基础，可濡养滋润全身脏腑组织。气血虚弱可出现头晕目眩，少气懒言，疲倦乏力，面色苍白或萎黄，唇舌色淡，心悸失眠，手足麻木，脉象细弱等症状。

气与血的关系非常密切。气为血之帅，血为气之母。气可生血，气能统血使其不溢出脉外；气行则血行，气滞则血瘀。气虚可导致血虚，血虚可引起气虚。在制作汤品时，要辨明体质属性，属气虚偏重者，以食补气食品为主，血虚偏重者，以食补血食品为主，气血两虚者，应气血双补。

气虚为中医术语，一般是指体质素虚或久病之后所引起的一系列表现。诸如气虚之人常感到倦怠无力、语言低微、懒言少动、动则气短或气喘、呼吸少气、面色惨白、头面四肢水肿、饮食不香、肠鸣便溏、消化不良、多汗自汗、动辄易患感冒、脉搏虚弱无力、舌质淡、舌体胖大、舌边齿印等。事实上气虚之人通常还与脾、肺、心、肾之虚有关。气虚者或伴有厌食、腹胀、呕恶、慢性腹泻、胃下垂、脱肛等脾虚表现；或伴有呼吸短促、慢性咳喘等肺气虚的征象；或伴有心悸、心慌、早搏、心动过缓等心气虚现象；或伴有腰酸、腿软、下肢水肿、小便频多等肾气症候。所以，对于气虚者的饮食宜忌，应兼顾到五脏之虚的宜忌原则。

凡气虚之人，宜吃具有补气作用的食物，宜吃性平味甘或甘温之物，吃营养丰富、容易消化的平补食品。忌吃破气耗气之物，忌吃生冷性凉食品，忌吃油腻厚味、辛辣食物。血虚的体质，常因失血过多，或因脾胃消化吸收功能低下，或因营养不足，或因七情过度，暗耗阴血等所致，以致不能濡养脏腑经脉，而出现面色苍白、头眩目花、耳鸣耳聋、心悸失眠、指甲口唇眼睑缺少血色，甚至毛发干枯、稀疏脱落、全身乏力，妇女闭经或经少，白细胞、红细胞、血小板减少等血虚征象。血虚体质宜多吃常吃具有补血作用的食物，宜吃高铁、高蛋白、高维生素C的食品，宜吃些补气、补肾、健脾作用的食物。忌吃生冷性凉的食品。一般而言，补益脾胃的食物亦可补益气血，如龙眼肉、银耳、蘑菇、香菇、鹌鹑蛋、桑葚子等。补气的中药，如人参、党参、太子参、西洋参、黄芪等；补血的中药，如阿胶、当归、白芍、熟地等。

人体衰老是生命发展的必然过程，但由于个体差异及体质强弱的不同，衰老到来的时间也就不同。随着年龄的增长，人的脏腑功能减弱，气血不足，阴阳失调，抗病能力降低，许多老年疾病接踵而来。根据这一特点，医学家们进行了研究，发现不少食物具有补益气血，调节阴阳，提高抗病能力的作用，如大枣、核桃、桂圆、白木耳、黑木耳、鸡、鸭、猪肉和羊肉等。人们只要合理选用，定可达到培补元气、延缓衰老的目的。我国古代已知用芝麻、核桃等食物来防止衰老。现代医学研究证明，芝麻中含有丰富的维生素E，它是一种有效的抗衰老成分。已故现代名医沈仲圭先生，年轻时因用脑过度而致早衰，后坚持进食羊肉粥获得很好的效果。

综上所述，食物疗法具有防病治病、促进健康、培补元气、延缓衰老的作用。食物疗法有益于人体，已被世人所共识。

### 三、药膳的作用

中医药膳是我国传统医药学宝库中颇具特色的重要组成部分，具有悠久的历史和极为丰富的内容。中医认为"药食同源"，采用天然的动物、植物及矿物药食进行养生保健、防治疾病是中医学术博大精深的特色之一。

随着年龄的增长，人体的器官逐渐老化，功能逐渐减退，机体免疫功能低下，以致人体抗病能力降低。中医药膳汤品可以通过恰当选择药材和食材配伍实现防病治病、养生保健、延年益寿、营养滋补等功效，达到改善新陈代谢，调节功能状态，增强抗病能力从而使人身体健康、精力充沛、延缓衰老的目标。

（一）缓解神经系统疲劳

白术、当归、杜仲、白芍等能增强神经系统的抑制作用，起到镇静作用。人参能缩短神经反射的潜伏期，加快神经冲动的传导，增加条件反射的强度，从而提高工作能力，减少疲劳。

（二）增强免疫力

灵芝、党参、黄芪、银耳能增强网状内皮系统的吞噬功能。人参、黄芪、银耳、地黄、白芍、五味子、菟丝子、扁豆、女贞子、墨旱莲、仙灵脾等均能提高细胞免疫力。肉桂、仙茅、菟丝子、锁阳等补阳药能促进抗体提前形成，鳖甲、玄参、天冬、麦冬、沙参等养阴药则能延长抗体的作用时间。人参、地黄、茯苓能使外周血T淋巴细胞明显增加。总之，补益药可以提高细胞的免疫功能，促进网状内皮系统吞噬功能或抗体的生成，改善机体免疫状态，从而增强对致病因子的抵抗力。

（三）调节代谢状况

人参、枸杞子能降低血糖，抑制高胆固醇血证的发生。附片、肉桂等补阳药可使脱氧核糖核酸合成率提高。人参能部分阻止肌肉中三磷酸腺苷（ATP）、糖原、磷酸肌酐的减少，降低机体代谢废物乳酸、丙酮酸的增加。银耳、灵芝、当归、冬虫夏草、何首乌、黑木耳和蜂蜜等均能降低血脂。

（四）改善微循环机能

当归能加快血液流动速度，使聚集成堆的红细胞解聚，具有改善肝循环、扩张肾小球血管的作用。温补肾阳药可以使肾阳虚弱患者原来较差的微循环得到改善，血流灌注好转。实验发现，慢性支气管炎、肾阳虚弱患者的外周血管数减少，微血管口径变窄，服用一段时间温补肾阳药后，单位面积微血管开放数加，血管口径扩大。

（五）促进造血机能

党参、补骨脂、女贞子可以增加白细胞数量，用于治疗放射疗法或化学疗法引起的白细胞减少症。党参、阿胶、鹿茸等都能改善造血功能，增加血液中的细胞数和血红蛋白量。猪皮胶则可增加血小板的数量，用于治疗血小板减少症。

（六）增强消化能力

石斛能促进胃液分泌而帮助消化，何首乌能促进肠管蠕动而通畅大便。人参和灵芝都能增进食欲，增强胃肠功能。黄芪、白术、枸杞子和龙眼肉均可保护肝脏。

（七）促进内分泌系统调节机能

肉桂、巴戟天、仙茅、仙灵脾能促进肾上腺皮质的分泌。肉桂、附片等温阳药物能调节性激素，兴奋垂体——肾上腺皮质系统。人参、巴戟天、肉苁蓉、锁阳、杜仲能促进性腺机能，有类似性激素的作用。鹿茸、仙灵脾能促进精液的生成和分泌。麦冬能降低血糖，促进胰岛细胞的恢复。紫河车能促进乳腺和女性生殖器官的发育。五味子对子宫有兴奋作用，能加强分娩活动能力。

（八）调节泌尿系统功能

黄芪能增加血清蛋白，白术能抑制肾小管重吸收，两者均可产生利尿作用。人参与之相反，有抗利尿作用。

（九）改善心血管机能

玉竹有轻度强心和升血压的作用，与党参合用可以改善心肌缺血状态。人参能通过改善心肌营养代谢而使心脏收缩力增强，黄芪能加强心脏的收缩力，对于因中毒或疲劳而衰竭的心脏，其强心作用更为明显。黄精、何首乌能防止动脉粥样硬化的形成。补骨脂能扩张冠状动脉。黄芪、杜仲、仙灵、肉苁蓉有一定的降血压作用。

## 第二节 食物的四气、五味及其配伍应用原则

### 一、食物分类

食物的分类方法较多,如按自然属性分类和按功效分类等。

(一)按自然属性分类

1. 谷类

粳米、糯米、小米、薏苡仁、大麦、小麦、燕麦、高粱、玉米等。

2. 薯类

甘薯、马铃薯等。

3. 豆类

黄豆、黑豆、绿豆、赤小豆、扁豆、豌豆、蚕豆等。

4. 蔬菜

白菜、芹菜、卷心菜、冬瓜、黄瓜、番茄、茄子等。

5. 食用菌

银耳、黑木耳、香菇、菇等。

6. 果品类

鸭梨、苹果、葡萄、杏、桃子、大枣、龙眼、桑糖、西瓜等。

7. 畜类

猪、牛、羊、狗、兔等。

8. 禽类

鸡、鸭、鹅、鹌鹑、鸽子等。

9. 奶蛋类

牛奶、羊奶、鸡蛋、鸭蛋、鹅蛋、鸽子蛋等。

10. 水产品类

黄花鱼、鳜鱼、鲫鱼、鲤鱼、带鱼、泥鳅、甲鱼、贝类、虾、螃蟹、海带、紫菜等。

11. 调味品类

醋、盐、酒、糖、蜂蜜、胡椒、花椒、八角茴香、小茴香等。

### (二) 按功效分类

**1. 补益类**

人体机能低下，是产生疾病的重要原因，中医学把这种病理状态称为"正气虚"，其引起的病征称为"虚证"。虚证的临床表现有阴虚、阳虚、气虚、血虚的不同，但总体上表萎靡、身倦乏力、心悸气短、食欲不振、腰疼腿软、脉象细弱或沉细。

凡是能够补益脏腑，扶助正气，提高防病抗病能力，改善或消除虚弱证候的食物，都属补益类。这类食物大多为动物类、乳蛋类或粮食类食物。

（1）补气类：粳米、糯米、小米、籼米、黄豆、豆腐、牛肉、鸡肉、兔肉、鸡蛋、土豆、胡萝卜、大枣，适用于气虚质、气虚证。

（2）补血类：羊肉、猪肝、羊肝、牛肝、甲鱼、海参、菠菜、黑木耳、桑葚等，适用于血虚质、血虚证。

（3）滋阴类：鸭蛋、甲鱼、乌贼、猪肉、猪皮、鸭肉、桑葚、银耳等，适用于阴虚质、阴虚证。

（4）补阳类：核桃仁、韭菜、刀豆、羊肉、狗肉、虾等，适用于阳虚质、阳虚证。

**2. 祛邪类**

外界致病因素侵入人体，或内脏机能活动失调，皆可使人发生疾病。如果病邪较盛，中医称为"邪气实"，其证候称为"实证"。实证的范围很广，如邪闭经络或脏腑，或气滞、血瘀、痰湿、积滞等都属实证范围。一般常见实证的症状有呼吸气粗、精神烦躁、脘腹胀满、疼痛难忍、大便秘结、小便不通或者淋沥涩痛、舌苔黄腻、脉实有力等。

用于实证的食物大都具有除病邪的作用，邪去则脏安，身体康复。泄实类食物的种较多，分别介绍如下。

（1）辛温解表类：生姜、大葱、蒜、芫荽等，适用于风寒感冒。

（2）辛凉解表类：豆、杨桃、绿茶等，适用于风热感冒。

（3）清热泻火类：苦瓜、苦菜、蕨菜、芦根、西瓜等，适用于实热证。

（4）清热利湿类：薏苡仁、绿豆、黄瓜、冬瓜皮、马齿苋等，适用于湿热质、湿热病征。

（5）清热解毒类：绿豆、赤小豆、马齿苋、苦瓜、荠菜、豆腐等，适用于热毒征。

（6）清热解暑类：西绿豆、绿豆、绿茶等，适用于暑热征。

（7）清热利咽类：李子、罗汉果、青果、无花果等，适用于热致咽喉肿痛。

（8）清热凉血类：茄子、藕、丝瓜、黑木耳等，适用于血热征。

（9）通便类：香蕉、菠菜、竹笋、蜂蜜、核桃仁、黑芝麻等，适用于便秘征。

（10）利水类：玉米、玉米须、黑豆、绿豆、赤小豆、冬瓜、冬瓜皮、白菜、鲤鱼等，适用于小便不利、水肿、淋病、痰饮等征。

（11）祛风湿类：薏苡仁、木瓜、樱桃、鳝鱼等，适用于风湿征。

（12）芳香化湿类：扁豆、蚕豆等，适用于痰湿质、湿温、暑湿、脾虚湿盛等征。

（13）温里类：干姜、肉桂、花椒、茴香、胡椒、辣椒、羊肉等，适用于里寒征。

（14）行气类：刀豆、玫瑰花等，适用于气郁质、气郁征。

（15）活血类：山楂、茄子、酒、醋等，适用于瘀血质、瘀血征。

（16）止血类：藕节、黑木耳等，适用于出血征。

（17）化痰类：海藻、海带、紫菜、萝卜、杏仁等，适用于痰征。

（18）止咳平喘类：杏仁、梨子、白果、枇杷、百合等，适用于咳喘征。

（19）安神类：莲子、小麦、百合、龙眼肉等，适用于神经衰弱、失眠征。

（20）收涩类：乌梅、莲子等，适用于泄泻、尿频等滑脱不禁征。

3. 调和脏腑类

中医认为脏和腑虽然各有不同的生理功能，但它们既分工又合作，相互帮助，构成了有机的整体，从而保证身体正常的生命活动。如果脏腑之间，脏与腑、腑与腑之间失去协调就会导致疾病。脾气以升为顺，胃气以降为和。倘若脾胃不和，则出现食欲不振，胃脘疼痛，食后腹胀，恶心欲呕，倦怠乏力，头晕脑涨等症状。治宜调和脾胃，予以扁豆、生姜、山药、猪肚、胡萝卜、麦芽、谷芽等食物。调和也是食物的一个重要作用。

## 二、食物与中药的四气、五味、五色、升降浮沉、归经与养生

中医理论认为"药食同源"，药养不如食养，食物和药物一样具有四气、五味、五色等属性。中药的性能是指中药的性质和作用，简称药性。中药的性能是历代医家在长期医疗实践的基础上，从大量药物在临床治疗的效果中概括总结出来的。中药的性能主要包括四气、五味、五色、升降浮沉、归经等。

（一）四气

四气是指药物具有寒、热、温、凉四种不同的药性，又称四性，最早在

《神农本草经》中提出。寒凉与温热是两类不同的属性，寒凉属阴，温热属阳，而寒与凉、热与温仅是程度上的不同。寒凉之性的药物有清热、泻火、解毒等作用，如大青叶、黄连、栀子、石膏等，主要用于治疗热性病征；温热之性的药物有散寒、助阳的作用，如附子、干姜、半夏等，主要用于治疗寒性病征。

此外，还有一类寒热性质不明显的平性药。平性药在实际使用中仍有微温、微凉之不同，未超出四气的范畴，故仍称四气或四性，如麦芽、山药、半边莲等。

1. 平性的药材和食材

平性的药材和食材介于寒凉和温热性药材和食材之间，具有开胃健脾、强壮补虚的功效，并且容易消化。各种体质的人都适合食用。

代表药材：党参、太子参、灵芝、蜂蜜、莲子、甘草、银耳、茯苓等。

代表食材：黄花菜、胡萝卜、土豆、大米、黄豆、花生、蚕豆、牛奶等。

2. 温热性质的药材和食材

温热性质的药材和食材具有抵御寒冷、温中补虚、暖胃散寒的功效，可以减轻寒征，适用于体质偏寒，怕冷、手脚冰冷，喜用热饮的人群。温与热在程度上有差异，温次于热。如辣椒、葱、姜等可以缓解人怕冷等症状。

代表药材：黄芪、五味子、当归、何首乌、龙眼肉、红枣、鹿茸、肉苁蓉、淫羊藿、肉桂、补骨脂等。

代表食材：葱、姜、韭菜、荔枝、羊肉、狗肉、辣椒、花椒、胡椒、蒜、洋葱等。

3. 寒凉性质的药材和食材

寒凉性质的药材和食材有清热泻火、解暑、解毒的功效，能减轻或解除热证，适合体质偏热，易口渴、喜冷饮、怕热、小便黄、易便秘的人，或一般热在夏季食用。寒与凉在程度上有差异，凉次于寒。如金银花可以治疗热毒疔疮；夏季食用西瓜可以解渴、利尿等。

代表药材：金银花、蒲公英、石膏、知母、黄连、黄芩、栀子、菊花、桑叶、鱼腥草、淡竹叶、板蓝根、葛根等。

代表食材：绿豆、西瓜、苦瓜、紫菜、梨子、西红柿、香蕉、猪肠、柚子、山竹、白萝卜、海带、竹笋、油菜、莴笋、芹菜、薏米、冬瓜等。

（二）五味

五味即酸、苦、甘、辛、咸五种味。药味的产生最初是依据药物的真实滋味产生，如黄连、黄柏之苦，甘草、饴糖之甘甜，桂枝、川芎之辛，乌梅、五味子之酸，食盐、芒硝之咸。随着用药实践的发展，人们逐渐认识到以作用推断其"味"的方法，如葛根无辛味，但具有解表散邪的功效；磁石不咸，但能入肾纳气平喘、聪耳明目。因此，五味的实际意义主要在于反映药物功效在补、泄、散、敛等方面的作用特征。《黄帝内经》最早归纳了五味的基本作用，即辛散、甘缓、酸收、苦坚、咸软。

1. 酸味药材和食材

酸味药材和食材对应于肝脏，能收，能涩，具有收敛作用。大多数食材都有收敛固涩的作用。可以增强肝脏的功能，常用于盗汗、自汗、泄泻、遗尿、遗精等虚证，如五味子，可以止汗止泻、缩尿固精。食用酸味可以开胃健脾、增进食欲、消食化积，如山楂等。

代表药材和食材：五倍子、五味子、浮小麦、马齿苋、佛手、五倍子；山楂、乌梅、葡萄、橘子、橄榄、西红柿、醋等。

2. 苦味药材和食材

苦味药材和食材能泄，能燥，能坚，具有清热、泻火、除湿、燥湿的作用，常用于实热证、热结便秘、寒湿证等。与心相对应。

代表药材和食材：大黄、黄连、苍术、厚朴、绞股蓝、栀子、决明子、柴胡；苦瓜、茶叶、青果等。

3. 甘味药材和食材

甘味药材和食材能缓，能和，具有补益、缓急止痛、调和药性、和中、解毒的作用。可以补益气血、缓解肌肉紧张和疲劳，也能中和毒性，有解毒的作用。多用于滋补强壮、缓和因风寒引起的抽搐、疼痛，适用于虚证、痛证，常用于正气虚弱、脾胃不和等证以及调和药性。甘味对应脾，可以增强其功能。但食用过多会引起血糖升高、胆固醇增加，导致肥胖病等。

代表药材和食材：人参、党参、甘草、绿豆、丹参、锁阳、沙参、黑芝麻、银耳、桑葚、黄精、百合、地黄；莲藕、茄子、萝卜、丝瓜、牛肉、羊肉等。

4. 辛味药材和食材

辛味药材和食材能散，能行，具有发散、行气、行血、开窍、化湿等作用。可促进肠胃蠕动，促进血液循环，适用于表证、气血阻滞或外感风寒湿邪等。常用于表证、气滞、血瘀、湿阻等症。

代表药材和食材：如麻黄、生姜、木香、香附、藿香、红花、川芎、紫苏、藿香、益智仁、肉桂；葱、大蒜、芫荽（香菜）、洋葱、芹菜、辣椒、花椒、茴香、韭菜、酒等。

5. 咸味药材和食材

咸味药材和食物能软、能下,有通便、补肾、滋阴、软化肿块作用,常用于治疗热结便秘等症状。当发生呕吐、腹泻时,适当补充淡盐水可有效防止脱水。但心脏病、肾病、高血压的老年人不能多吃。

代表药材和食材:蛤蚧、鹿茸、龟甲;海带、海藻、海参、蛤蜊、盐等。

## (三)五色

五色是指红、绿、黄、白、黑五种颜色,与五脏相对效应,绿色养肝、红色养心、黄色养脾、白色养肺、黑色养肾。

1. 绿色养肝

绿色食物中富含膳食纤维,可以清理肠胃,保证肠道正常菌群平衡;改善消化系统功能,促进胃肠动,保持大便通畅,有效减少直肠癌的发生。绿色药材和食物是人体的"清道夫",其所含的各种维生素和矿物质,能帮助体内毒素的排出,能更好地保护肝脏,还可明目,对老年人眼干、眼痛、视力减退等症状有很好的食疗功效,如桑叶、菠菜等。

代表药材和食材:桑叶、枸杞子、夏枯草;菠菜、韭菜、苦瓜、绿豆、青椒、大葱、芹菜、油菜等。

2. 红色养心

红色食物中富含茄红素、胡萝卜素、氨基酸及铁、锌、钙等矿物质,能提高人体免疫力,有抗自由基、抑制癌细胞的作用。红色食物如辣椒等可促进血液循环,缓解疲劳,驱除寒冷,给人以兴奋感;红色药材如枸杞子对老年人头晕耳鸣、精神恍惚、心悸、健忘、失眠、视力减退、贫血、须发早白、消渴等症多有益处。

代表药材和食材:红枣、枸杞子;牛肉、猪肉、羊肉、红辣椒、西红柿、胡萝卜、红薯、红豆、苹果、樱桃、草莓、西瓜等。

3. 黄色健脾

黄色食物中富含维生素C,可以抗氧化、提高人体免疫力,同时延缓皮肤衰老、维持皮肤健康。黄色蔬果中的维生素D可以促进钙、磷的吸收,有效预防老年人骨质疏松症。黄色药材如黄芪是有名的补气药材,气虚体质可以食用。

代表药材和食材:黄芪;玉米、黄豆、柠檬、木瓜、柑橘、柿子、番薯、香蕉、蛋黄、菠萝等。

4. 白色润肺

白色食物中的米、面富含碳水化合物,是人体维持正常生命活动不可或缺的能量来源。白色蔬果富含膳食纤维，能够滋润肺部，提高免疫力；白肉富含优质蛋白；豆腐、牛奶富含钙质；白果有滋养、固肾、补肺之功，适宜肺气虚弱者服用；百合有补肺润肺的功效，肺虚干咳、久咳，或痰中常血的老年人适宜食用。

代表药材和食材：百合、白果；银耳、杏仁、莲子、白米、面食、白萝卜、豆腐、牛奶、鸡肉、鱼肉等。

5. 黑色固肾

黑色食材、药材含有多种氨基酸及丰富微量元素、维生素和亚油酸等营养素，可以养血补肾，改善体质。其富含的黑色素类物质可以抗氧化、延缓衰老。

代表药材和食材：何首乌；黑木耳、黑芝麻、黑豆、黑米、海带、乌鸡等。

### （四）升降浮沉

升降浮沉是指中药或食物对机体有向上、向下、向外、向内四种不同的作用向，浮沉的不同作用趋向可以因势利导，驱邪外出，或调整气机，恢复机体的正常功能，达到治疗的目的。

"升"是指药物或食物具有上升、升提的作用，主要治疗病势向下的疾病；"降"是指药物或食物具有下降降逆的作用，主要治疗病势向上的疾病；"浮"是指药物或食物具有上浮、发散的作用，主要治病位在表的疾病；"沉"是指药物或食物具有沉降、下行的作用，主要治疗病位在里的疾病。

药物或食物升降浮沉作用趋向的运用，与病位、病势关系密切。就病位而言，病位在上、在表宜升浮而不宜沉降，如外感风寒，用麻黄、桂枝发表；病位在下、在里者，宜沉降而不升浮，如里实便秘之证，用大黄、芒硝攻下。就病势而言，病势上逆者，宜降而不宜，如肝阳上亢之头痛，宜用牡蛎、石决明沉降；病势下陷者，宜升而不宜降，如久泻、脱宜用人参、黄芪、升麻等药益气升阳。在制作食疗汤剂的选材上，要根据不同的体质和病证选取合适的食材和中药。

药物升降浮沉的作用趋向，与药物或食物的性味、质地、作用有着密切的关系。一般来讲，性属温热，味属辛、甘、淡的药物或食物大多升浮；花、叶、皮、枝等质地较轻的药物或食物大多升浮；具有升阳发表、驱散风邪、涌吐开窍等作用的药物或食物大多升浮。性属寒凉，味属苦、酸、咸的药物或食物大多沉降；种子、果实、矿物、贝壳等质地较重的药物或食物大多沉降；具有清热泻下、重镇安神、利尿渗湿、消食导滞、息风潜阳、止咳平喘、降逆收敛的药物或食物大多沉降。此外，地制加工也可以改变药物的升降浮沉，如酒制则升，姜炒则散，炒收敛，盐炒下行。在制作食疗汤剂过程中可以选取适当的药材或食材来调整汤剂的升降浮沉，以取得更好的养生保健效果。

### （五）归经与养生

归经表示药物或食物的作用部位，是指药物或食物对于机体某部分的选择性作用，是以脏腑经络为基础的药物或食物作用的定位，即主要对某一经（及其经络）或某几经发生明显的作用，而对其他经则作用较小，甚至没有作用。如羌活善治太阳经（项部）头痛，葛根、白芷善治阳明经（前额）头痛，柴胡善治少阳经（两颞）头痛，吴茱萸善治厥阴经（巅顶）头痛。同一归经的药物或食物，因其性味或升降沉浮不同而功效不同；而有相同功效的药物，因其归经不同，作用的病位也不同，见表3-1。

表3-1 常见煲汤食物性味归经

| 食物 | 性味归经 | 功效 | 食用禁忌 |
| --- | --- | --- | --- |
| 猪肉 | 性平，味甘；归脾、胃、肾经 | 润肠胃、生津液、补肾气、解热毒 | 湿热痰滞内蕴者不宜食；猪肉不宜多食，多食则助热，生痰助痰湿；肥胖或血脂升高者慎食或忌食；外感病人也不宜食 |
| 牛肉 | 性平，味甘；归脾、胃经 | 补益气血、强壮筋骨 | 疮疡、皮肤瘙痒者不宜食用 |
| 羊肉 | 性温，味甘；归脾、胃、肾经 | 益气补需、温中暖胃 | 外感病邪，素体有热者不宜食用 |
| 狗肉 | 性温，味甘、咸；归脾、胃、肾经 | 温补脾胃、补肾助阳 | 阴虚内热者不宜食用，夏季不宜食用 |
| 兔肉 | 性凉，味甘；归肝、大肠经 | 补中益气、清热止渴 | 体寒者不宜食用 |
| 鸡肉 | 性温，味甘；归脾、胃经 | 温中益气、补精填髓 | 肝阳上亢、口腔溃疡、皮肤疔肿、大便秘结者不宜食用 |
| 鸭肉 | 性微寒，味甘、咸；归脾、胃、肺、肾经 | 滋阴养胃、利水消肿 | 体质虚肉、四肢逆冷、大便溏泄、月经量少者不宜食用 |

续上表

| 食物 | 性味归经 | 功效 | 食用禁忌 |
|---|---|---|---|
| 鹅肉 | 性平，味甘；归脾、肺经 | 益气补需、和胃止渴 | 湿热内蕴者不宜食用 |
| 鸽肉 | 性平，味咸；归肝、肾经 | 滋肾益气、祛风解毒 | 无 |
| 鹌鹑肉 | 性平，味甘；归脾、胃经 | 补中益气、清利湿热 | 无 |
| 燕窝 | 性平，味甘；归脾、胃、肾经 | 滋阴润肺、益气补中 | 脾胃虚寒、痰湿停滞者不宜食用 |
| 薏苡仁 | 性微寒，味甘、淡；归脾、胃、肺经 | 健脾利水、利湿除痹、清热排脓 | 汗少便秘者不宜食用 |
| 绿豆 | 性凉，味甘；归心、胃经 | 清热解暑、利尿解毒 | 阳虚或脾胃虚寒者不宜食用 |
| 黄豆 | 性平，味甘；归脾、大肠经 | 补脾益气、清热解毒 | 易导致腹胀 |
| 黑豆 | 性平，味甘；归脾、肾经 | 补肾益阴、健脾利湿、祛风除痹、解毒 | 无 |
| 赤小豆 | 性平，味甘、酸；归心、小肠经 | 健脾利水、解毒消肿 | 无水肿者不宜食用 |
| 玉米 | 性平，味甘；归脾、胃经 | 补中益气、解毒杀虫 | 无 |
| 番茄 | 性微寒，味甘、酸；归肝、胃、肺经 | 清热生津、开胃消食 | 无 |
| 南瓜 | 性温，味甘；归脾、胃经 | 补中益气、解毒杀虫 | 无 |
| 冬瓜 | 性凉，味甘、淡；归肺、大肠、小肠、膀胱经 | 清热利水、清热解毒、下气消痰 | 脾胃虚寒者不宜食用 |
| 苦瓜 | 性寒，味苦；归脾、胃经 | 清暑除热、解毒 | 脾胃虚寒者不宜食用 |

续上表

| 食物 | 性味归经 | 功效 | 食用禁忌 |
|------|---------|------|---------|
| 黄瓜 | 性凉，味甘；归脾、胃、大肠经 | 清热、利水、解毒 | 脾胃虚寒者不宜食用 |
| 食物 | 性味归经 | 功效 | 食用禁忌 |
| 丝瓜 | 性凉，味甘；归肝、胃经 | 清热解毒凉血、祛风化痰通络 | 脾虚便溏者不宜食用 |
| 菠菜 | 性凉，味甘；归大肠、胃经 | 养血止血、滋阴润燥 | 脾虚便溏者不宜多食 |
| 芹菜 | 性凉，味甘；归肝、胃、肺经 | 清热平肝、祛风利湿 | 脾虚便溏者不宜多食 |
| 茼蒿 | 性平，味辛、甘；归脾、胃经 | 调和脾胃、利小便、化痰止咳 | 脾胃虚寒者不宜多食 |
| 枸杞叶 | 性凉，味苦、甘；归肝、肾经 | 清虚热、补肝明目、生津止渴 | 脾胃虚寒者不宜食用 |
| 黄花菜 | 性平，味甘；归肝、脾、肾经 | 养血平肝、利尿消肿止血 | 鲜黄花菜不宜食用 |
| 白萝卜 | 性凉，味辛、甘；归脾、肺经 | 清热生津、凉血止血、下气宽中、消食化痰 | 脾胃虚寒者不宜生食，不宜与人参同时服用 |
| 胡萝卜 | 性平，味甘；归肺、脾经 | 健脾化滞、润肠通便 | 无 |
| 山药 | 性平，味甘；归脾、肺、肾经 | 脾益肾、益肺补肾 | 无 |
| 芋头 | 性平，味甘、辛；归胃经 | 解毒散结 | 食滞胃痛、胃肠湿热者忌食 |
| 竹笋 | 性寒，味甘；归胃、肺经 | 清热化痰、消食、解毒透疹、和中润肠 | 脾胃虚寒者不宜多食 |
| 百合 | 性平，味甘、味苦；归心、肺经 | 润肺止咳、清心安神 | 脾胃虚寒、大便稀溏者不宜多食 |
| 莲藕 | 性寒，味甘；归心、脾、胃经 | 清热生津、凉血散瘀、补脾开胃止泻 | 无 |

续上表

| 食物 | 性味归经 | 功效 | 食用禁忌 |
|---|---|---|---|
| 香菇 | 性平,味甘;归胃经 | 补脾益气、抗肿瘤、托痘疹 | 无 |
| 木耳 | 性平,味甘;归胃、大肠经 | 凉血止血 | 泡发时间不宜太久 |
| 银耳 | 性平,味甘;归肺、胃、肾经 | 滋阴润肺、益胃生津 | 泡发时间不宜太久 |
| 豆腐 | 性凉,味甘;归脾、胃、大肠经 | 益气和中、健脾利湿、清热解毒 | 无 |
| 黄豆芽 | 性温,味甘;归脾、大肠经 | 润肌肤 | 无 |
| 绿豆芽 | 性寒,味甘;归脾、大肠经 | 清热解毒、利小便 | 脾胃虚寒者不宜多食 |
| 紫菜 | 性寒,味甘、咸;归肺经 | 化痰软坚、清热利尿 | 无 |
| 海带 | 性寒,味咸;归肺经 | 软件化痰、祛湿止痒 | 脾胃虚寒者不宜多食 |

## 三、中药（食物）的配伍

掌握药物配伍知识和方法，按照病情和要求正确选取中药进行煲汤，对于充分发药效和确保用药安全，取得更好的保健养生效果具有十分重要的意义。"药食同源"，在煲汤药材的选择上要严格遵循中药的配伍方法。

### （一）中药配伍

中药配伍是根据病情需要和药物性能，有目的地将两种或两种以上的药物配合应用。配伍组成是中医用药治病的主要形式。药物的功效通过配伍之后会发生复杂的变化，有的能增强药效，有的能降低药效，有的能产生毒性和不良反应，有的能抑制和消除毒副作用等。《神农本草经》曾把应用药物治疗疾病可能出现的这些情况总结为七个方面，称为药物的"七情"，即单行、相须、相使、相畏、相杀、相恶、相反，现将"七情"配伍关系分述如下。

1. 单行

指用单味药治疗疾病。如独参汤治疗气虚欲脱证，马齿苋治疗痢疾，独行散治产后血晕。

2. 相须

指性能功效相类似的药物配合使用，可以增强原有的疗效。如大黄配芒硝，能增强攻下泻火的作用；全蝎、蜈蚣同用，能明显增强止痉作用。

3. 相使

指性能功效有某些共性，或性能功效虽不相同，但是治疗目的一致的药物配合使用。常以一种药物为主，另外一种或几种为辅助，以提高主药的疗效。如黄芪与茯苓相配，茯苓能提高黄芪补气利水的治疗效果。

4. 相畏

指一种药物的毒性反应或副作用，能被另一种药物减轻或消除。如生半夏、生南星的毒性能被生姜减轻或消除，即生半夏、生南星畏生姜。

5. 相杀

指一种药物能减轻或消除另一种药物的毒性或副作用。如绿豆杀巴豆毒，防风杀砒霜之毒。

6. 相恶

指两种药物合用，一种药物能使另一种药物原有功效降低，甚至丧失。如人参与莱菔子同用，莱菔子能削弱人参的补气作用。

7. 相反

两种药物合用，能产生或增强毒性反应或副作用。如甘草反甘遂、乌头反贝母等。

临床运用药物煲汤时，应尽量使用"相须""相使"的配伍，这样可以充分利用其协同作用和增效作用，以提高治疗疾病的效果；在运用有毒性的药物或具有副作用的药物时，应尽量使用"相畏""相杀"的配伍，以制约其毒副作用。另外，药物配伍时尽量避免同时使用"相恶"的药物，防止药物功效的降低甚至丧失；亦应尽量避免同时使用"相反"的药物，防止产生毒副作用。

（二）食物的配伍

在生活和临床中单独应用一种食物食养或食疗的情况比较少，常常是几种食物，或与其他原料搭配使用，这种搭配关系，称为配伍。

1. 提倡的配伍

（1）相须：性能功效相似的食物配合应用，可以起到相互增强的作用。

如大枣与粳米配合,能增强健脾益气的功效。

(2) 相使:性能功效方面有某种共性的食物配合应用,而以一种食物为主,另一种食物为辅,能提高主食物的功效。如姜糖饮,红糖可以增强生姜温中散寒的功效。

(3) 相畏:一种食物的不良作用,能被另一种食物减轻或削弱,如螃蟹性寒,食后容易引起腹痛、腹泻,能够被生姜减轻。

(4) 相杀:一种食物能减轻或消除另一种食物的不良作用。如辣椒能减轻或消除苦瓜的寒凉之性。

相畏、相杀实际上是食物之间同一配伍关系,只是不同角度的两种说法。

从以上可以看出,相须配伍、相使配伍,是通过协同作用而增进疗效,在实际应用时要充分利用和提倡的;相畏(相杀)配伍,由于食物的相互作用,而能减轻或消除某种食物的不良作用,也值得提倡。

2. 避免的配伍

(1) 相恶:两种食物合用,一种食物能够减低另一种食物的功效。如萝卜能减低补气类食物的作用。

(2) 相反:两种食物合用,可能产生不良反应。如柿子和茶同用等。这些相反的配伍,古代有许多记载,尚有待今后进一步研究。

相恶配伍,相反配伍应尽量避免。

(三) 食材与中药的配伍禁忌

1. 猪肉

不能和乌梅、桔梗、黄连、苍术、荞麦同食。猪肉与苍术同食,易动风;猪肉与荞麦同食,容易令人毛发脱落。

2. 猪心

不能与吴茱萸同食。

3. 猪血

不能与地黄、何首乌、黄豆同食。

4. 猪肝

不能与荞麦同食。猪肝与荞麦同食,易引发痼疾。

5. 鸭蛋

不能与李子、桑葚同食。

6. 狗肉

不能与商陆、杏仁同食。

7. 羊肉

不能与半夏、石菖蒲、丹砂同食。

8. 鲫鱼

不能与厚朴、麦冬、芥菜同食。

9. 龟肉

不能与苋菜同食。

10. 鳖肉

不能与苋菜同食。

## 四、饮食禁忌

所谓"饮食禁忌"指的就是有关食物之"非所宜"的诸般情况，简称食忌，也就是通常所说的忌口。祖国医学对此非常重视。有关饮食禁忌的说法较早的根据为《黄帝内经》，载"五味所禁"以及《素问·五脏生成篇》所载的"五味之所伤"等。后世医家在实践中不断加以发展总结。汉代《金匮要略》中说："所食之味，有与病相宜，有与身为害。若得宜则益体，害则成疾。"故用相宜食物养生治病，而不相宜食品则禁之。元代《饮食须知》更强调："饮食藉以养生，而不知物性有相反相忌，丛然杂进，轻则五内不和，重则立兴祸患。"说明饮食禁忌在养生保健、防治疾病等方面都有着十分重要的作用。

（一）饮食禁忌的主要内容

1. 生冷

指生的食物或寒凉性食物。诸如冷饮（如冰茶、汽水、冰激凌等）、冷食（如冷饭、冷菜等）。寒证或阳虚体质者慎食。

2. 辛辣

指辣椒、花椒、韭菜、葱、姜、蒜、酒等食物。热证、阴虚、湿热者慎食。

3. 黏滞

多指糯米、黏米所制作的食品。脾虚有湿、痰湿、夏天暑湿季节不宜进食这类食物。

4. 油腻

指肥肉、油炸等含油脂多的食品、乳制品（奶、酥、酪）。脾湿或痰湿者、中老年人不宜食用这类食品。

5．腥膻

指水产品（鱼、虾、蟹、贝等）、羊肉、狗肉等食物，为风热、痰热、斑疹疮疡等证所忌。

6．发物

指凡是能引起旧病复发（如诱发哮喘）或新病加重（如加重皮肤病）的一类食物，与食物过敏或不耐受有关。腥膻、辛辣类多属于发物。除此之外，芫荽（香菜）、豆芽、蘑菇等。哮喘咳嗽、斑疹疮疡、病后初愈的患者应慎食这类食物。

（二）不同病征的饮食禁忌

临床上常见的表证、里证、寒证、热证、虚证、实证的饮食禁忌如下。

1．表证

慎用补益、滋腻的食物，以免影响发散解表食物作用的发挥，降低疗效。

2．里证

慎用发散解表的食物。

3．寒证

慎用生冷、寒凉性食物。如黄瓜、苦瓜、冷饮等。

4．热证

慎用辛辣、温热性食物。如辣椒、花椒、酒剂等。

5．虚证

虚证患者一般脾胃虚弱，消化力弱，给予补益品时不要过于滋腻，以免妨碍脾胃功能，出现食欲不振、食后腹胀等现象。阳虚内寒者慎用生冷、寒凉之品。阴虚内热者慎用辛辣、温热之品。

6．实证

如血证，慎食生冷之品，中医认为血遇寒则凝，生冷寒凉的食物会使瘀血加重。如湿热证应慎食黏滞、油腻的食物，以免湿热难清。水肿者慎食咸味食物。

（三）服药期间的饮食禁忌

服药时也要注意饮食禁忌。清代医家章穆所著《调疾饮食辩》一书"发凡"中云："病人饮食，藉以滋养胃气，宜行药力，故饮食得宜足为药饵之助，失宜则反与药饵为仇。"《金匮要略》中也指出服药时忌生冷、黏、肉、面、五辛、酒、酪、臭物等。

一般来说，尽量避免相恶配伍。如服用补气药时，避免食用萝卜。萝卜是下气的，可以减弱补气类药物的功效，所以二者不宜同时服用。茶叶可与多种药物成分结合，从而降低药物的功效，因此不要用茶水送服药物，饮茶时间与服药时间最好错开。以上只是对饮食禁忌的概要介绍。

### （四）妊娠禁忌

凡易对母体、胎儿产生损害的药物或食物，均为妊娠的禁忌。禁忌药分为用慎用与禁用两大类。慎用药主要是活血祛瘀药、行气药、攻下药、大辛大热之品中的部分药物或食物，如桃仁、红花、乳香、没药、王不留行、大黄、枳实、附子、干姜、肉桂、天南星等。禁用类药大多系剧毒药或药性作用峻猛，以及堕胎作用较强的药物，如巴豆、牵牛、斑蝥、麝香、虻虫、水蛭、三棱、莪术、芫花、大戟、甘遂、商陆、水银、轻粉、雄黄、砒霜等。

凡禁用药都不能使用，慎用药应根据孕妇病情，斟酌使用。如孕妇患病非用不可，应掌握安全、有效的原则，把握好剂量、炮制和配伍等环节，尽量减轻药物对胎儿及孕妇的危害。

### （五）配伍禁忌

配伍禁忌是指药物配伍使用会产生或增强药物的毒性反应，或降低药物的疗效。"七情"中的相反、相恶是复方配伍禁忌中应遵循的原则，此外还有"十八反"和"十九畏"。

1. 十八反

甘草反甘遂、大戟、海藻、芫花；乌头反贝母、瓜蒌、半夏、白蔹、白及；藜芦反人参、沙参、丹参、玄参、细辛、芍药。

2. 十九畏

硫黄畏朴硝，水银畏砒霜，狼毒畏密陀僧，巴豆畏牵牛，丁香畏郁金，川乌、草乌畏犀牛角，芒硝畏三棱，官桂畏石脂，人参畏五灵脂。

在煲汤的食材选择上一定要避免"十八反"和"十九畏"中的情况，同时要注意妊娠人群的特点，严格把握煲汤食材的选择，避免对食用者身体造成伤害。

## 五、应用原则

### （一）全面膳食

早在古代，我国医学经典著作《黄帝内经》在《素问·脏气法时论》中提出："五谷为养，五果为助，五畜为益，五菜为充，气味合而服之，以补精益气。"膳食指南概括了全面膳食的内容，即以谷类食物滋养人体，以动物食品补益脏腑，用蔬菜水果作为副食辅助、补充。这样调配的膳食食物多样，荤素搭配，比例适当，避免了五味偏嗜，对于调养身体、促进健康是很有意义的。

中医提出的全面膳食与现代提倡的平衡膳食极为相似。1997年中国营养学会制定的膳食指南就建议我国居民每人每天摄入谷类粮食300~500 g，水果100~200 g，肉50~100 g，蔬菜500 g，奶类100 g，豆类食品50 g。这样可以提供人体所需要的各种营养成分。

### （二）辨证施膳

辨证论治是中医治疗学的一条基本原则，也是中医食疗的精髓，具体体现为辨证施膳。辨证施膳由辨证与施膳相互联系的两个部分所组成。辨证不是各种症状的简单罗列，而是通过对症状、舌苔、脉象等进行综合分析，从中找出内在的联系，得出证候的概念，并以此作为主治处方的重要依据。辨证是决定治疗的前提和依据，施膳是治疗的手段和方法。《黄帝内经》中指出"虚者补之""实者泻之""寒者热之""热者寒之"等一系列治疗原则，所以辨证配膳时，要根据病"证"的阴阳、表里、虚实、寒热，分别给予不同的饮食治疗。《黄帝内经》中有"形不足者，温之以气；精不足者，补之以味"的说法。这就是说，阳气虚弱的病证，应该给甘温益气之品，如粳米、羊肉、山药、黄豆、大枣、牛奶等，以使阳气旺盛；而对于阴精亏损的患者，则要用厚味之物，如猪肉、鸡蛋黄、甲鱼等，以使精血充足。又如热病烦渴，要给予清凉的饮食，如西瓜、黄瓜、甘蔗、荸荠等；如中寒腹痛，就要用温热的饮食如干姜、胡椒、茴香、羊肉、红糖等。

此外，还要辨明疾病属于哪个脏腑，根据病证所在的脏腑，采取不同的饮食营养疗法。如水肿的治疗，对于证属风邪犯肺，肺失宣化的阳水，应施以宣肺利尿的饮食，如葱白粥、五皮饮等；如证属脾虚水湿潴留的水肿当健脾利湿，予以薏苡仁、扁豆、茯苓、鲤鱼等食物。

在实际应用中辨证施膳要与全面膳食相结合，这样既能维持健康，避免营养不良症的发生，又能有的放矢，有针对性地处理不同的问题。

### （三）顾护脾肾

祖国医学认为，"胃为水谷之海""脾为气血生化之源"。胃主收纳，脾主运化，二者互为表里，共同协作完成食物的受纳、腐熟、消磨和对精微物质的吸收与输布，进而滋养五脏六腑、肌肉筋骨、皮肤毛发，所以胃为人体的后天之本。如果脾胃失健，就会变生他病。如胃气不和，受纳失司，则进食减少，恶心呕吐。脾胃运化无力，则出现腹胀便秘、疲倦乏力、少气懒言、面色萎黄等一派虚弱的征象。脾胃功能的强弱对于疾病的传变、转归、康复都起着重要的作用。我们在实际生活中，无论是以食健身，还是以食治病，都应注意补益脾胃以生气血，固护胃而不伤中州。此外，平时要饮食有节制，不加重脾胃的负担。

由于脾胃在人体内占有特殊位置，其功能的强弱、盛衰，对于养生延年，防病治病都起着重要的作用。

比如，老年人一般活动少，脾胃功能差，纳食减少，消化力弱，所吃食物应容易消化，以利于吸收利用。平时还可以吃一些开胃消食的食物，如山楂、萝卜、麦芽、谷芽、橘子皮等。或食用健脾益气的食品，如粥食、米面食品，以增强脾胃功能。

肾为人体的先天之本，生长发育过程和人的生殖能力，主要是由肾的精气决定的。人从婴儿开始，肾脏精气日渐充盛，就有了齿生发长，身体增高等变化。到了老年，肾脏精气逐渐衰弱，则见齿脱发白、腰弯背驼、耳聋眼花等衰老的症状。可食用补肾的食物，如黑芝麻、核桃仁、羊肉、猪肾、羊肾、鹌鹑、鹌鹑蛋等。

肾为先天之本，脾为后天之本。肾与脾，是相互依赖、相互配合、相互促进的，只有固护脾肾，脾健肾壮，气血才能源源无穷，五脏得其充养，神气乃生，身体康健，延年益寿。

（四）以食为主

在实际应用中，常可以看到食物与药物同用的现象。如用当归生姜羊肉汤治疗产后血腹痛；人参胡桃汤治疗肺虚久咳久喘。食药同用是基于食药同源的理论。食物与药物的性能相通，二者配合应用，可以更好地发挥疗效。然而在实际应用时并非一定都要添加药物，一般情况下还是尽量选用食物，以食平病，可谓上工。必要时才加用少量药物起增加疗效的作用。

药物的选择应注意首选偏性小、作用缓和、毒副作用小之品。一般来讲，既可食用，又可作药用的天然之品较为适宜。如枸杞子、山药、茯苓、薏苡仁、冬虫夏草、麦冬、菊花、豆蔻、桂皮、茴香等。

（五）饮食制度

饮食制度主要是饮食有节，也就是饮食要有规律、有节制。这里所说的节制，包含两层意思。

1. 进食的时间要有规律

饮食定时是指进食宜有较为固定的时间，以保证胃肠道有规律的工作。

2. 进食量要有节制

人体对饮食的消化、吸收、输布，主要靠脾胃来完成，进食定量，饥饱适中，则脾胃能够承受。饮食的消化吸收正常，人体就能及时地得到营养供应，以保证各种生理活动的进行。如果饮食不节，暴饮暴食，或饥一顿，饱一顿，则容易损伤脾胃，影响健康。

长期饮食过饥，可导致营养不良；饮食过饱，可能出现胃肠道症状，胃腹部胀满不舒，大便有异味。天长日久，还有可能体重增加，日渐肥胖。正如《管子》所说："饮食节则……身利而寿命益。""饮食不节，……则形累而寿命损。"

### （六）饮食卫生

不吃腐烂、变质、污浊食物。宜选新鲜、清洁、卫生的食物。

上述原则不仅适用于食养，而且适用于食疗。

## 第三节　不同体质辨识与食养

### 一、体质概述

体质，是每个人在机体形态、功能活动、物质代谢、心理活动等方面固有的、相对稳定的特征。体质决定了机体对于某些疾病的易感性、疾病不同的表现形式、预后转归和治疗反应。根据不同的体质特点进行调养，是预防保健的关键所在。

体质禀受于先天，得养于后天，贯穿人的整个生命过程中。其不仅有个体差异性，而且有群体趋同性。早在《灵枢·寿天刚柔》即有"人之生也，有刚有柔，有弱有强，有短有长，有阴有阳"和"形有缓急，气有盛衰，骨有大小，肉有坚脆，皮有厚薄"的记载，说明人的体质生而不同，各有差异。

### 二、体质的形成与影响因素

体质的形成秉承于先天，得养于后天。各种先天、后天因素都对体质的形成产生影响。

#### （一）先天禀赋是体质形成的内在依据

先天因素是个体体质形成的基础，是个体体质强弱的首要条件，对体质的形成具有决定性的作用。父母的身体素质和体质特征影响子代体质特征的形成。

## （二）后天环境是体质形成的外部因素

由于人体是一个开放的组织系统，不断与外界进行多种交流，故后天环境因素对人体的影响很大，包括地理环境、饮食、劳逸、精神状态、疾病等。

1. 地理环境对体质的影响

人类生活在自然界中，生命活动必然会受到自然因素的影响，社会的发展变迁也会影响人类的体质，出现与其所处时代社会环境相适应的变化趋向。个体所处的社会地位、经济条件、家庭状况及人际关系等都会影响个体的体质。

2. 饮食对体质的影响

饮食营养是人类生存的最基本条件，是人体生长发育、提高生理功能、预防疾病和维护健康等不可或缺的因素，故《灵枢·五味》有"故谷不入，半日则气衰，一日则气少矣"和《千金翼方·养性》有"安身之本必须于食"的记载。个体的饮食习惯和相对稳定的膳食结构通过脾胃的运化功能可影响到脏腑的气血阴阳，形成相对稳定的体质特征。

3. 劳逸对体质的影响

恰当正确的体育锻炼可增强体质，过度的劳累和过度的安逸，均会影响脏腑的气血阴阳，进而影响到个体的体质。

4. 精神状态对体质的影响

人的精神状态影响脏腑气血功能活动，从而影响人的体质。长期持久或突然强烈的精神刺激均会致脏腑气机逆乱，导致人的体质发生异常，诱发相关疾病。故《灵枢·本藏》之"志意和则精神专直，魂魄不散，悔怒不起，五藏不受邪矣"，即说明保持良好的精神状态对维持正常体质的意义。

5. 疾病对体质的影响

《临证指南医案·诸痛》："经年宿病，病必在络……因久延，体质气馁。"说明病程长、病邪深入，可导致人体的正气损伤，脏腑功能受到影响，精气血津液化生不足，日久出现虚弱体质。

因此后天因素的变化，决定了人体体质处于动态变化之中。

## （三）体质与年龄变化

人的生命历程中生、长、壮、老、已各个阶段，无论从功能或形态上，均表现各异。不同年龄阶段的体质具有不同特点，且各年龄之间体质会相互影响。小儿为稚阴稚阳之体，五脏六腑成而未全，全而未壮；易虚易实，神气怯弱，肝易实而脾易虚；脏腑清灵，患病易趋康复。青年时期，机体各方面均处于一生中的最佳状态，也是人体体质最强健的时期。中年时期体质是由鼎盛开始向衰弱转变的时期。更年期是体质状态的特殊转折点，是体质开始从中年向老年的过渡期。可见，少年气血未充，青年气血充盛，老年气血衰弱，体质是与机体发育同步的生命过程，并随着年龄增长而出现规律性变化。

（四）体质与性别

男性一般代谢旺盛，肺活量大，在血压、基础代谢、能量消耗等方面高于女性，身体较女性强壮，患病后病情反应比女性激烈；而女性免疫功能较强，基础代谢率较低，虽然体质较弱，但一般寿命较长。研究表明，男性痰湿热等体质较多，女性虚、瘀等体质较多。

## 三、体质的分类及特征

体质的分类方法是认识和掌握体质差异性的重要手段。《黄帝内经》一书中，根据阴阳学说、五行学说等对人类的体质进行了多种不同的分类。如《灵枢·阴阳二十五人》即将人的体质划分为木、火、土、金、水五个主型；汉代医家张仲景从临床病理认识出发，在《伤寒杂病论》一书中将体质分为平人、强人、羸人、盛人、瘦人、老小、虚弱家、亡血家、汗家、中寒家、淋家、湿家、酒家等多种类型；元代著名医家朱丹溪在其《格致余论》中明确提出"肥人多痰"的痰湿体质；明代医家张景岳根据脏气的强弱和禀赋的阴阳将体质划分为阴脏、阳脏和平脏三种类型。以后的历代医家对体质均有深入的研究和探讨。

现代医家从20世纪70年代开始，对中医体质分类标准进行了深入的研究，分类有数十种，而学术界多以王琦的体质九分法为标准，体质九分法将体质分为平和质、气虚质、阳虚质、阴虚质、痰湿质、湿热质、气郁质、血瘀质、特禀质九种。

（一）平和质

1. 概念

平和质是指以体态适中，面色红润，精力充沛，脏功能状态良好为主要特征的一种体质状态。

2. 表现特征

形体匀称健壮。面色润泽，头发稠密有光泽，目光有神，鼻色明润，嗅觉通利，口和，唇色红润，不易疲劳，精力充沛，耐受寒热，睡良好，胃纳佳，二便正常，舌色淡红，苔薄白，脉和有神。

3. 性格特点

多随和开朗。

4. 患病倾向

平素较少患病。对外界环境（如自然环境和社会环境）适应能力较强。形成原因：先天禀赋良好，后天调养得当。

5. 食养要点

全面膳食，谨和五味。

6. 食养方剂

（1）冬瓜干贝汤。

①组成：鲜虾300 g，冬瓜300 g，干贝100 g，姜、盐适量。

②制作：

a. 鲜虾洗净，切去虾须；冬瓜洗净，连皮切块；姜洗净切片。

b. 干贝用水泡软，捞出沥干，撕成小块。炒锅倒水加热，下入冬瓜焯水沥干。

c. 将以上材料放入电饭煲中，加水调节至煲汤功能，煮好后加盐调味。

③功效：滋阴补肾，利尿去湿。对小便不利、肾阴不足等证疗效好，具有降血压、降胆固醇、不宜强身作用。

（2）土豆排骨汤。

①组成：排骨500 g，土豆200 g，西红柿200 g，鸡精、盐适量。

②制作：

a. 排骨洗净剁成块，撒上盐腌渍；土豆去皮，洗净切块。

b. 西红柿洗净切块，在锅中放油炒熟。

c. 将以上食材放入电饭煲中，加水调节至煲汤功能，煮好后用盐和鸡精调味。

③功效：此汤具有强身，健脾补肾功效。可辅助治疗消化不良、慢性胃痛、习惯性便秘、神疲乏力等症。

（二）气虚质

1. 概念

是指以气息低弱、脏功能状态低下为主要特征的体质状态。

2. 表现特征

体形胖瘦均有，但肌肉一般不健壮，平素语音低怯，气短懒言，肢体容易疲乏，精神不振，易出汗，舌淡红，舌体胖大、边有齿痕，脉象虚缓。或面色偏黄或晄白，目光少神，口淡，唇色少华，毛发不华，头晕，健忘，大便正常，或有便秘但不结硬，或大便不成形，便后仍觉未尽，小便正常或偏多。

3. 性格特征

性格多内向、情绪不稳定、胆小不喜欢冒险。

4. 患病倾向

平素体质虚弱,卫表不固易患感冒;或病后抗病能力弱易迁延不愈;易患内脏下垂、虚劳等病。对外界环境适应能力较差,不耐受寒邪、风邪、暑邪。

5. 形成原因

气虚质是指由于元气不足,所以气息低弱,机体、脏腑先天本弱,后天失养或病后气亏,如家族成员多数较弱、孕育时父母体弱、早产、人工喂养不当、偏食、厌食,或年老气衰等,是导致气虚质的重要原因。

6. 食养要点

(1) 适当进补,以补气为主。

(2) 少食耗气之品,如莱菔子、白萝卜等。

(3) 慎食用过多滋补、油腻之物,如肉类、油炸食品,以免妨碍脾胃的功能。

7. 食物选择

粳米、糯米、小米、黄豆、豆腐、牛肉、鸡肉、鸡蛋、兔肉、胡萝卜、大枣等。

8. 食养方剂

(1) 参果炖瘦肉。

①组成:猪瘦肉50 g,太子参20 g,无花果200 g,盐、味精适量。

②制作:

a. 太子参、无花果、猪肉洗净,猪肉切片。

b. 将以上食材放入炖盅内,加滚水适量,炖约2小时后加盐、味精调味即可。

③功效:具有益气生津、补益脾肺、利咽消肿的功效。适宜脾胃虚弱、胃阴不足、神疲乏力等症食用。表实邪盛者不宜食用。

(2) 归芪猪蹄汤。

①组成:猪蹄1只,当归10 g,黄芪15 g,黑枣5个,盐5 g,味精3 g。

②制作:

a. 猪蹄洗净斩块,入滚水氽去血水。

b. 当归、黄芪、黑枣洗净。

c. 把全部用料放入清水锅内,大火煮滚后,改小火煲约3小时,加盐、味精调味即可。

③功效：具有补气养血、强壮筋骨、补虚弱、美容养颜、健腰膝的功效。适宜血虚者、年老体弱者、产后缺乳者、腰脚软弱无力者、痈疽疮毒久溃不敛者食用。

(3) 芪枣黄鳝汤。

①组成：黄鳝500 g，黄芪25 g，生姜5片，红枣5个，盐5 g，味精3 g。

②制作：

a. 黄鳝处理干净，用盐腌去黏潺液，切段，氽去血腥。

b. 起锅爆香生姜片，放入黄鳝炒片刻取出。

c. 黄芪、红枣、鳝肉放入煲内，加水煲约2小时，加盐、味精调味即可。

③功效：具有补气益血、滋补强身的功效。适宜身体虚弱、气血不足、风湿麻痹、四肢酸痛、糖尿病、高脂血症、冠心病、动脉硬化者食用。

(三) 阳虚质

1. 概念

阳虚质是指阳气不足，失于温煦，以形寒肢冷等虚寒现象为特征的体质状态。

2. 表现特征

形体多白胖，肌肉不健壮。平素畏冷，手足不温，喜热饮食，精神不振，睡眠偏多，舌淡胖嫩边有齿痕、苔润，脉象沉迟而弱。或面色白或暗，口唇色淡，毛发易落，易出汗，大便溏薄，小便清长。

3. 性格特点

性格多为沉静、内向。

4. 患病倾向

发病多为寒证，或易从寒化，易病痰饮、肿胀、泄泻、阳痿。对外界环境适应能力较差，不耐受寒邪、耐夏不耐冬；易感湿邪。

5. 形成原因

先天不足或病后阳亏，是形成阳虚质的主要原因。孕育时父母体弱、或年长受孕，早产，或平素偏嗜寒凉损伤阳气，或久病阳亏，或年老阳衰等。

6. 食养要点

(1) 适当温补，以补阳为主。

(2) 慎食生冷、寒凉性的蔬菜瓜果，如冷饮、冷食或性质寒凉的蔬菜水果，如西瓜、鸭梨等。

7. 食物选择

核桃仁、韭菜、刀豆、羊肉、羊奶、狗肉、麻雀蛋、虾等。

8. 食养方剂

（1）莼羹（《圣济总录》）。

①组成：鲫鱼数条，陈皮 30 g，羊骨 500 g，莼菜 100 g，生姜、葱白、食盐、黄酒各适量。

②制作：

a. 鲫鱼去除鱼鳞、鳃、内脏，洗净，切成块；陈皮泡软，切成细丝。

b. 生姜切丝、葱白切段。

c. 羊骨熬煮汤汁。

d. 在羊骨汁中放入莼菜、鱼、陈皮、姜、葱、食盐、黄酒，煮作羹。

③功效：温阳补虚。方中羊骨性温补阳；鲫鱼健脾化湿；陈皮理气开胃；莼菜甘寒清凉，佐制菜肴温热之性。全方有温阳补虚之功。

（2）茴香焖羊肉（《中国烹饪百科全书》）。

①组成：羊肉 300 g，葱 100 g，小茴香 5 g，生姜、大蒜、花椒、食盐、酱油、黄酒各适量。

②制作：

a. 羊肉切成片，葱切成段，姜蒜切成片，把羊肉放入碗中，加入葱姜蒜、花椒、盐、酱油等调料拌匀，备用。

b. 锅中放入植物油，烧热后，将小茴香、羊肉投入锅内，加盖，用小火煮至肉熟。

③功效：补肾助阳，温中散寒。此为山西传统名菜。菜中以羊肉为主，羊肉味甘性温，具有温补的作用；配以温中健脾的茴香、生姜、花椒等食物。全方具有温补的作用。适用于中老年人、阳虚者冬季服用。

（3）猪大肠核桃汤。

①组成：猪大肠 200 g，核桃仁 60 g，熟地黄 30 g，红枣 10 个，姜丝、葱末、料酒、盐各适量。

②制作：

a. 猪大肠漂洗干净，水切块；核桃仁捣碎；熟地黄、红枣洗净。

b. 锅内加水适量，放入所有食材小火炖煮约 2 小时即成。

③功效：具有健运胃、补肾益精的功效。适用于腰腿酸软、筋骨疼痛、牙齿松动、须发早白、虚劳咳嗽、小便清冷、月经和白带过多患者食用。

（4）黄精骶骨汤。

①组成：肉苁蓉、黄精各 10 g，白果粉 1 大匙，猪尾骶骨 1 副，胡萝卜 1 根，盐 1 小匙。

②制作：

a. 猪尾骶骨洗净，放入沸水中汆去血水，胡萝卜洗干净，削皮，切块备用；肉苁蓉、黄精洗净备用。

b. 将肉苁蓉、黄精、猪尾骶骨、胡萝卜一起放入锅中，加水至没过所有食材。

c. 以大火煮沸，再转用小火继续煮约30分钟，加入白果粉再煮5分钟，加盐调味即可。

③功效：此汤益气强精、补肾健脾的功效非常显著，适宜肾虚遗精、阳虚肠便秘、腰膝酸痛、耳鸣目花者食用。

## （四）阴虚质

### 1. 概念

是指体内津液精血等阴液亏少，以阴虚内热等现象为主要特征的体质状态。

### 2. 表现特征

体形多瘦长。手足心热，平素易口燥咽干，鼻微干，口渴喜冷饮，大便干燥，舌红少津少苔；或面色潮红、有烘热感，目干涩，视物花，唇红微干，皮肤偏干、易生皱纹，眩晕耳鸣，睡眠差，小便短涩，脉象细弦或数。

### 3. 性格特点

性情多急躁，外向好动，活泼。

### 4. 患病倾向

平素易患有阴亏燥热的病变，或病后易表现为阴亏症状。对外界环境适应能力较差，平素不耐热邪、耐冬不耐夏；不耐受燥邪。

### 5. 形成原因

先天不足，或久病失血，纵欲耗精，积劳伤阴均可导致阴虚质。孕育时父母体弱，或年长受孕，早产，或曾患出血性疾病等。

### 6. 食养要点

（1）适当清补，以滋阴为主。

（2）不要吃过多滋补黏腻之物，如动物食品、糯米制品，以防止影响食欲。

（3）慎食辛辣刺激性食品，如辣椒、花椒、胡椒、大蒜、酒等，以免耗伤阴津。

### 7. 食物选择

猪肉、羊肉、猪肝、羊肝、牛肝、甲鱼、海参、菠菜、胡萝卜、黑木耳、鸭蛋、乌贼、猪皮、鸭肉、桑葚、银耳等。

8. 食养方剂

（1）鸭羹。

①组成：白鸭肉 500 g，山药 100 g，笋、香菇、核桃仁、黄酒、酱油、淀粉各适量。

②制作：将鸭肉、山药、笋、香菇、核桃仁均切成小丁，放入锅中加清水、黄酒、油，炖至肉烂熟时，用淀粉勾芡。

③功效：滋阴养胃，润燥生津。鸭肉味甘性凉，是滋阴佳品；山药气阴双补；香菇健脾益气；核桃仁补温肾阳。全方滋补脾肾，以滋阴为主，适用于阴虚者食用。

（2）冬瓜瑶柱汤。

①组成：冬瓜 200 g，虾 30 g，瑶柱、草菇各 20 g，高汤、姜、盐各适量。

②制作：

a. 冬瓜去皮切片；瑶柱泡发；草菇洗净对切。虾去壳洗净；姜切片。

b. 锅上火，爆香姜片，下入高汤、冬瓜、瑶柱、虾、草菇，煮熟调味即可。

③功效：具有滋阴生津、利水祛湿的功效。适宜肺中有痰、肺燥干咳、妇女妊娠水肿形体肥胖、高血压、心脏病、肾水肿等患者食用。

（3）雪梨猪腱汤。

①组成：猪腱 500 g，雪梨 1 个，无花果 8 个，盐 5 g。

②制作：

a. 猪腱洗净切块；雪梨去皮，洗净切块；无花果用清水浸泡，洗净。

b. 把全部用料放入清水煲内，大火煮沸后，改小火煲约 2 小时，加盐调味即可。

③功效：具有润肺祛燥、滋阴生津、利咽消肿的功效。适宜咳嗽痰黄难咳、热病口大便干结、饮酒过度等患者。

（五）痰湿质

1. 概念

痰湿质是由于水液内停而痰湿凝聚，以黏滞重浊为主要特征的体质状态。

2. 表现特征

体形肥胖、腹部肥满松软。面部皮肤油脂较多，多汗且黏，胸闷，痰多。或面色淡黄而暗，眼胞微浮，容易困倦，平素舌体胖大，舌苔白腻，口黏腻或甜，身重不爽，脉滑，喜食肥、甘、甜、黏，大便正常或不实，小便不多或微混浊。

3. 性格特点

性格偏温和稳重谦恭、和达、多善于忍耐。

4. 患病倾向

易患消渴、中风、胸痹等病证。对外界环境适应能力较差，对梅雨季节及湿环境适应能力差。

5. 形成原因

先天遗传，或多食肥甘、酒剂等。

6. 食养要点

（1）以化痰祛湿为主。

（2）饮食清淡，容易消化。

（3）慎食肥甘厚味，如肥肉、糕点、糖果。

7. 食物选择

海藻、海带、紫菜、萝卜、杏仁、扁豆、蚕豆、绿豆、茶叶等。

8. 食养方剂

（1）萝卜汤。

①组成：白萝卜150 g，胡萝卜150 g，食盐适量。

②制作：将白萝卜、胡萝卜洗净，切成丝，备用。锅中放入清水，上火烧开后，放入萝卜丝，煮熟时调入食盐即可。

③功效：化痰、消食。方中以白萝卜、胡萝卜为主料。白萝卜味甘，性辛，有下气宽中、化痰消食的用；胡萝卜味甘，性平，有健脾化滞的作用。二者合用下气化痰消食。适用于痰湿者食用。

（2）白术茯苓田鸡汤。

①组成：白术、茯苓各15 g，白扁豆30 g，芡实20 g，田鸡4只，盐5 g。

②制作：

a. 田鸡宰洗干净，去皮，斩块；白扁豆、芡实、白术、茯苓均洗净。

b. 投入锅内转至小火炖20分钟，再将田鸡放入煮熟后加盐即可。

③功效：具有健脾益气、利水消肿、燥湿和中的功效。适脾胃气虚、不思饮食、倦怠无力、慢性腹泻、消化吸收功能低下、虚汗多、小儿流涎者食用。胃胀腹胀、气滞饱闷者忌食。

（3）白扁豆鸡汤。

①组成：白扁豆100 g，莲子40 g，砂仁10 g，鸡腿300 g，盐5 g。

②制作：

a. 将清水1 500 mL、鸡腿、莲子置入锅中以大火煮沸，转小火煮45

分钟。

b. 白扁豆洗净沥干，放入锅中煮熟，放入砂仁，搅拌后加盐即可。

③功效：具有健脾化湿、和中止呕、消暑祛湿的功效。适宜夏季感冒、急性胃肠炎、暑热头痛头昏、恶心烦躁、口渴欲饮、不欲饮食者服用。

### （六）湿热质

1. 概念

湿热质是以湿热内蕴为主要特征的体质状态。

2. 表现特征

形体偏胖。平素面垢油光，易生痤疮粉刺，舌质偏红苔黄腻，容易口苦口干、身重困倦、心烦懈怠、眼筋红赤、大便燥结或黏滞，小便短赤，男性易阴囊潮湿，女性易带下增多，脉象多见滑数。

3. 性格特点

性格多急躁易怒。

4. 患病倾向

易患疮疖、黄疸、火热等病证。对外界环境适应能力较差，在湿环境或气温偏高时，尤其夏末秋初，湿热交蒸气候较难适应。

5. 形成原因

先天禀赋，或久居湿地、善食肥甘，或长期饮酒，火热内蕴，均可形成湿热质。

6. 食养要点

（1）以清热化湿为主。

（2）饮食清淡，容易消化。

（3）慎食肥甘厚味，如肥肉、油炸、糖果等，避免黏滞之品如汤圆、年糕、米饭等。

7. 食物选择

绿豆、赤小豆、马齿苋、苦瓜、蓟菜、豆腐、豌豆、茄子、荞麦、荸荠等。

8. 食养方剂

（1）绿豆苋菜枸杞粥。

①组成：大米100 g，绿豆40 g，苋菜50 g，枸杞5 g，冰糖10 g。

②制作：

a. 大米、绿豆均泡发洗净；苋菜洗净，切碎；枸杞洗净备用。

b. 锅置火上，倒入清水，放入大米、绿豆、枸杞煮至米粒绽开。

c. 待煮至浓稠状时，加入苋菜、冰糖稍煮即可。

③功效：绿豆可清热解毒、利尿通淋，苋菜可清热利湿、凉血止血，本品对尿频、尿急、尿痛等尿路感染及湿热下注引起的阴道炎、阴道瘙痒、赤白带下等均有较好的食疗作用。

(2) 土茯苓绿豆老鸭汤。

①组成：土茯苓 50 g，绿豆 200 g，陈皮 3 g，老鸭 500 g，盐少许。

②制作：

a. 老鸭洗净，斩件备用。土茯苓、绿豆洗净备用。

b. 瓦煲内加适量清水，大火烧开，放入土茯苓、绿豆、陈皮和老鸭，改小火煲约 2 小时，加盐调味即可。

③功效：具有清热排毒、利湿通淋、通利关节、解毒的功效。适宜水湿内困、水肿尿少、眩晕心悸、大便湿热、失眠多梦者食用。

(七) 气郁质

1. 概念

气郁质是由于长期情志不畅、气机郁滞而形成的以性格内向、不稳定、忧郁、敏感多疑为主要表现的体质状态。

2. 表现特征

形体瘦者为多。性格内向不稳定、忧郁脆弱、敏感多疑，对精神刺激适应能力差，或胸胁胀满，或走窜疼痛，或嗳气呃逆，或喉间有异物感，或乳房胀痛，睡眠较差，食欲减退，惊悸怔忡，健忘，痰多，大便多干，小便正常，舌淡红，苔薄白，脉象弦细。

3. 患病倾向

易患郁症、脏燥、百合病、不寐、梅核气、惊恐等病证。对外界环境适应能力较差，不喜欢阴雨天气。对精神刺激适应能力较差。

4. 形成原因

先天遗传，或因精神刺激，突然受惊恐，所欲不遂，忧郁思虑等，均可形成气郁质。

5. 食养要点

(1) 以疏肝理气，调理脾胃为主。

(2) 慎食辛辣等燥热之品，如葱、姜、蒜、辣椒等，以免生热。

6. 食物选择

橘皮、韭菜、佛手、刀豆、玫瑰花等。

7. 食养方剂

(1) 山楂陈皮菊花汤。

①组成：山楂10 g，陈皮10 g，菊花5 g，冰糖15 g。

②制作：

a. 山楂、陈皮盛入锅中，加400 mL水以大火煮开。

b. 转小火煮15分钟，加入冰糖、菊花后熄火，焖片刻即可。

③功效：具有消食化积、行气解郁、健脾开胃的功效。适宜高脂血症、胸膈痞满、血瘀闭经、肥胖、坏血病、脂肪肝患者及消化不良者等饮用。孕妇多食山楂，会引发流产，故不宜食用。

（2）玫瑰枸杞子羹。

①组成：玫瑰花15 g，醪糟适量、枸杞子、葡萄干、杏脯、白糖各10 g，玫瑰露酒50 mL，醋少许，淀粉20 g。

②制作：

a. 玫瑰花洗净，切丝；枸杞子、葡萄干均洗净。

b. 锅中加水烧开，放入玫瑰露酒、白糖、醋、醪糟、枸杞子、杏脯、葡萄干煮开。

c. 用淀粉勾芡，散上玫瑰花丝即成。

③功效：适宜爱美女士，面色暗黄或苍白者，面生色斑者，痛经、月经不调、经前乳房胀痛者，抑郁症患者，贫血者食用。内火旺盛者慎食。

### （八）血瘀质

1. 概念

血瘀质是指体内有血液运行不畅的潜在倾向或瘀血内阻的病理基础，并表现出一系列的外在征象的体质状态。

2. 表现特征

形体瘦人居多。平素面色晦暗，皮肤偏暗或色素沉着，容易出现瘀斑、易疼痛，口唇暗淡或紫，舌质暗有点、片状瘀斑，舌下静脉曲张，脉象细涩或结代。或眼眶暗黑，鼻部暗滞，发易脱落，肌肤干，女性多见痛经、闭经，或经血中多凝血块，或经色有块、崩漏，或有出血倾向、吐血。

3. 性格特点

性格比较急躁，容易烦心、健忘。

4. 患病倾向

容易患出血、症瘕、中风、胸痹等病。对外界环境适应能力较差，不耐受风邪、寒邪。

5. 形成原因

先天遗传，或后天损伤，郁气滞，久病入络。

6. 食养要点

(1) 适当活血化瘀，辅以疏肝理气。中医认为气为血帅，气行则血行。

(2) 慎食生冷寒凉之品，中医认为血遇寒则凝，容易引起血脉流通不畅。

7. 食物选择

山楂、茄子、酒、醋、黑木耳等。

8. 食养方剂

(1) 三七薤白鸡肉汤。

①组成：鸡肉 350 g，杞子 20 g，三七、薤白、红枣各少许，盐 5 g。

②制作：

a. 鸡清洗干净，斩件，汆水；三七洗净，切片；薤白切碎。

b. 将鸡肉、三七、薤白、枸杞子、红枣放入锅中，加适量清水，用小火慢煲约 2 小时后加入盐即可。

③功效：具有活血化瘀、散结止痛、理气宽胸、通阳散结的功效。适宜胸脘痞闷、咳喘痰多、脘腹疼痛、心胸刺痛患者。阴虚发热患者不宜多食。

(2) 二草红豆汤。

①组成：红豆 200 g，益母草 15 g，白花蛇舌草 15 g，红糖适量。

②制作：

a. 红豆洗净，以水浸泡；益母草、白花蛇舌草洗净煎汁。

b. 加入红豆以小火继续煮约 1 小时，至红豆熟烂后加红糖调味即可食用。

③功效：具有凉血解毒、活血化瘀、调经止痛的功效。适宜妇女月经不调、胎漏难产、胞衣不下、产后血晕、瘀血腹痛、崩中漏下、尿血、便血者。阴虚而无湿热、小便清长者忌食。

## (九) 特禀质

1. 概念

特禀质表现为一种特异性体质。

2. 表现特征

无特殊，或有畸形，或有先天性生理缺陷。

3. 性格特点

比较敏感。

4. 患病倾向

过敏体质者易药物过敏，易患花粉症；遗传疾病如血友病、先天愚型及中医"五迟""五软""解颅"等；胎传疾病如胎寒、胎热、胎惊、胎肥、胎痫、胎弱等。对外界环境适应能力差，尤其对季节调适能力差，易引发宿疾。

5. 形成原因

先天因素、遗传因素，或环境因素、药物因素等，是形成特异质的主要原因。

6. 食养要点

（1）饮食清淡，容易消化。

（2）慎食辛辣、腥膻、发物，少食或避免容易引起过敏的食物。

7. 食养方剂

（1）冬瓜肉丸汤。

①组成：猪肉400 g，冬瓜200 g，盐、淀粉各适量。

②制作：

a. 冬瓜洗净切块；猪肉洗净，剁成肉末，加入淀粉拌匀，捏成肉丸子。

b. 炒锅倒水加热，下入冬瓜焯水沥干。冬瓜和肉丸子一同放入电饭煲中，加水调至煲汤模式，煮好后加盐调味即可食用。

③功效：此汤具有滋养脏腑、补益虚损、利尿消肿的功效，适合老年人、儿童食用。

（2）鲜人参炖乌鸡。

①组成：鲜人参2根，乌鸡650 g，猪瘦肉200 g，生姜2片，味精、盐、鸡汁适量。

②制作：

a. 将乌鸡去内脏，洗净；猪瘦肉切件。

b. 把所有肉料氽去血污后，加入其他原材料，后装入盅内，移到锅中隔水炖约4小时，调味即可。

③功效：具有益气固表、强壮身体的功效。适宜劳伤虚损、食少、倦怠、反胃吐食、大便滑泄、虚咳喘促、惊悸、健忘、眩晕头痛等患者。实热证而正气不虚者忌食。

## 第四节 不同人群的特点及其药膳汤品选择

### 一、女性食养

女性有别于男性，生理上有月经、妊娠、分娩、哺乳等特点，所以在病理上会发生经、带、胎、产等特有的疾病。正如唐代医学家孙思邈在《千金要方·妇人方》中说："妇人之别有方者，以其胎妊、生产、崩伤之异故也。"治病如此，饮食保健也应照顾其特殊性，有针对性地配膳。

（一）月经期

月经是女子发育成熟的重要标志之一，也是具有生育能力的基础。妇女以血为用，月的主要成分是血，血由脏腑所化生。气为血之帅，血赖气之推动以周流全身；气行则血行，气滞则血滞。血为气之母，血和气互相资生，互相依存。在月经产生的机制中，血是月经的物质基础，气是运行血脉的动力，气血调和，则月经如常。

妇女在月经期间，经血流失，抵抗力下降，邪气容易入侵。同时气血失调，情绪易于动，如果调摄不当有可能引起疾病。所以在月经期间，需要注意饮食的调护。

1. 食养要点

（1）饮食清淡，富于营养。

（2）避免生冷寒凉之物。月经期应避免生冷寒凉食品，如冷饮、冷饭、生食，阳虚体质者更应注意。中医认为遇寒则凝滞，血脉不流畅可引起月经不调、痛经等疾病。

（3）避免辛辣燥热之品。月经期不宜食用辛辣香燥之品，如辣椒、芥末等。辛辣助热，致血分蕴热，热迫血行，致月经量增多。阴虚、湿热体质者尤应慎食。

2. 食养方剂

（1）双红南瓜汤。

①组成：南瓜 500 g，红枣 10 枚，红糖适量。

②制作：

a. 南瓜削去表皮，挖去瓤，洗净，切成小滚刀块儿。

b. 红枣洗净，去核，与南瓜一起放入汤煲中，加水用小火熬至南瓜熟烂，加入红糖，再煮几分钟即可。

③功效：南瓜具有补中益气的功效，女性经期服用，还可补血、防止痛经。红枣能补脾和胃、益气生津、滋阴养血。红糖含有微量元素和多种矿物质，有暖胃、补血、活血、散寒的作用。这道汤香浓可口，经常食用，可使脸色红润，皮肤更有弹性。

（2）归芪鸡汤。

①组成：当归5 g，黄芪10 g，鸡腿1只，盐适量。

②制作：

a. 将鸡腿洗净，剁成块，放入汤煲中，加适量清水，大火煮开。

b. 放入黄芪，和鸡腿一起炖至七成熟后放入当归，煮5分钟，加盐调味即可食用。

③功效：当归可以补血，黄芪可以补气，两者合用可以让女性气血通顺、月经调和，可促进乳腺分泌健全，达到丰胸的目的。身体虚弱的女性及病后体虚者食用，对恢复体力、强壮身体也大有助益。

（3）枸杞子红枣乌鸡汤。

①组成：乌鸡1只，枸杞子15 g，红枣10枚，生姜2片，盐适量。

②制作：

a. 将乌鸡处理干净，放入沸水中焯约2分钟，沥干。

b. 枸杞子用温水浸透，洗净沥干；红枣洗净去核。

c. 锅内加入清水，先用大火烧开，然后放入以上食材，等水煮开，改用中火煲约2小时，加盐调味即可。

③功效：女人以血为养，气血充盈，人会面色红润，头发亮泽。乌鸡是温中益气、延缓老之物，最宜女性补气养血之用；红枣也是补血益气的佳品，一起炖汤食用，可以调月经、改善缺铁性贫血，使身体气血充足。

（4）补血当归鲫鱼汤。

①组成：鲫鱼1条，当归、黄芪各10 g，枸杞子15 g，料酒、姜、盐各量。

②制作：

a. 鲫鱼洗净拭干水，在鱼背处横切一刀，将少许盐均匀地抹在鱼身上，腌渍约15分钟。

b. 当归洗净切成片，姜切成丝，枸杞子和黄芪洗净沥干水。

c. 砂锅中加4碗清水，放入当归、黄芪、枸杞子，大火煮沸，改小火煮约25分钟。

d. 往鱼腹中塞入少许姜丝，将鲫鱼放入锅内，倒入煮好的当归汤，加1

汤匙料酒，大火煮沸后改小火煮约10分钟，最后加适量盐调味即可。

③功效：鲫鱼汤能活血通络、温中下气，对于痛经、体虚的女性来讲，喝这道当归鲫鱼汤是非常合适的。中老年人、术后体虚者及产妇也宜常食。

**【汤养案例——痛经】**

很多女性经常出现痛经，轻者伴随腰部酸痛，不影响正常的工作和生活，严重者小腹疼痛难忍，坐卧不宁，严重影响工作学习和日常生活，必须卧床休息。中医认为，气血失调、气机不畅、血行受损的女性容易痛经。因此，治疗痛经的根本，就是要调理气血、温经散寒，气血通畅了，痛经自然就好了。这也应了中医里讲的"痛则不通，通则不痛"。

生活中有很多具有温通气血作用的食物，如山楂、红枣、红糖、当归等。只要食用得当，对缓解痛经、改善气色是很有帮助的。

(1) 山楂红枣汤。

①组成：山楂5颗，生姜4片，红枣6枚，红糖适量。

②制作：

a. 红枣、山楂洗净，去核，从中间切开。

b. 锅中放入500 mL的水，放入红、山楂、姜片，中火煮沸后改小火煮10分钟。

c. 放入红糖搅匀，盛入碗中趁热服用。

③功效：山楂消食健胃、活血化瘀、收敛止痢；生姜温经散寒；红枣补中益气，养血安神；红糖益气补血、健脾暖胃、缓中止痛。此汤对血瘀型痛经有效。血瘀型痛经常表现为行经第1~2天或经前1~2天发生小腹疼痛，且经血色暗，伴有血块，待经血排出流畅时，疼痛逐渐减轻或消失。血瘀型痛经者，可于经前3~5天开始服用山楂红枣汤，早晚各1次，直至经后3天停止服用，此为1个疗程，连服3个疗程即可见效。

(2) 红糖姜汤。

①组成：红糖30克，生姜10克，红枣5枚。

②制作：

a. 红枣洗净备用，生姜洗净切丝。

b. 锅中加适量水，放入红枣和红糖，用勺子搅拌几下，防止红糖粘锅。

c. 盖上盖子，煮约20分钟，放入姜丝再煮约5分钟，趁热服用。

③功效：红糖姜汤对寒湿凝滞型痛经有效，这种痛经表现为经前或经期小腹冷痛，得热症状减轻，经量少，色紫黑，夹有血块，四肢发冷，面色发白等。需要注意的是，因红糖可以活血化瘀，所以经期不宜多喝，喝多了会增加血量。经量少者，可以在经期适当喝一些。

(3）当归生姜羊肉汤。

①组成：当归9克，生姜15克，羊肉200克。

②制作：

a. 当归用水洗净，沥干备用；姜洗净，切片；羊肉切片，焯一下水。

b. 砂锅中加适量水，放入羊肉、当归和姜片，盖上盖子用中火煮开后改小火慢炖。

c. 羊肉炖至熟烂后，去当归、姜，食肉饮汤。

③功效：当归生姜羊肉汤出自《金匮要略》，适用于气血亏损痛经者，这种痛经表现为经期腹中冷痛或产后虚寒腹痛，按之痛减，心慌气短，月经量少，精神疲乏。气血亏损痛经者，可每日食用1次，行经前服用5~7天，月经期间最好不服用，因当归有活血作用，会使经血过多。

（4）当归鸡蛋汤。

①组成：鸡蛋1只，当归9克。

②制作：

a. 鸡蛋放入锅中，加冷水没过鸡蛋，放少量盐搅匀，水烧开后小火煮约10分钟。（加入盐可以防止鸡蛋破裂时蛋清流出，盐可以使蛋白质凝固）

b. 将鸡蛋捞出，用冷水浸泡一下，去掉鸡蛋壳，用牙签或者针在鸡蛋表面刺一些小孔。

c. 将当归放入砂锅中，加入3碗水，放入去壳的鸡蛋，大火煮开，小火炖煮约15分钟，吃鸡蛋喝汤。

③功效：当归鸡蛋汤可补血活血、调经止痛，适用于气滞血瘀型闭经。每日服2次，吃蛋，饮汤。不管是否患有痛经，经期对于女性来说都是特殊时期，不要吃冷饮和刺激性食物，不要饮酒或咖啡。同时注意补充营养，多吃蛋类、豆类、坚果、绿叶蔬菜等食物。此外，便秘会诱发痛经并增加疼痛感，因此经常痛经的女性，无论在经前还是经后，都应保持大便通畅。

（二）妊娠期

妊娠以后，由于胎儿生长发育的需要，母体发生了一系列适应性的变化，临床上有其特殊的生理现象。妊娠早期常可见头晕、厌食、择食、嗜酸、倦怠思睡、晨起口淡欲吐等症状。妊娠以后，由于生理上的特殊情况，更应注意卫生，以保障孕妇的健康和胎儿的正常发育。因此要做好胎儿期的保健，指导孕期卫生。

妊娠实际上是胎儿在母体内生长发育的过程。胎儿完全依赖母体气血生长。俗话说"孕妇一个人要吃两个人的饭"，就是说孕妇吃饭不仅是为了保证自身的健康，更重要的是为胎儿的生长发育提供丰富的营养。胎儿在母体内发育，全靠孕妇气血的滋养，而孕妇气血的盈亏又与合理的饮食营养密切相关，如孕妇在饮食中得不到足够的营养，不但使孕妇本身健康受影响，而且会影响胎儿的生长发育。轻者胎儿发育不良、体重不足，出生后抵抗力较低，容易患病；重者胎儿发育停滞，出现流产、早产、死胎或胎儿畸形。因此，孕妇的饮食保健对胎儿的优生、优育有着重要意义。

1. 食养要点

（1）饮食全面：怀孕期间膳食应丰富全面。我国古代医学经典著作《黄帝内经》中提出："五谷为养，五果为助，五畜为益，五菜为充，气味合而服之，以补精益气。"的饮食原则，即以粮食作为主体，以滋养人体，以水果作为辅助，以畜肉作为补益，以蔬菜作为补充。这样配置的膳食全面，可以提供人体所需要的各类营养素，对于补益人体、促进健康是大有裨益的。正常人如此，孕妇更应如此。

（2）饥饱适中：孕妇饮食，不但要求质量，在数量上也有一定要求，即"无大饥"，"无甚饱"，饥饱适中，以免损伤脾胃。饮食不足会造成妇气虚血亏，胎儿发育不良和先天不足；而进食过多，则孕妇肥胖，胎儿过大，不仅分娩困难，还可出现其他并发症。因此要控制孕妇自身体重的增长，一般孕期前3个月体重增加750～1 500 g，以后每周增加400 g，整个孕期体重增加10～12.5 kg。

（3）饮食禁忌：

①不宜过食生冷：孕妇过食生冷会损伤脾胃阳气，使寒气内生，导致腹痛、腹泻等症。

②不宜过食肥甘：孕妇过食甜腻厚味，可助湿生痰化热，致使胎儿肥大、难产。

③不宜过食辛辣：若偏食辛，则易导致孕妇肠热，大便干燥，甚则痔疮下血，胎儿热毒内生，出生后易目赤、大便干燥。

④忌抽烟喝酒：酒后受孕易使胎儿致畸，已为大家所共知。孕妇酗酒可使胎儿发育不良、智力低下，甚至造成严重畸形。孕妇吸烟容易造成流产、早产和死胎。与不吸烟孕妇比较，其胎儿死亡率明显增加。故应禁烟。

⑤妊娠期间，凡泻下、滑利、祛痰、活血、散气的食物，都应慎用。

2. 食养方法

（1）妊娠早期。孕妇在妊娠期间，由于生理上的特殊改变，会出现这样或那样的不适，半数以上孕妇在妊娠早期有恶心、呕吐、厌食、偏食等反应，这是正常的生理现象，可以通过饮食调养来缓解呕吐症状。

食养方法：常选用鲜柠檬、甘蔗、青橄榄、猕猴桃、苹果等切碎、捣烂、榨汁，加入少许白糖，代茶饮用。这些果品既能生津和胃、增进食欲，又能降逆止呕，是孕妇食养佳品。生姜为止呕圣药，饮用时兑少许生姜汁，止呕效果更好；或将生姜切碎加入米粥中食用，可温中和胃，降逆止呕，为养人之佳品。

孕期前3个月，胎儿各个系统器官逐步分化完成，孕妇要注意补充适量的蛋白质，如瘦肉、鱼、家禽、乳、蛋、豆类及其制品等，这对胎儿各系统器官的形成及大脑的发育很重要。

（2）妊娠中期。孕期4~7个月，胎儿生长发育加快，对各种营养的需求也随之增多，应该吃一些蛋白质、脂肪和碳水化合物的食物，饮食多样化。此外，胎儿骨骼的发育需要各种矿物质（无机盐），特别需要含大量钙、磷的食物。如果食物中这些精微物质供给不足，精血虚衰，筋骨失养，孕妇容易发生腰疼痛、小腿抽筋、牙齿脱落，胎儿也容易患先天性软骨病。因此，应该多吃些含钙丰富的食物，如豆腐、海产类食物、绿叶蔬菜等。铁元素对孕妇和儿也非常重要，如果食物中铁的供给不足，孕妇就会发生贫血，胎儿的发育也会受影响。随着胎儿的生长，铁的需要量也增加，因此孕妇应该多吃些肝脏、动物血、蛋黄等，这些食物含铁较多。另外，孕妇还需要多种维生素，注意从各种瓜果、蔬菜、杂粮中摄取。

怀孕中期的饮食，应避免吃不易消化、容易产生胀气的食物，如荞麦面、高粱米、白薯等。妊娠中期，随着子宫的逐渐增大，孕妇会感到腰胯、四肢酸楚疼痛，可常饮刀豆、猪腰、鸡蛋、骨头汤，强身壮骨、缓解疼痛。

孕妇便秘是常见症状，引起便秘的原因很多，为了保持大便通畅，除了养成每天定时排便的习惯，还应注意膳食调养，多吃蔬菜和水果，如菠菜、芹菜、胡萝卜、香蕉、核桃仁等，也可经常饮用蜂蜜水，既有补中益气之功，又可润肠通便。

（3）妊娠后期。妊娠7个月后胎儿生长最快。因此，在此期间要给予孕妇多种食物，以提供各类营养成分。但是也要适当控制高热量食物的摄入，少食含糖和脂肪高的食物，避免胎儿生长过大而造难产。

妊娠后期，常见下肢水肿，为了预防和减轻水肿，饮食注意低盐，可常食鲤鱼汤，或用各种豆类（黄豆、黑豆、红小豆）煮汤；或与白鸡、青雄鸭同煮食用，皆能起到补气血、利水消肿的作用。如果从妊娠开始就注意饮食调养，就有可能避免或减轻上述各种反应和症状，保护好胎儿，使胎儿在母体内健康发育成长。

3. 食养方剂

（1）火腿冬瓜汤。

①组成：冬瓜500 g，火腿50 g，植物油、葱花、盐各适量。

②制作:

a. 先把火腿放到蒸锅里蒸熟,待其凉了后切成薄片;把冬瓜去皮,去瓤,切成小块。

b. 在锅中加入一定量的清水,用大火煮开,然后加入火腿、冬瓜一起煮,直至火腿肉烂。

c. 将汤上面的一层白色泡沫去掉,加入葱花、盐调味即可。

③功效:火腿冬瓜汤味道偏清淡,可以开胃,还能消除水肿,对预防妊娠期高血压也有帮助。

(2) 黄豆排骨汤。

①组成:猪排骨500 g,黄豆50 g,生姜3片,盐适量。

②制作:

a. 将黄豆浸泡1个小时后捞出来,洗净备用。

b. 把排骨放到沸水中煮去血水。

c. 将黄豆、猪排骨、姜片同适量清水一起炖约2小时,加盐调味,再煮约2分钟即可。

③功效:黄豆排骨汤含有丰富的植物性蛋白质和钙质,很适合孕妇饮用。需要注意的是,此汤需要一次把水加足,不要中间再加水,否则对口感影响很大。

(3) 山药鸽子汤。

①组成:鸽子1只,山药300 g,黑木耳10 g,鹌鹑蛋5个,红枣10枚,枸杞子20粒,盐适量。

②制作:

a. 把鸽子处理干净,放到沸水中煮去血水后捞出。

b. 山药去皮,把黑木耳泡发后洗干净,鹌蛋煮熟去壳。

c. 将鸽子肉、红枣放入锅中,小火炖1个小时,再放入山药、木耳、鹌鹑蛋、枸杞子继续炖20分钟,加盐调味即可。

③功效:鸽子的营养很丰富,民间就有"一鸽顶九鸡"的谚语。中医认为,鸽子汤有补肝壮肾、益气补血等功效。山药也是益气佳品,与鸽子同煮,更增加了补血益气的效果。

(4) 萝卜羊排汤。

①组成:羊排骨500 g,白萝卜1棵,姜3片,葱花、盐各适量。

②制作:

a. 将羊排骨用水煮开,去掉浮沫。

b. 白萝卜洗净,去皮,切成厚片下锅,与羊排骨、姜片一起用小火炖约1.5小时,加入盐调味,略煮几分钟,出锅后撒上葱花调味即可。

③功效：萝卜羊肉汤味道鲜美，不仅可以暖胃，还能增强食欲，孕妇胃口好，当然对胎儿发育有利。

注意：孕妇在饮食方面除了要注重营养均衡外，还要防止食物过敏，若食用虾、贝肉等食物，必须熟透，如果有过敏反应要立即停食，并及时就医。

### （三）哺乳期

产妇经历了妊娠期的辛苦和分娩的紧张后，气血耗损很大，身体比较虚弱，产妇多表现血亏虚，或瘀血内停等征象。另外，产妇还要以乳汁喂养婴儿，所以应加强营养。

分娩后的乳母，可多用鸡、鸭、鱼、牛肉、猪蹄等食物炖汤喝，既补充营养，又促进乳汁分泌。避免生食寒冷或辛辣之物。但也不要禁忌太多，以免影响母亲及乳儿的营养供给。

1. 食养要点

（1）营养丰富。产妇食养要求食物多样、营养丰富、容易消化。适当进补，尤以滋阴养血为主，如进谷类、畜肉、禽肉和蛋乳类食品。

（2）多吃催乳食物。为了有足够的奶水喂养要婴儿，应多吃一些促进乳汁分泌的食物。产后 1~2 天，消化力较弱，应吃流质或半流质饮食，如牛奶、豆浆、藕粉、米粥、挂面、馄饨等，随着消化功能的恢复，逐渐过渡到正常饮食。哺乳期可以多吃牛肉汤、羊肉汤、排骨汤、鸡汤、豆腐汤、猪肝汤、猪蹄汤、鲫鱼汤等，有促进乳汁分泌的作用。另外，经常食用花生粥、赤小豆粥、黑芝麻粥，可起到益气、养血、利水通乳的功效。

哺乳期内，产妇乳汁甚少，或全无，中医称为"缺乳"（也称为"乳汁不行"或"乳汁不足"）。本病的产生主要是气血虚弱、化源不足或肝郁气滞，乳汁不行所致，需要去正规医院诊治。

产后乳汁是否充足，与脾胃气血是否健旺有直接的关系。缺乳者，一般应以补气血，健脾胃为主，使来源充沛，乳汁丰盛，保证喂养婴儿的需要，使之健康成长。

（3）忌食辛辣、生冷食物，戒烟酒。孕期母体处于特殊生理时期，脏腑经络之血注于冲任经脉，以养胎元。其间应避免食用辛辣、腥膻之品，以免耗伤阴血而影响胎儿。如有妊娠呕吐，则应避免进食油之品。由于分娩时耗气失血，以致阴血亏虚，营卫不固，故产后最易受病，此期的饮食调摄尤为重要。

2. 食养方剂

（1）冬瓜鲫鱼汤。

①组成：鲫鱼2条，冬瓜300 g，葱、姜、盐各少许。

②制作：

a. 将鲫鱼清洗干净，冬瓜去皮切小片。

b. 鲫鱼下入冷水锅中，大火烧开，加葱、姜，改小火慢炖。

c. 当汤汁呈奶白色时下入冬瓜片，加盐调味，煮约5分钟即可。

③功效：产后奶水不足一般有两种情况：一是怀孕时五谷杂粮吃得过少，营养品吃得过多，导致气虚血亏；二是现代女性因为各种原因而容易肝气郁滞。前面一种情况需要调整饮食结构，主食的量不可少。后一种情况需要调畅情志。鲫鱼汤是补气血、通乳汁的传统方，冬瓜利水，二者同食，增加了通乳汁的功效。需要注意的是，孕妇喝汤切忌盐放得太多。这道汤里的鱼肉也很好吃，是很好的蛋白质来源，不能只喝汤不吃鱼肉。

（2）红豆薏仁黑米汤。

①组成：黑糯米、薏米、红豆各适量。

②制作：

a. 将红豆、黑糯米、薏米洗净后，用水浸泡4~8小时。

b. 将黑糯米、薏米、红豆放入锅内，加适量冷水，大火煮沸，转小火煮至熟透即可。

③功效：红豆被李时珍称为"心之谷"，可生津液、利小便、消肿、止吐、通乳。薏米有利水消肿、健脾祛湿等功效，是常用的利水渗湿药。常食薏米还能使皮肤光泽细腻，对痤疮、皲裂、皮肤粗糙等有良好疗效。

黑糯米开胃益中、健脾暖肝、明目活血，对妇女产后虚弱、病后体虚以及贫血等都有很好的补养作用。产后妇女身体虚弱，用这三种食材同煮，能起到很好的补血养血作用。

（3）鸡血藤红糖鸡蛋汤。

①组成：鸡血藤30 g，鸡蛋2个，红糖适量。

②制作：将鸡蛋、鸡血藤洗净，放入锅中，加适量清水，煮至蛋熟后捞出去壳，放回锅中，再煮约5分钟，加入红糖溶化即可。

③功效：虽然鸡血藤味道比较苦，但却是养血调经、活血舒筋的良药，特别适合女性；红糖可以活血化瘀。这款鸡血藤红糖鸡蛋汤能够帮助产妇改善产后瘀血和产后疼痛的症状。

（4）木瓜花生红枣汤。

①组成：木瓜1个，花生100 g，红枣5枚，红糖适量。

②制作：

a. 木瓜去皮去核切块；花生、红枣洗净，红枣去核。

b. 将木瓜、花生、红枣和适量清水放入汤煲内，加入红糖，待水煮沸后改用小火煲约 2 小时即可。

③功效：中医认为，木瓜味甘性平，可以滋补产妇身体，还有催乳的功效。不少女性在生完宝宝之后有奶水不足的问题，尤其是剖腹产。其实这道木瓜花生红枣汤有增加乳汁的效果。如果不喜欢总喝一种汤，可以把木瓜与猪蹄、红糖、红枣等分别搭配煲汤效果也都不错。

（5）木瓜鱼尾汤。

①组成：木瓜 1 个，鲩鱼尾 2 条，生姜 3 片，盐适量。

②制作：

a. 木瓜去核，去皮，切块。

b. 起油锅，放入姜片，下鲩鱼尾，煎至两面金黄出香味。

c. 将木瓜与已煎香的鲩鱼尾一同放入锅内，加足量开水，用小火煲约 1 小时，加盐调味即可。

③功效：女性产后体虚力弱，如果调理不当，很难有食欲，乳汁也会不足，最终导致母乳喂养失败。因为鲩鱼尾能补脾益气，配以木瓜煲汤，则有通乳健脾益气的功效，最适合产后女性饮用。

注意：传统上，为了让产妇有充足的母乳，家属往往从孩子出生就开始给产妇喝各种催乳汤。其实刚刚出生的小宝宝胃容量小，吸吮力差，吃得也少，如果奶水过多则不能完全排出，会淤滞在乳腺导管中，导致乳房胀痛。一般情况下，只要下奶正常，并能满足小宝宝进食的需要，分娩一个星期后再开始喝汤催乳就可以。

（四）更年期

更年期是女性生理机能从成熟到衰退的一个时期，具体表现在绝经前后的一段时间。在更年期，妇女除月经紊乱直至闭经外，还常出现一系列症状，如头晕耳鸣、失眠多梦、烘热汗出、急躁易怒等一系列症状，称为更年期综合征。这些症状轻重不一，出现时间长短不一，其主要是肾气渐衰，冲任虚损所致。轻重因人而异。在此时期应消除紧张情绪，保持心情舒畅，并要慎起居、节饮食，注意调理脾胃，补养后天。

1. 食养要点

（1）注意补钙。更年期妇女激素分泌水平下降，如果不注意及时补充，骨中钙减少，易患骨质疏松症，出现腰酸腿软、弯腰驼背、容易骨折等症状。可选用含钙比较丰富的食物，如牛奶、豆制品、虾皮等。

（2）饮食容易消化。更年期的妇女消化能力有所减弱，应注意调配好饮食，饮食营养丰富，易于消化。

（3）饮食禁忌。慎食一切辛辣耗散之品。

2. 食养方剂

（1）甘麦红枣汤。

①组成：炙甘草12 g，淮小麦18 g，去核红枣9枚。

②制作：

a. 小麦洗净，漂去浮末。

b. 将甘草、小麦、红枣一起放入锅内加水煮沸即可饮用。

③功效：这道汤源自张仲景的《金匮要略·妇人杂症脉证并治》之"甘麦大枣汤"。小麦可"养心气"，甘草可泻心火，红枣可补脾益气，三药共用有养心安神、滋阴养脏之功，主治更年期综合征。

中医讲究对症下药，此汤可以因人而异，灵活加减。如心烦严重者加麦冬12 g、鲜竹叶芯30条、丹参12 g，心悸怔忡严重者加丹参12 g、茯神15 g、党参25 g，或者用汤药送服中成药归脾丸；易怒烦热者加香附12 g、川楝子15 g。

（2）玄地乌鸡汤。

①组成：玄参9 g，生地黄15 g，乌鸡1只，葱3段，盐适量。

②制作：

a. 乌鸡处理干净，去头、爪及内脏。

b. 将玄参、生地黄放在鸡腹中缝合，加水，放入葱段，大火煮沸后改小火炖1.5小时，加盐调味即可。

③功效：玄参乌鸡汤可补血滋阴、补肾平肝，对于更年期肾气阴不足之头晕目眩有很好的调养效果。

（3）菊花百合汤。

①组成：白菊花10朵，干百合15 g（鲜品加倍），白糖适量。

②制作：

a. 白菊花冲洗一下备用。

b. 干百合先泡胀，然后与白菊花加水同煮，待百合软烂，加适量白糖饮用。

③功效：这道汤可养心安神、平肝潜阳，适用于更年期阳亢，症见心神不安者。

（4）甘麦莲枣汤。

①组成：甘草6 g，淮小麦15 g，麦冬10 g，莲子30 g，红枣10枚。

②制作：

a. 将甘草、淮小麦、麦冬三味药先煎汁去渣。

b. 用药汁煮莲子、红枣服用。

　　③功效：甘麦莲枣汤可清心安神、养阴润燥，适用于更年期心烦气躁者。很多人都不愿过更年期，其实，更年期并不可怕，这也是人生的一个必经阶段，处于更年期的人，正是到了"知天命"之年，思想成熟，家庭、事业也已经稳定，只要正确看待更年期，以乐观的精神积极面对，就可以安然度过人生中这个重要的转折时期。

　　注意：有些更年期女性月经紊乱、经血量多、经期延长、周期缩短，可能导致贫血。对此，要注意补充营养，可适当多食用动物肝脏、瘦肉、鸡血、鸭血及新鲜蔬菜、水果等。红枣、红豆、桂圆、糯米等有健脾益气补血的作用，宜常食。

## 二、小儿食养

　　我国历代医家为中华民族的繁荣昌盛，在小儿保健、预防和医疗方面积累了极其丰富的临床经验和理论知识，对人类做出了卓越的贡献。孙思邈的《备急千金要方》把妇孺医方列于卷首，除临床治疗外，有不少保育护理方法，涉及小儿出生的拭口、洗浴、哺乳和衣着等方面的内容。王焘的《外台秘要》40卷，其中用于小儿疾病的防治的方剂有400首左右。明代的儿科世医万全著有《育婴家秘》《幼科发挥》《片玉心书》等。万全十分重视胎养、初生护养以及婴幼儿调养，对后世影响很大。

　　小儿是人一生中成长的重要时期。如果在这个时期能得到合理的饮食与充足的营养，可以为今后的体力和智力的发展打下良好的基础。

### （一）小儿不同时期的食养

　　为了使小儿健康成长，保证其正常的生长发育，喂养和保健工作是很重要的环节。年龄越小，则越需要得到细致和全面的照顾，下面分别介绍小儿各年龄阶段的饮食保健（因新生儿期和婴儿期的小儿以母乳为主，故食养内容不再介绍这两个时期的食养）。

　　1. 幼儿期

　　1~3周岁为幼儿期。幼儿的体格增长较前缓慢，各脏腑的功能也日趋完善，乳牙逐渐出齐，语言、动作和智力的发展迅速，对外界环境逐渐适应。此时正处在断奶之后，如喂养调护不当易损伤脾胃或营养不良；加之与外界接触增多，易感各种季节性疾病，因而须加强饮食调理，增强抗病能力。1岁左右的幼儿，咀嚼和消化力不强，不宜吃过硬的食物，同时还要注意膳食的营养质量，使幼儿尽快适应新的食品。

食养要点如下。

①饮食全面,预防营养不良。幼儿的肠胃消化力弱,部分牙齿尚未长齐,而幼儿又处在生长发育的快速期,需要营养较高。此时如果营养跟不上,喂养不当,易引起消化功能紊乱,造成营养不良、机体抵体力低下,影响幼儿的健康成长。这个时期也是小儿易发病的时期,临床上所见营养不良儿大多发生在 2~3 岁。饮食包括谷类、菜类、水果、奶蛋、肉类、鱼类等,有条件时每天仍应给半斤牛奶,或调好的豆代乳粉及豆浆。这种全面膳食,可以提供幼儿所需的营养物质。

②避免损伤脾胃。幼儿运化功能尚未健全,而生长发育所需水谷精气,却较成人更为迫切,故常为饮食所伤,出现积滞、呕吐、泄泻等证。《育要家秘》所说的小儿"脾常不足"。表现为幼儿脾胃功能较弱,饮食要求细软、碎烂,忌食粗糙、油腻食物。尽量为幼儿制作一些柔软的食品,如粥食、米面食品、汤等。忌辛辣、生冷之品。

③培养良好饮食习惯。对幼儿还要培养良好的饮食习惯,进餐定时定量,每日除三顿正餐外,可在下午加一次点心。不挑食、不偏食、少吃零食。

2. 儿童期

儿童期包括了儿童前期和儿童期两个阶段。4~7 周岁为幼童期,也称为学龄前期。7~14 周岁为儿童期,生长发育较前相对缓慢,这是身体、智力发育的旺盛时期,相应要补充足够的营养,以满足其身心发育的需要。这一时期儿童各脏腑生理功能日趋成熟,抗病能力逐渐增强,与外界环境接触更多,对周围事物好奇心大,常因不知危险而发生意外,因此要注意防止误食毒物、食物中毒和意外事故的发生,并继续加强合理的饮食营养。

(1)食养要点。

①食物要多样。食品要多样化,经常变换食物的种类和烹调方法,饭菜色彩调和,香气扑鼻,味道鲜美,不仅可以使大脑皮层兴奋,增进食欲,有利于食物的消化吸收,而且能充分利用各种食物营养价值上的特点,充分发挥互补作用。

②培养良好的饮食习惯。此期幼童各脏腑的生理功能、理解力日趋成熟,继续培养幼童的良好习惯,如一日三餐、定时定量、细嚼慢咽、饥饱适度等,并向幼童说明养成良好习惯的重要性;还要培养其刷牙的良好习惯,终身受益。

(2)食养方剂。

①莲子猪心汤。

a. 组成:猪心 1/3 个,莲子 20 g,红枣 5 枚,桂圆干 5 颗,大葱、姜、酱油、盐、香油、植物油各适量。

b. 制作：

将猪心洗净，除去血管内的积血，切成小块；莲子去芯；红枣、桂圆洗净备用。

锅里放植物油烧热，将葱、姜爆香，加油、盐及适量清水，放入猪心、莲子、桂圆肉、红枣，大火烧沸，小火煮至莲子酥软。出锅前淋入少许香油即可。

c. 功效：这道汤能益智安神，补血养心，不仅适合儿童，也很适合经常用脑者，对心神不宁、健忘、记忆力减退等也有一定的预防和缓解作用。

②冬瓜虾仁汤。

a. 组成：冬瓜 300 g，虾仁 200 g，葱花、料酒、盐各适量。

b. 制作：

冬瓜去皮，切片备用；虾去壳，去头尾，加上少许盐和料酒，入味。

将冬瓜放入砂锅中，加水煮约 10 分钟，倒入虾仁，待虾仁变红后调味，撒上葱花即可。

c. 功效：此汤可以为身体补充蛋白质，增强体质，也能缓解因脑力不足导致的头目眩等症。

③鳝鱼猪肝汤。

a. 组成：鳝鱼 1 条，猪肝 100 g，葱、姜、芫荽（香菜）、盐、胡椒粉、香油、淀粉各适量。

b. 制作：

将鳝鱼去头、内脏，洗净切段，用纱布袋装好并扎好口放进锅内，大火烧开，去浮沫，加入姜片、葱段、料酒，小火煮约 1 小时。（用纱布袋装是为了煲出来的汤清澈）

煮鳝鱼汤的同时处理猪肝：将新鲜的猪肝用流水冲掉血水，再切成薄薄的片，然后用水泡半小时，最后用干淀粉抓匀；葱、香菜切碎备用。

将煲好的鱼汤置入另一净锅内，加水烧开，放入猪肝打散，加盐、胡粉调匀，待猪肝变色后关火，撒上葱花、香菜，淋入几滴香油即可。

c. 功效：鳝鱼可以为大脑提供丰富的卵磷脂和 DHA，还含有维生素 A，对维护视力有好处。猪肝有养血明目的作用，有益肝脏健康。这道汤可补脑益智，作考前备战补养之用。

④木瓜黄豆猪脚汤。

a. 组成：木瓜 1 个，猪脚 1 只，黄豆 30 g，葱、姜、料酒各适量。

b. 制作：

猪脚放入冷水锅中，煮沸后捞出冲洗干净；木瓜去皮、去籽，切成块。

锅内放适量水煮沸，放入葱、姜、料酒，将黄豆和猪脚放进去炖煮约 2

小时。

加入木瓜块再炖半小时,加盐调味即可。

c. 功效:这道汤有健脾开胃、强身健体的功效。黄豆富含铁质,且易被人体吸收利用,对预防缺铁性贫血十分有益,黄豆也是很好的磷来源,磷对大脑神经十分有利,其优质蛋白质更是儿童成长不可或缺的重要营养素。木瓜富含碳水化合物、蛋白质、脂肪、多种维生素及人体必需的氨基酸,可有效增强机体的抗病能力。猪脚对于骨骼生长很有益处。

### 三、男性食养

中医认为,阳气为一身正气的根本,是人体物质代谢和生理功能的原动力,是人体生殖、生长、发育、衰老和死亡的决定因素,人的正常生命活动需要阳气支持,正如《黄帝内经》上说的:"得阳者生,失阳者亡。""阳气者,若天与日,失其所,则折寿而不彰。"由此可见,阳气越充足,身体越强壮。

男性属阳,故男性更要阳气充足。然而生活和工作上的过度操劳,给男性带来了很大的精神压力和体力消耗,且人的正常机体运转、工作、运动、情络动、适应气温变化、修复创伤等各项活动都是需要消耗阳气的。所以男性更需要注意补足阳气。

中医认为,肾为先天之本,蕴藏元阴元阳,故补阳的根本则在于补肾。因为"肾主藏精",人的肾气充盈时,人体的生长、发育、衰老才能循序渐进,符合自然规律;如果肾气不足,就会出现各种发育不良、生育能力下降、早衰的症状,如夜尿频多、头昏眼花、腰痛腿软、眼圈发黑、容易脱发等。这也是现代男性普遍表现出来的亚健康状态。

阳气的来源有二:一为先天性获得,来自父亲和母亲;二为后天性获得,主要由食物中吸收的水谷精气转化而来,这也是我们补养的关键,可选择一些具有补肾温阳功效的食物来补益阳气。

1. 食养要点

(1) 合理补益。男性饮食可以适当补益,但要注意不可盲目进补,特别是不能单纯盲目地温补肾阳,应当在补益脾肾的基础上适当合理温补阳气。

(2) 饮食有节。成年男子诸事繁杂,工作应酬较多,精神压力比较大,情绪紧张这些都会导致进食量增加,或者时常过饥过饱,这样会使肠胃受损进而影响身体健康,中医认为"脾胃为后天之本",养成良好的饮食习惯非常重要。

(3) 少饮酒。

2. 食养方剂

(1) 壮阳狗肉汤。

①组成：狗肉 250 g，菟丝子 10 g，生姜 5 片，葱 3 段，盐、料酒各适量。

②制作：

a. 将狗肉洗净、整块放入开水锅内氽透、捞出用凉水洗净血沫，切成小块。

b. 将狗肉放入锅内，同姜片同炒，加入料酒，然后将狗肉、姜片一起倒入砂锅内。

c. 将菟丝子用纱布袋装好扎紧，与葱一起放入砂锅内，加清水适量，用大火煮沸、小火炖约 1 小时，待肉熟烂。去除药包，加盐调味即可。

③功效：民间有"吃了狗肉暖烘烘，不用棉被可过冬"的说法。中医认为，狗肉能温补脾胃、补肾壮阳，对精神不振、阳气虚衰等症状均有改善作用，是男性补肾壮阳品，特别是冬天怕冷的人，更适合食用。

(2) 羊肾汤。

①组成：羊肾 1 对，猪骨汤 1 碗，猪脊髓 1 副，花椒 10 粒，葱白 2 根，胡椒末、姜末、芫荽（香菜）末、盐各适量。

②制作：

a. 把羊肾剖开，去筋膜，冲洗干净，切成薄片。

b. 在猪骨汤中加入花椒、胡椒末、盐、姜末、葱白，用小火煮沸。

c. 把猪脊髓切成 3～4 厘米长的段，放入砂锅中煮约 15 分钟投入羊肾片，用大火煮沸约 5 分钟，倒入碗内，撒上芫荽（香菜）末即成。

③功效：羊肾、猪骨汤、猪脊髓是很好的补肾食物，一起炖汤，补肾益精效果常好，对肾精不足所致的阳虚证等有效。此汤要热食用，肾阳虚的男性一周可食用 2～3 次，无虚症者每周食用 1 次即可。

(3) 复元汤。

①组成：淮山药 50 g，肉苁蓉 20 g，菟丝子 10 g，核桃仁 2 个，羊瘦肉 500 g，羊脊骨 1 具，粳米 60 g，葱白 3 根，生姜、花椒、料酒、胡椒粉、八角、盐各适量。

②制作：

a. 将羊脊骨剁成数段，用清水洗净备用。

b. 羊肉洗净后，氽去血水，洗净，切成小块备用。

c. 将淮山药、肉苁蓉、菟丝子、核桃仁用纱布袋装好扎紧；生姜拍碎，葱切段。

d. 将中药及食物一同放入砂锅内，加清水适量，大火煮沸去浮沫；再放入花椒、八角、料酒，用小火继续炖至肉烂，加胡椒粉、盐调味即可。

③功效：此汤具有温补肾阳的功效，因肾阳不足、肾精亏损引起的耳鸣眼花、腰膝无力、阳痿早泄等症者，可喝此汤来改善。身体健康的男性每周食用1次，也可起到补肾壮阳的效果。

## 四、老人食养

生、长、壮、老、已是自然界一切生物的普遍现象，生命有限的，如何延年益寿，一直是人们关心的问题。常见的影响老年人健康的疾病有高血压、冠心病、脑血管病、糖尿病、恶性肿瘤等，医学研究表明这些疾病的发生都与饮食不合理有一定的关系。因此，无论是从推迟衰老的进程，还是防病治病的角度来看，饮食对老年人而言均有着重要的意义。正如宋代陈直在《养老奉亲书》所言："高年之人，真气耗竭，五脏衰弱，全仰饮食以资气血。""故饮食进则谷气充，谷气充则气血盛，气血盛则筋力强。"

### （一）衰老的分类

衰老分为两类，即生理性衰老和病理性衰老。生理性衰老是指成熟期以后，随着年龄的长，自然出现的生理性退化。这是一切生物的普遍规律。病理性衰老，即由于内在或外在的原因使人体衰老提前发生，这种衰老属于病理性衰老，又称为早衰。

### （二）衰老的原因

**1. 遗传因素**

肾为先天之本，人的生长发育衰老与肾脏的功能密切相关。先天禀赋强者，肾气必强，其人多长寿；先天禀赋弱者，肾气多不足，其人多柔弱。衰老的关键在于肾气的盛衰。

肾精虚衰的原因有：

（1）先天禀赋不足。张景岳指出："以人之禀赋言，则先天强厚者多寿，后天薄弱者多夭"。

（2）后天损耗。一为正常损耗，即随着人的生长发育，先天之肾精渐耗；二为不正常损耗，如纵欲房事、起居无节、妄于劳作等，过度耗其肾精所致。

肾所藏之精气决定着人体的生、长、壮、老、已。精亏衰将导致衰老表现。《素问·上古天真论》曰："女子七岁，肾气盛，齿更发长；二七而天癸至，任脉通，太冲脉盛，月事以时下……五七，阳明脉衰，面始焦，发始堕；六七，三阳脉于上，发始白……"指出了肾之精气与机体衰老的密切联系。肾精为人的元阴元阳，肾精亏虚可致多脏器功能损害和气血阴阳亏损，故肾虚实际上是人体整体不足的一种表现和形式。现代观察表明，老年脏腑辨证属肾虚者高达80%可见肾虚是衰老的重要原因。

（3）脾胃虚损。脾胃为后天之本。李东垣认为脾胃病则元气衰，元气衰则折人寿。他在《脾胃论》中明确指出："胃之一腑病，则十二经元气皆不足……凡有此病者，虽不变易他，已损其天年。"脾胃虚损则生化之源不足，既不能养先天肾精，又不能濡养脏腑，致人体不能正常生长发育，因而易衰老。另外，皮肤、肌肉、五官失于濡养，亦可加速面焦、肌肤松弛等容颜衰状态。再者脾胃虚弱，运化无权，水湿不化，停聚为水饮痰浊，这种病理产物又可成为各种疾病的诱因，从而影响人体健康，加速衰老。

2. 饮食失节

饮食在抗衰老方面起着重要作用。饮食失节，损伤脾胃，导致气血生化之源不足，人体所需营养物质缺乏，衰老就易于发生，从而影响健康长寿。《素问·上古天真论》中说："饮食有节，起居有常，不妄作劳，故能形与神俱，而尽终其天年，度百岁乃去。若以酒为浆，以妄为常，……起居无节，故半百而衰也。"这说明饮食、起居、劳动和休息都要有合理地安排，如此则在内可调摄形体，培养正气，在外可适应四时阴阳的变化，避免邪气的侵袭，从而有利于健康长寿。

3. 七情太过

长期的精神紧张或突然的精神创伤，会引起机体阴阳气血失调，脏腑功能紊乱，从而导致疾病的发生，促使衰老的提前来临。正如《吕氏春秋》中所说的"大喜、大忧、大怒、大衰，五者损神则生害矣"。我国民间也有"笑一笑，十年少，愁一愁，白了头"的俗语。情志异常也可致肝的疏泄功能失常，影响脾胃的消化吸收以及冲任督带诸经脉的生理功能，导致疾病的发生，从而加速衰老。

4. 劳逸失常

《黄帝内经》强调"形劳而不倦"，过劳则损伤人之气血，过逸则影响气血流通。故过劳过逸皆有损健康。《素问·宣明五气篇》说："久视伤血，久卧伤气，久坐伤肉，久立伤骨，久行伤筋。"其中，"久视""久立""久行"即过劳，"久卧""久坐"即过逸。《养性延命录》也指出："养寿之法，但莫伤之而已……不欲甚劳，不欲甚逸。"

(三) 食养要点

1. 合理进补

老年人常见年老体弱多病，中医认为以虚证为多，而虚证以气血阴阳不足为主要表现。"其本虚者，得补益之情必长其年。"所以，应进食补益之品，补其不足，调整偏差，使五脏气血阴阳充盛，则身体强健而延年。

2. 饮食清淡

老年人一般活动少，脾胃功能差，纳食减少，消化力弱，饮食应容易消化以利于吸收。平时还可以吃一些开胃消食的食物，如山楂、萝卜、麦芽、谷芽、橘子皮等，食用一些健脾益气的食品，如粥食，米面食品，以增强脾胃功能。

3. 饮食有节

每日三餐，早上吃好，中午吃饱，晚上吃少。饥饱适度，定时定量。

4. 常吃延年益寿的食物

如山药、芡实、藕粉、黑豆、黄豆、芝麻、核桃仁、猕猴桃、蜂蜜等。

5. 饮食禁忌

（1）忌坚硬：老年人牙齿脱落，咀嚼能力弱，所以饮食宜细软，利于消化吸收。忌的食品，如煎烤制品等。

（2）忌粗速：老年人脾胃功能差，进食宜细缓，忌粗速。吃饭时应该从容和缓，细咽。这样进食既有利于各种液的分泌，食物易被消化吸收；又能保护肠胃。

（3）忌生冷：许多老年人患有慢性胃炎，胃、十指肠溃疡，经常出现腹痛、腹泻等症状，这属于中医虚寒证。应尽量避免冷饮、冷食等，或一次大量食用水果或生蔬菜。

（4）忌辛辣：葱、姜、蒜、辣椒等在中医里属于辛辣之品，易损伤人体的阴津，老年人本来就阴津不足，所以还是少吃为宜，尤其在口燥咽干发热的情况下更应忌食。

（5）慎饮酒：中医认为酒性辛温，有活血通脉、御寒的作用，和中药相配，制成药酒，适量饮用，可以治疗一些慢性病，对于风湿病、阳虚证尤为适宜。但长期嗜酒，对胃肠黏膜有刺激。过量饮酒会增加患高血压、脑血管病的危险。老年人饮酒应视具体情况而定，总的原则还是不饮或以少量饮用低度酒为佳。

### （四）食养方剂

1. 党参淮山猪肉汤

（1）组成：猪腿肉500 g，党参、淮山药、莲子各30 g，红枣8枚，盐适量。

（2）制作：

①淮山药、莲子（去心）洗净后，用清水浸泡半小时。

②党参、红枣（去核）洗净，猪腿肉洗净，切块。

③把全部食材放入锅内，加适量清水，大火煮沸后，小火煲 2~3 小时，加盐调味即可。

（3）功效：猪腿肉可健脾养胃、益气生津；红枣健脾益气、调味；党参性味甘平，不燥不腻，可以补益脾肺，补血生津；准山药补气健脾，《药品化义》中记载其"能补中益气，温养肌肉，为肺脾二脏要药"；莲子有补脾胃、止泄泻、养心神、固肾精的作用。以上材料共煮为汤，能益气补中、健脾养胃，不热不燥，平补不峻，老少皆宜，四时皆可饮用。

2. 当归枸杞子猪肝汤

（1）组成：猪肝 200 g，猪瘦肉 100 g，当归、党参各 15 g，枸杞子 10 g，红枣 5 枚，姜 3 片，盐适量。

（2）制作：

①猪肝去筋膜，洗净，切片，用沸水焯去血水；猪肉洗净切片。

②党参、当归、枸杞子、红枣（去核）洗净。

③将全部材料（除枸杞子和盐）放入汤煲内，用大火沸，然后改小火煲约 2 小时，加枸杞子、盐，继续煮约 5 分钟即可。

（3）功效：养肝明目，滋阴补肝肾。肝的生理特性是主疏泄，主升发，人的心情舒畅、气血调和，肝功能就正常，人体就健康无病；如果经常发怒或情绪波动，就会导致肝气或肝阳升动太过，体内的气机逆乱，气血失调，脏腑功能紊乱，从而发生疾病。另外，若心情抑郁，导致肝气郁结也会发生疾病。所以，养肝也要注意调节情绪保持心情愉悦，不要让别人的过错伤了自己的肝。对于现代人来说，还有一点非常重要，就是不要过度用眼，因为"久视伤肝"。很多人经常熬夜玩手机、看电视，这样不仅会损伤眼睛，还会伤肝。

3. 黑豆猪肚汤

（1）组成：黑豆、益智仁、桑螵蛸、金樱子各 20 g，猪肚 1 个，盐适量。

（2）制作：

①将黑豆、益智仁、桑螵蛸和金樱子用干净的纱布包好；猪肚清洗干净，去除异味。

②将纱布包和猪肚一起放入锅中，加适量水炖熟，加盐调味。

（3）功效：豆被古人誉为肾之谷，对肾有一定的补养功效，而其中以黑豆补肾效果尤为明显。中医认为，黑色属水，水走肾，所以肾虚的人食用黑豆可以祛风除热、调中下气、解毒利尿，可以有效缓解尿频、腰酸、女性白带异常及下腹部阴冷等症状。猪肚补虚损、健脾胃，故此汤具有补虚损、皮皮为、固肾益精的功效，四季均可食用。

4. 银耳百合白果汤

（1）组成：银耳10 g，白果、百合各20 g，冰糖适量。

（2）制作：

①将银耳泡发、洗净，撕成小朵。

②白果用开水煮下，去掉外衣，百合提前用温水泡发。

③锅中加水，加入银耳，煮沸后改用小火煮约1小时，然后倒入白果和百合，继续煮约10分钟，最后放入冰糖，再煮约10分钟即可。

（3）功效：此汤可以补气养血、润肺止咳。银耳是药食两用的滋补珍品，其味甘、性平，具有滋阴润肺、益生津的功效。百合则甘寒滋润、质厚多液，有滋阴润肺功效。

5. 木耳炖冰糖（《食物中药与便方》）

（1）组成：黑木耳10 g，冰糖适量。

（2）制作：黑木耳温水泡发，加适量冰糖和水，上锅炖至木耳熟软时，即可取下。

（3）功效：益气润肺，养血活血。现代研究，木耳具有抗血小板聚集，降低血中胆固醇的作用。《随息居饮食》中记载"木耳，甘平、补气耐老、活血……荤素皆佳"。配以冰糖，取其清润之意。高血压、动脉粥样硬化可经常食用本品。黑木耳还有通便作用，老年大便秘结者也可食用。

【汤养案例——糖尿病】

随着生活条件越来越好，糖尿病患者也越来越多。关于糖尿病，早在1000多年前，已有文献记载。中医认为糖尿病的发生和饮食有关，《黄帝内经》中说："数食甘美而多肥，肥者令人内热，甘者令人中满。"即肥甘厚味的食物吃多了，就可导致脾胃积热，出现中医所说的"脾瘅""消渴"等证，即类似于我们现在所说的糖尿病。

糖尿病本是老年性疾病，但是现在，营养过剩、饮食不节的问题层出不穷，糖尿病的人群也呈现年轻化的趋势。所以，大家要合理规划饮食营养和生活起居，预防糖尿病的发生。

糖尿病最主要的特点就是"三多一少"，即尿多、多饮、多食和体重减轻，还可伴有疲乏、倦怠以及各种并发症。我国唐代医家孙思邈曾指出，糖尿病人慎者有三：一饮酒、二房事、三咸食及面。唐代的王焘还提出了限制米食、肉食及水果等理论。这些对于我们预防治疗糖尿病都具有一定的指导意义。此外，饮食控制的好坏直接影响治疗的效果，古代医家均认为不节饮食"纵有金丹亦不可救"。下面这些食疗方，糖尿病患者可根据实际情况适当选用。

(1) 莴笋菜花汤。

①组成：莴笋 150 g，菜花 150 g，盐、芫荽（香菜）各适量。

②制作：

a. 将莴笋、菜花分别洗净，莴笋切成薄片，菜花掰成小朵备用。

b. 锅中加入适量清水，用大火煮至沸，放入莴笋片、菜花。

c. 再次煮沸后调入盐，改用小火煮 5 分钟，出锅后撒上芫荽（香菜）即可。

③功效：此汤可清肠排毒，降脂降糖，适用于糖尿病、高血脂、高血压、心脏病患者。

(2) 红枣瓜皮番茄汤。

①组成：番茄 1 个，红枣 10 枚，西瓜皮、冬瓜皮各 50 g。

②制作：

a. 将红枣水洗泡发，番茄、西瓜皮、冬瓜皮分别洗净切块备用。

b. 将上述材料一同放入锅中，加适量水，先用大水煮开，再转用小火煮熟即成。

③功效：此汤可健脾益胃、降糖，适用于糖尿病患者，但脾胃虚寒者不宜久服。

(3) 丝瓜牡蛎汤。

①组成：丝瓜 1 根，新鲜牡蛎肉 150 g，香油、盐各适量。

②制作：

a. 将丝瓜清洗干净，去皮，切成片备用；牡蛎肉清洗干净，在沸水中汆一下。

b. 把牡蛎肉在烧热的油锅中煸炒一下，添加适量开水，将丝瓜片放入，用大火煮至沸腾。

c. 调入盐，改用小火慢慢煲至汤熟，最后淋上香油即可。

③功效：此汤可清热利湿、降压减脂，适用于糖尿病、高血压患者。

【汤养案例——高脂血症】

高脂血症在中老年人当中发病率较高。血脂主要是指血清中的胆固醇和甘油三酯，无论是胆固醇含量增高，还是甘油三酯的含量增高，或是两者皆增高，都称为高脂血症。

中医虽无"高脂血症"这一病名，但对其实质的认识却源远流长，此病可归于中医的"痰湿阻""胸痹""眩晕""心悸""肥胖""中风"等范畴。《黄帝内经·素问·通评虚实论》中有："甘肥贵人，则高粱之疾也。"说的其实就是类似高脂血症的问题。

高脂血症是身体亮出的"黄牌"警告，一般无明显症状，绝大多数的高脂血症患者自己没有感觉，大多是在检查身体时，或者做其他病检查时被发现的。所以已经查出血脂偏高的人应该引起重视，万不能认为没有症状就掉以轻心。血液黏稠度增高，首先会使血液流速减慢，加上过多的红细胞老化、硬化，易发生红细胞聚集，进一步加重血稠程度，造成心、脑血管供血不足，心脑缺血缺氧可引发头昏脑涨、头晕头痛、心悸气短、胸闷胸痛、项强硬不适、四肢麻木、乏力、嗜睡或失眠等症状。若血液过度黏稠，处于高凝状态，就容易形成血栓，如果堵塞了冠状动脉血管，则会发生急性心肌梗死，如果堵塞了脑动脉，则会导致缺血性脑中风。血栓还可能会堵塞肾动脉、下肢动脉等而引起缺血性急症。总之，如果不加以阻止，后果不堪设想。高脂血症患者要在保持营养均衡的前提下坚持"膳食五原则"，即保持低热量、低胆固醇、低脂肪、低糖、高纤维的饮食习惯。可多吃些粗粮、豆类及豆制品、瓜果、蔬菜。黑木耳、洋葱、青椒、香菇等有抑制血小板聚集、防止血栓形成的作用；西红柿、红葡萄、橘子、生姜等有抗凝血作用；山楂、紫菜、海带、玉米、芝麻、香芹、胡萝卜、魔芋等有降低血脂的作用，高脂血症患者宜多食用。当然，也可将食材加入中药制成食疗汤品，享受美味的同时，还能降脂。

（1）海带木耳肉汤。

①组成：海带15 g，黑木耳10 g，猪瘦肉100 g，盐、淀粉各适量。

②制作：

a. 海带泡发，洗净切丝，黑木耳泡发后撕成小朵，洗净备用。

b. 将猪瘦肉切成丝或薄片，用淀粉拌好，与海带丝、黑木耳同入锅，加水适量煮约15分钟，加盐调味即可。

（2）香菇豆腐汤。

①组成：干香菇5朵，豆腐400 g，鲜竹笋60 g，淀粉、香油、胡椒粉、盐各适量。

②制作：

a. 将香菇用温水泡发，去蒂，切成丝，下油锅略炒后盛起；笋切丝、豆腐切丁。

b. 锅中加适量清水煮沸，投入香菇丝、笋丝、豆腐丁，煮开后加盐、胡椒粉，用水淀粉勾芡，起锅后淋上香油，佐餐食用。

③功效：这两道食疗汤品，都有降脂作用，适合高脂血症患者经常食用。

高脂血症患者要忌食含脂肪和胆固醇高的食物，如肥肉、猪皮、猪蹄、肝脏、脑髓、鱼子、蟹黄、蛋黄等。对富含油脂类成分的黄油、奶油、乳酪等添加类食品要严格忌食，更不能饮酒。

适度的有氧运动，如散步、快走、慢跑、打球、跳健身舞、骑车、登山、游泳等，也可有效地增强心肺功能，促进血液循环，降低血液黏稠度。研究发现，血液黏稠度的高低与人的情绪好坏也有关，过度紧张、过重的心理压力、烦躁等，易导致血液黏稠度增高，所以这些情绪要注意避免。

**【汤养案例——感冒】**

感冒是常见的疾病，无论性别和长幼，几乎每个人每年都会患几次感冒，常见的症状有鼻塞、流涕、咽干、头痛、发热。中医将感冒归为外感病的一种，外感病是正气不足，外邪侵袭导致的。我们在临床上见过很多反复感冒的患者，往往这次感冒还没痊愈，下次感冒又来了。中医认为："邪之所凑，其气必虚。"意思是：容易生病的人主要是由于自身免疫力弱。所以，要想降低感冒的概率，最重要的就是在平时就把身体养好，提高免疫力，抵御外邪入侵。

中医按照辨证论治的原则，中医将感冒分为多种，常见的有风寒型感冒、风热型感冒、暑湿型感冒。

风寒型感冒主要是身体外感风寒所致，症状主要为：四肢疼痛、头痛、无汗、鼻塞、流清涕、咳嗽、痰白清稀。对于这种类型的感冒，治疗以散寒为主，我们常见的调味品生姜就是很好的药。生姜性辛温，助阳散寒的效果非常好。很多人都知道淋雨后要马上喝一碗姜糖水来祛除寒气，就是运用了生姜的这一特性。姜糖水同样适用于风寒感冒，也可以将生姜和葱白一起煮水喝，喝到感觉身上冒汗时，感冒也就好了一大半。如果有时间，而且胃口也不错的话，则可以炖生姜鱼汤来喝。

(1) 生姜鱼汤。

①组成：草鱼肉片 200 g，生姜 5 片，米酒 200 mL。

②制作：

a. 锅中加适量清水煮沸。

b. 放入草鱼片、姜片及米酒，一起炖约 15 分钟，趁热食用。

③功效：草鱼味甘性温，是温中补血的佳品，而且肉质鲜嫩，口感好。米酒则能帮助身体虚弱者补气养血。用米酒来炖制肉类还能使肉质更加细嫩，易于消化。这道汤既能解表散寒、疏风通窍，防治风寒型感冒，还有很好的开胃作用。

风热型感冒为外感风热所致。主要症状为：发热重，轻微发冷，头痛、鼻流黏涕或黄涕、咽喉肿疼、咳嗽、痰黄稠、口渴等。治疗这种类型的感冒要以宣肺清热为主，饮食上要多吃一些有清凉、疏散功效的食物，我们常见的白菜根和绿豆一起煮汤就很适合风热感冒时食用。

(2) 白菜根绿豆汤。

①组成：白菜根 200 g，绿豆 50 g，冰糖 30 g。

②制作：

a. 将白菜根洗净切片，绿豆淘洗干净备用。

b. 白菜根和绿豆一同放入锅内，加水煮汤。

c. 煮开后放入冰糖，待冰糖溶化后即可食用。

③功效：白菜根味甘性平，有清热去火、止咳的功效；绿豆也是清热解毒之物，再加上有镇咳作用的冰糖，对风热感冒、咳嗽有一定的辅助治疗作用。风热感冒者可每天早晚各食用 1 次。

暑湿型感冒多发生在夏季，不仅有感冒症状，还会发生比较严重的腹泻、腹痛等。治疗上以清热祛暑为原则，中成药藿香正气口服液或冲剂疗效较好。平时可以服用青龙白虎汤祛暑。

(3) 青龙白虎汤。

①组成：白萝卜 250 g，鲜青果（橄榄）30 g。

②制作：将白萝卜洗净切片，鲜青果洗净后，用刀在鲜青果上划数条深痕，一起放入锅内，加水适量，煮约 20 分钟。代茶频饮。咽喉痛者可待药汁凉时含漱。

③功效：白萝卜理气消食，鲜青果清热解毒。两者合用，可以解暑热交蕴之症。

## 思考与练习

(1) 补益类的食物有哪些？

(2) 祛邪类的食物有哪些？

(3) 哪些配伍应该提倡？哪些配伍应该避免？

(4) 饮食禁忌的主要内容。

(5) 发物的概念和内容。

(6) 不同病征的饮食禁忌。

(7) 服药期间的饮食禁忌。

(8) 饮食应用的原则。

(9) 以食为主的含义。

(10) 阳虚质的食养要点。

(11) 阳虚质宜选用哪些食物？

(12) 阴虚者的食养要点。

(13) 阴虚质宜选用哪些食物？

(14) 痰湿质的食养要点。
(15) 痰湿质宜选用哪些食物?
(16) 湿热质的食养要点。
(17) 湿热质宜选用哪些食物?
(18) 气郁质的食养要点。
(19) 气郁质宜选用哪些食物?
(20) 血瘀质的食养要点。
(21) 血瘀质宜选用哪些食物?
(22) 特禀质应尽量避免哪些食物?
(23) 月经期的食养要点。
(24) 妊娠期的食养要点。
(25) 婴儿期、儿童期的食养要点。
(26) 气虚质的食养要点。
(27) 气虚质宜选用哪些食物?
(28) 老人的食养要点。

# 第四章 烹调与食物营养

## 学习目标

**识记**

熟悉烹调的基本过程。

**理解**

(1) 懂得烹调的作用。
(2) 掌握调味的方法和技巧。

**运用**

懂得烹调各环节的加工工艺及对营养素的影响。

## 第一节 烹调与食物营养

烹调与食物营养分别属于两个不同的学科，具有不同的理论范畴。但是两者都是为了满足人们的生理需要，因此也就有了紧密的联系。烹调与食物营养的联系形成了现代饮食观念：安全、健康、好滋味。安全，就是不发生食物中毒，不对人体造成危害。安全的重点是食品卫生，其次是食品的搭配即饮食的宜与忌。健康指人体的健康。人体健康需要有均衡的营养做保障，所以，健康实际上研究的是食物营养的供给。好滋味指食品好吃，食品不好吃是不能完全达到营养的目的的。三者的排序是，安全摆第一，健康是目的，好滋味是保证。没有安全，一切都是空话。身体健康是现代人饮食的根本目的。好滋味既是一种享受，更是一种健康的保证。好滋味与身体健康有一致的时候，也有不一致的时候。为此，人们对好滋味应该采取理智的态度，让好滋味来迁就身体状况，而不是要身体健康迁就好滋味。

### 一、烹调概述

#### （一）烹调的概念

烹是加热原料，使生的原料变熟和使原料发生一系列复杂的物理化学变化的过程。调是指调和滋味和调配原料。调和滋味简称调味，是调的狭义概念。调配原料包括菜肴原料的组配、原料的复合造型以及原料组合等内容。调配原料将直接或间接地影响到菜肴的滋味，属于调的广义概念。烹调是制作菜肴的专门技术,是指运用各种工艺技术制作菜肴的一般过程。

(二)烹调的基本过程

烹调的基本过程是从原料开始到成品为止的整个过程,包括以下工艺环节。

1. 原料的选用

烹调原料是烹调工艺的物质基础。烹调原料的选用是为烹调工艺做物质准备,包括对烹调原料的认识、选择及挑选三个方面。对烹调原料的认识就是要了解原料的自然特性、滋味、产地、季节性、用途、营养成分及卫生安全等。烹调原料的选择就是根据菜点设计的风味要求、烹调方法的要求和食用者的年龄、性别、习惯、身体状况等方面的要求来确定选用哪些原料。在挑选烹调原料时,要善于分辨原料的品质质量(如新鲜度、成熟度、纯度、真伪等)和规格质量(如大小、形状、干湿度等)。

2. 原料的初步加工

原料的初步加工是烹调工艺的开始,包括鲜料的整理、活料的宰杀、干料的涨发等。鲜料的整理具体是指肉料的整料出骨、分档取料,蔬菜的择洗,原料整理后的妥善保管等。活料的宰杀主要是指水产品和禽鸟的宰杀。畜类原料一般指狗、猫、兔,不包括猪和牛。宰杀包括放血、煺毛(去鳞)、取脏和整理(躯体整理和内脏整理)四个环节。干料的涨发要求能根据干料的特性选用恰当的涨发工艺,使干料满足烹调和食用的要求。

3. 原料的切配

原料的切配包括原料的精细刀工、腌制、馅料制作、配菜等内容。原料的切配中每个步骤、每个结果对下道工序都有重要的影响。

4. 菜肴的烹调

菜肴的烹调是烹调工艺的核心。菜肴的烹调包括预制、火候的运用及调味三个方面,火候的运用和调味是影响菜肴质量的关键因素。一道菜品烹制成功与否取决于菜肴烹调过程中火候的运用,因此烹调工艺流程中的所有环节都应配合、支持菜肴烹调这一个环节。

5. 菜肴的造型

菜肴的造型就是对菜品的美化,是烹调工艺必不可少的环节。良好的造型能提高菜点的档次,使食用者获得美的享受,增加食用者的愉悦感和食欲。

6. 菜肴的卫生保证

菜肴的卫生保证是烹调工艺中的特别内容,是为了保障食用者的健康而必须做到的。菜肴的卫生保证包括原料卫生、制作环境卫生、炊具卫生、餐具卫生和操作者个人卫生等内容。原料和制作环境的清洁卫生也是使菜肴具有好滋味的重要保证。

这些基本的工艺环节相互间有先后的次序关系，把它们排列起来就形成了烹调工艺流程图，如图4-1所示。

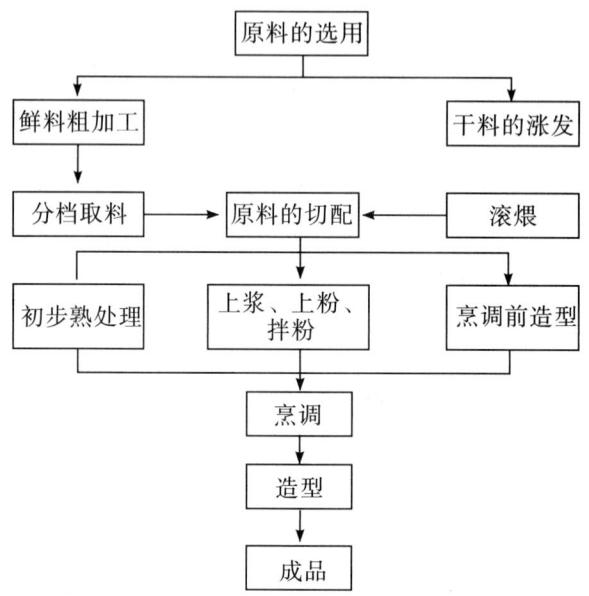

图4-1 烹调工艺流程图

## （三）烹调的作用

烹调对菜肴的作用综合起来有以下几点。

### 1. 杀菌消毒

烹调是一种有效的杀菌方法，因为大多数的细菌和寄生虫在100℃时加热5分钟以上都会死亡。但是，由于肉料是传热的不良导体，肉料越厚，内部升温越慢。为了能够彻底杀死肉料中的细菌和寄生虫，应当随着肉料厚度的增加而延长加热的时间。一起烹制的肉料厚度应当一致，烹制时，应当恰当地翻动肉料使其均匀受热，不同种类的肉料应分先后下锅。

加热也可以破坏或除去食物原料中的有害物质。例如，食用黄花菜会发生食物中毒，是因为鲜黄花菜含有秋水仙碱。秋水仙碱本身无毒，但进入人体后容易被氧化成有毒性的二秋水仙碱，用沸水焯过后可除去秋水仙碱；四季豆（玉豆、龙芽豆）含有能引起食物中毒的皂素（皂苷）和豆素（植物血球凝集素），经沸水焯过后并烹至熟透，皂素和豆素就被彻底破坏；鲜菇、菠菜、鲜笋等蔬菜含有草酸，而草酸遇到钙生成不溶于水的草酸钙，影响钙的吸收，用沸水烫、滚则能够去除草酸。

2. 满足人体营养需要

食物原料中含有营养素，供给人体营养。但是，每种原料中所含营养素是不尽相同的，有的甚至有极大的差别。因此，不同的原料所产生的营养作用是不同的。例如肉料、蛋类是蛋白质的主要来源，维生素 C 则主要是由蔬菜提供的。

调配原料可以使一道菜品、一桌筵席的营养素比较丰富，营养比较全面。

3. 促使营养成分消化

食物中的营养素应先变成能被各种消化酶分解的形态才能被人体消化吸收。为了方便消化酶接触食物，需要把食物粉碎成极小的微粒，甚至是做成糊、浆。

加热能破坏原料纤维组织之间的连接键或溶化纤维组织之间的黏液，使纤维组织变得松散，原料质地变得脆嫩软烂，易于咀嚼和吸收。另外，食物原料中的部分营养素在加热过程中会发生变化，形成易于消化吸收的状态，如蛋白质分子在60℃以上温度时会发生变性，蛋白质变性后更容易被蛋白酶分解为氨基酸；支链淀粉吸水加热，可形成黏性很大的糊状物质，这就是淀粉的糊化作用，淀粉糊化后更容易被淀粉酶分解。加热也能促进矿物质从食物原料中溶出。

4. 烹调对食物滋味的作用

（1）去除原料异味。很多动物性原料由于生活环境、食料、成熟期等原因，多带有各种令人不快的异味。生长在水里的鱼有腥味；牛、羊肉带膻气；禽类肉有臊味；田螺、鳝鱼有泥味等。这些异味通过清洗、加热处理可以除去一部分，但是很难彻底消除。彻底消除的有效方法是在清洗、加热处理的基础上进行恰当的调制。在烹制中加入盐、糖等调味品，加入姜、葱、蒜、香料、绍酒、麻油等含特殊香味的调料，便之能消除或掩盖异味，使菜品美味。人们不喜欢油腻味重的食物，那么，利用酒、糖等调料能够大大降低肥肉的油腻感，满足人们的食用要求。

（2）使食物中的香味透出。很多食物原料自身都含有能挥发香味的醇、酯、酚、有机酸等化合物，在常温状态下，它们的香味挥发量很少。在正式烹制前，许多原料特别是肉料所带有的腥、膻、臊等令人不快的气味，其强度大大超过了香味的强度，这也是烹制前难以闻到香味的原因之一。

在烹制过程中，原料所含的芳香有机物受热挥发，香味就较容易被闻到。通过飞水、滚煨、煎炸等方法消除原料中令人不快的气味，能使香味更加突出。

烹制还能使食物原料中的有机物质产生化学反应,从而产生香味。食物中的脂肪在长时间的烹制过程中会发生部分水解反应,生成脂肪酸和甘油,使汤汁具有香味。在烹制过程中如果加入了料酒,脂肪酸又与酒中的乙醇发生酯化反应,生成具有芳香味的酯类物质。

糖类单独加热(如炒糖色、煮糖胶)时,会生成很多呈香味的物质,主要有呋喃衍生物、酮类、醛类和丁二酮类等。糖类与氨基酸发生美拉德反应,能生成吡咯衍生物、呋喃衍生物及吡嗪衍生物等能挥发香味的物质。

(3) 增进菜肴美味。食物原料本身有一定的滋味。然而,人们对菜品美味的要求日益提高,不少原料本身所固有的滋味不足以满足人们的要求。为了使菜品美味可口,需要通过各种烹调的工艺,加入合适的调味品来增强原料的滋味。例如以爆的方法使缺乏鲜味的鱼翅、海参吸收鲜汤中的鲜味而变得滋味鲜美;以滚煨的方法使鲜菇、鲜笋带上鲜香味;以腌制的方法使虾仁、虾球、爽肚、牛肉、牛柳、猪扒、姜芽等原料不仅没有内味,而且改善其质感;打制虾胶、鱼胶的时候要加入适量的盐,这不仅能使虾胶、鱼胶有咸味,而且能增强其黏稠度和胶黏性,使成品爽滑而有弹性。

(4) 使各种原料单一的味混合成复合美味。每种原料都有自己独特的味,在烹调之前,各种原料的味是独立的。在烹制过程中,各种原料中的呈味分子受高热的影响而进行剧烈的运动,从而产生渗透、扩散、碰撞、融合等现象,形成复合美味。例如,煲汤时,人们只把多种原料放在汤煲内,加入水,然后加热煲制 1~2 小时,一锅美味的浓汤就煲成了。然而原料放在汤煲内不加热,煲里的原料是不会产生香味的。

5. 使菜肴的色、香、味、形、口感达到最佳的效果

菜肴的色、香、味、形、口感属于外在的性质,食用者看得见、品得到,因此,它们对引起食欲起着决定性作用。使原料变为色、香、味、形、口感俱佳的菜肴成品,除凉拌、生吃菜品外,烹制起着关键的作用。

糖在无水条件下加热会发生焦糖化反应。在反应过程中,随着温度的升高或时间的延长,糖的色泽就会由无色变成淡黄色、金黄色、浅红色、红色色、大红色、深红色、紫红色直至焦黑色。利用这一特点,可以通过糖色来调菜的色泽,制作出色泽大红的脆皮鸡、烤乳猪、烧鹅等菜肴和浅红色的马蹄糕。虾、蟹外壳所含的虾青素受热会变红,使虾蟹的色泽鲜红;青菜中的叶绿素在恰当的加热中显得翠绿。糊化后的淀粉若稀稠合适,与油脂充分混合后便会形成油润光亮的糊状物,利用这种糊状物做芡,包裹菜料,能使菜品油亮新鲜。

肌肉组织中的肌纤在不同温度作用下,发生程度不同、方向不同的收缩,巧妙地利用这种变化,就可以获得美观的菜肴形状。例如,菊花形的菊

花鱼，松果形的松子鱼，菊花形的肾球，花球形的虾球，麦穗形、宝塔形、金鱼形、花朵形的鱿鱼块、鱼卷、肉卷等，都表明烹制对食物原料能起到美化的作用。此外，在鱼胶中加入膨胀材料，加热后也能形成各种特别的形状。

由于烹制会使原料变形，因此要掌握原料在加热过程中形状的变化规律，正确处理原料的刀工形状，以便使原料成形并符合菜品的设计要求。例如，烹制好的鱼球要呈长方形，就必须知道鱼球受热后顺纹、横纹收缩程度并不一致，即宰鱼的鱼球与冰冻鱼的鱼球收缩程度有较大差别。种类或大小不同的鱼，其成熟后的收缩程度亦有微小的差异，因此在进行刀工处理、切改成形时就要顺应它们的变化规律，才能使成品美观。蛋白质受热变性后会凝固，液态的蛋液加热后会变成固态，利用这个特性可做出各种各样的鸡蛋菜品。

口感主要包括质感和温感两个方面。烹对食物良好口感的形成作用非常重要。虾胶、鱼胶的烹前状态是黏稠的胶状物，只有将它们烹制成熟，才能具有爽滑有弹性的口感。

**6. 丰富菜肴的色彩**

用调味品调色是丰富菜肴色彩的常用方法。用盐、糖、味精等无色调味品调味，能保持原料的固有色泽，令菜肴有清鲜的感觉。浓郁的菜肴通常应调以较深的颜色，例如用老抽、糖色来调色。有些风味独特的调味品不仅味道独特，色泽也独特。例如，南乳是红色的，豆豉是黑色的，酱油是酱红色的，豆瓣酱是酱黄色的，蚝油是浅酱红色的，咖喱是浅黄色的，茄汁是大红色的等，如果以这些有色调味品调味，那么菜肴就会呈现调味品的独特色泽，否则，食用者在视觉上就不会认同菜肴具有该调味品的风味。

## 二、合理烹调的基本原则

### （一）合理烹调的概念

烹调可使食物发生一系列的理化变化，达到提高食物感官性状、促进消化和吸收的目的。简单来说，烹调包括水洗、刀切、调料腌制、加热、调味等一系列的方法。食物经过烹调后营养素的含量可能有一定程度的改变。由于各种营养素的性质不同，烹调后含量改变的程度也不同。比如食物中的水溶性维生素在加热烹调时最容易被破坏，其他营养素亦因加热的时间和火力未控制好而被破坏。合理的加热不但不会破坏蛋白质，还能够使蛋白质容易被消化。矿物质和水溶性维生素在水洗时会流失，烹调时会溢到汤汁里。如果洗涤的方法正确,烹调时使用了勾芡的方法,营养素的损失就会大大减少。

烹调中营养素的变化主要与营养素的特性有密切的关系,它们有的溶于水,有的溶于油脂,有的怕光,有的怕碱,有的怕氧,有的怕热。在烹调中应充分掌握营养素的特性,根据营养素的特性合理运用烹调方法,兼顾烹调成品滋味及其营养成分保护,这就是合理烹调。

(二) 合理烹调的原则

1. 根据营养素在烹调中的变化规律,采用合适的烹调方法

从对营养素的保存和利用来说,现有的烹调方法有的是科学的,有的是不科学的。因此,有必要对烹调方法进行科学研究,根据营养素在烹调中的变化规律来选用能够最大限度保存营养素的烹调方法,对不利于营养素的保存和利用的烹调方法则应该加以改善。

2. 改进烹调工具

烹调工具的研究开发应该以有利于食物营养素保存和容易被利用为出发点,而不能仅仅以便捷、省事、省力为出发点。

3. 改变不良的饮食习惯和嗜好

人们的饮食习惯和饮食癖好决定了烹调方法。饮食习惯和饮食癖好的形成,有的取决于客观的环境和客观的因素,有的则取决于自身的因素。比如说,有的人特别爱吃煎炸食品。煎炸食品虽然可以调节口味,丰富食品的滋味,但是煎炸的烹调方法却是不利于营养素的保存和利用的。如果经常食用这类食品,势必会造成营养不良。这类不良的饮食习惯和嗜好,是需要改变的。

## 三、烹调原料的初步加工工艺及对营养素的影响

(一) 蔬菜的择洗加工及对营养素的影响

蔬菜的初步加工就是把购买回来的蔬菜清洗干净,然后用剪刀剪、菜刀切或用手择的方法加工成适合烹调的形状的工艺。

1. 蔬菜初步加工的基本方法

(1) 浸洗:浸就是把蔬菜放在水中浸泡。浸泡能使泥沙杂物松脱,令残留的农药渗出;若水中添加某些溶剂(如高锰酸钾、食盐)时,浸泡便起到杀菌除虫的作用。洗就是洗涤。浸和洗往往是在一起完成的。浸洗有以下几种常用的方法:①清水洗。清水洗有扬洗(菜胆类要特别注意扬洗菜叶中的泥沙)、搓洗、刮洗、漂洗等多种方法。②消毒水浸洗。用0.3%高锰酸钾溶

液作为消毒水。把蔬菜净料放在消毒水中浸泡 5 分钟，然后用凉开水清洗。该方法适用于生吃的蔬菜。③盐水浸洗。将蔬菜放入浓度为 2% 的食盐水中浸泡约 5 分钟，蔬菜中的虫或虫卵就会浮出或脱落，然后再用清水洗干净。④洗洁精溶液清洗。在清水中滴入数滴洗洁精，搅匀后放进蔬菜浸泡几分钟后便可清洗，最后用清水洗净。

（2）剪摘：用剪刀剪或用手摘，去掉废料，再把蔬菜加工成适合烹调的形状。

（3）刮削：用刀或瓜刨去除蔬菜的粗皮或根须。

（4）剔挖：用尖刀清除蔬菜凹陷处的污物，掏挖瓜瓤。

（5）切改：用刀把蔬菜净料切成菜品需要的形状。

（6）刨磨：用专用的和特种的刨具、磨具把蔬菜刨成丝、条、片或磨成蓉状，如姜蓉。也可以用粉碎机加工成蓉状。

2. 蔬菜初步加工对营养素的影响

蔬菜初步加工主要是对矿物质、维生素和纤维素存在影响。蔬菜初步加工的方式方法与蔬菜所含营养素的结构，决定了初步加工对营养素的影响主要是流失。蔬菜无论是被切开，被折断或是碰伤，只要是有了伤口，饱含营养素的汁液就非常容易渗出。所以，如果提前把蔬菜修剪好、切配好，而不是马上烹调，蔬菜里含有的矿物质、水溶性维生素的汁液就会渗出流失。加工好的蔬菜如果没有被妥善保存，蔬菜里的营养素还会因为氧化而被破坏。如果蔬菜在修剪、切开或去皮后洗涤或浸泡，里面的汁液就会大量溶在水中，矿物质、水溶性维生素等营养素也就非常容易地溶解在水里造成流失。如加入食盐搓揉蔬菜，使蔬菜内部的渗透压发生改变，蔬菜里面的水分和多种营养素就会通过毛细管渗出来，造成营养素的损失。例如，用于炒的凉瓜片、用于腌制酸甜食品的青瓜、萝卜、芥菜等蔬菜，如果用食盐搓揉挤汁，均会造成营养素的流失。

（二）水产品的宰杀加工及对营养素的影响

1. 宰杀鱼的基本方法

（1）放血：放血的目的是使鱼肉质洁、无血污、无腥味。放血的方法是切断鱼的鳃根，使血流尽。

（2）打鳞：用鱼鳞刨刀从鱼尾部向头部刨出或刮出鱼鳞。打鳞时不可弄破鱼皮，特别是用刀刮鱼鳞时更要注意。打鳞后要注意检查鱼皮上是否残留鱼鳞。鲥鱼、鲤鱼可不去鳞。

（3）去鳃：鱼鳃既腥又脏，必须去除。去鳃时，一般可用刀尖剔出，用剪刀剪除，用手挖出，有时需用坚硬的筷子或竹枝从鳃盖中夹住鱼鳃再拧出。

(4) 取内脏：取内脏的方法有三种。

①开腹取脏法（腹取法）。在鱼的胸鳍与肛门之间直切一刀，切开鱼腹，取出内脏，刮净黑腹膜。这种方法简单、方便、快捷，使用最广泛，适用于鲫鱼、鲤鱼、鲩鱼、鲳鱼、煲汤的生鱼等。

②开背取脏法（背取法）。沿背鳍下刀，切开鱼背，取出内脏及鱼鳃。可根据需要取出脊骨和腩骨。这种方法适用于用来蒸的生鱼、山斑等。

③夹鳃取脏法（鳃取法）。在肛门前1厘米处横切一刀，然后用竹枝、粗筷子或专用长铁钳从鳃盖插入，夹住鱼鳃缠扭，在拧出鱼鳃的同时把内脏也带出。这种方法常用于原条使用的名贵鱼种，如鲈鱼、鳜鱼、东星斑等。

(5) 洗涤整理。取出内脏后，继续刮净黑腹膜等污物，整理外形，用清水冲洗干净。

2. 水产品宰杀加工对营养素的影响

水产品宰杀后一般都要洗涤或冲洗，以洗净血污和污物。如果用大量的水或长时间的洗涤、冲洗都会造成水溶性营养素的流失。如果为了使水产品的肉更加洁白，或者恢复肉质的洁白，常常会用清水浸泡方法来处理。这种做法使营养素的流失更加严重。有的水产品如鳗鱼、黄鳝等身上有潺液，要用热水烫过才容易去除。有的鱼身上的鱼鳞很细也贴得很紧，用热水烫就容易刮除。使用这些方法时，如果热水过热，烫的时间过长都会破坏营养素。水产品含有丰富的蛋白质。水产品在加工好以后如果没有及时妥善保管，水产品所含的蛋白质就会在微生物所分泌的脱羧酶的水解作用下分解为氨基酸。在腐败微生物的继续作用下，进一步被分解为硫化氢、吲哚、粪臭素等腐败产物，不仅气味臭、有毒素，蛋白质的营养作用也完全丧失。

(三) 干货的涨发加工及对营养素的影响

1. 干货涨发加工的基本方法

(1) 水发：水发是把干货原料放到水中进行涨发。水发可分为冷水发、热水发和碱水发三种。

①冷水发：冷水发就是把干货原料放入清水中让其自然吸水回软的方法。冷水发又可分为浸发和漂发两种。

a. 浸发：浸发是把原料放在清水中，使其自然吸水变软恢复原状的方法。浸发适用于质地比较松软、易于吸水膨润的干货原料，如菇菌类、干菜类等植物干货原料。鲜味浓的原料浸发时间不能过长，不然会损失较多的原味，影响质地，如银鱼干、珧柱、带子、干鱿鱼、虾米等。

b. 漂发：漂发就是把干货原料置于不循环的流动清水中，除去原料异味、杂质、油脂和泥沙的方法。如涨发海参、鱼翅、鱼肚时都要用到漂。

②热水发：热水发就是将冷水浸发后的干货原料用热水涨发回软的方法。根据热水的用法不同，热水发又分为泡发、焗发、煲发和蒸发四种。

a. 泡发：泡发是指将干货原料放在热水或沸水中使其吸水回软的方法。这种方法适用于各种菌类、粉丝、干果仁等形体较小的原料。热水泡可以加快干货吸水回软，还可以抑制酶对干货原料鲜味的破坏。

b. 焗发：焗发是把干货原料放在热水或沸水中，并加上盖，使干货在散热较慢的环境里加速吸水涨发回软的方法。干货在焗发前应先浸发。用热水焗发可缩短浸泡的时间，提高效率。焗发适用于黄耳、榆耳、鱼肚、海参、鱼翅等比较厚实的干货。

c. 煲发：煲发是把干货原料放入锅内热水中连续加热，促进干货吸水回软的方法。此法可去除干货杂质异味，适用于特别坚硬或老韧、杂质较多、异味较重的动物干货原料，如鱼翅、鲍鱼、海参等。

d. 蒸发：蒸发是将干货原料洗净或稍浸后放入器皿内，加入汤水和调味料，用蒸汽加热使干货回软的方法。蒸发适合珧柱、虾干、带子等海味干货的涨发。

③碱水发：碱水发是指干货原料先用清水浸软后，再放进食用纯碱液或含枧水溶液中浸泡，使其去韧回软，再用清水漂净碱味。碱水发只适用于一些特别坚韧、用一般浸发方法不能完全涨发的干货原料，如鱿鱼、墨鱼等。运用碱水发时必须注意用碱分量和浸发的时间等问题。

（2）油发：油发又称为炸发，就是用油将干货原料炸透，使其达到膨胀、疏松、香脆的状态，然后用水浸发，令干货原料变得松软香滑。适用于鱼肚、蹄筋、海参等。

（3）盐发和沙发：盐发和沙发是利用粗盐或沙砾所含的热量来涨发原料的方法。将鱼肚、蹄筋、猪皮等干货原料埋在热盐、热沙里焐，就会膨胀发大，组织也疏松了，然后再用水浸发。

干货原料种类繁多，性能各异，往往不是一种方法就可以完成其涨发过程。因此，要掌握好每种涨发方法的原理和作用，根据各种干货原料的性能和干制特点灵活运用。

2. 干货的涨发加工对营养素的影响

一方面，只有涨发回软的干货才能被人体消化，因此，涨发提高了干货的营养价值；另一方面，涨发的方法都有可能对营养素造成破坏。水浸、漂洗是涨发干货最基本的方法，长时间的水浸、漂洗会使水溶性营养素流失；水浸还会使某些酶活性增强，分解营养物质和有益的成分。煲和焗是用热水或沸水来进行涨发，长时间的加热易破坏水溶性维生素，因此，用煲、焗方法涨发干货时要注意控制好水温和加热的时间。油炸方式的涨发对多种营养素特别是维生素有较大的破坏，这是因为油炸时油的温度较高，维生素会被分解、氧化，蛋白质会过度变性而失去营养价值。此外，脂溶性维生素也会溶于油脂中而流失。碱发尤其是在加热条件下可使蛋白质发生异构化，还可使色氨酸、赖氨酸等发生构型变化，从而降低蛋白质的营养价值；水溶性维生素在碱性环境下极不稳定，易被氧化、分解。

## 四、烹调原料的预制工艺及对营养素的影响

### （一）烹调原料的预制工艺

根据原料的特性和菜肴的需要，用水或油对原料进行初步的加热，使其处于初熟、半熟、刚熟或熟透状态，为正式烹调做好准备的工艺操作过程称为初步熟处理。原料经过初步熟处理后开始发生质的变化。初步熟处理能去除异味，同时使色泽变得鲜艳。

根据所用传热介质、加热方式方法的区别，初步熟处理分焯、汆水（焯水）、滚、煨、炸、泡油等几种常用的工艺方法。

1. 焯

把植物性原料放在加了枧水或加了食用油的沸水中加热，使它们变得青绿、熗滑或易于脱皮，以及把面条、米粉放在沸水中加热，使它们变得松散、透心的初步处理方法称为焯。

（1）焯芥菜胆。将芥菜胆放到沸水中焯约2分钟至芥菜胆青绿、熗身，捞起放在清水中漂凉、洗净。

（2）焯干莲子。把枧水放进干莲子中拌匀，腌约5分钟后放进沸水中焯1分钟，捞出莲子，放到清水中搓擦使莲子衣脱净为止。

焯菱角与焯鲜莲子大致相同。

（3）焯鲜菇。将削好的鲜菇放进滚沸的水中焯约1分钟，捞起后用冷水漂洗后冷却即可。

（4）焯米粉。把米粉放在沸水中略焯0.5分钟，捞起沥水，放在盆内加盖焗5分钟，用筷子扬散即可。

（5）焯干面饼。把干面饼放在清水中边焯边用筷子搅散，捞起沥干水分，摊开放置。

（6）焯生面。把生面撒开放进沸水中，水重新滚沸时加入少许冷水，水再滚沸且面透心时捞起面，放进清水中漂凉，捞出沥水后加入少许食用油拌匀。

2. 余水（焯水）

将原料投入沸水中稍加热便捞起的工艺方法称为余水。在水温不高、火力不猛的情况下，加热时间过长会造成维生素和矿物质的损失。

（1）动物内脏余水。把切改好的内脏放进大热的水中，用中慢火加热片刻，捞起，用清水冲洗。

（2）鲜鱿鱼等水分大的原料余水。把切改好的原料放进沸水中用猛火或中火稍加热片刻，捞起，用清水冲洗。

（3）一般肉料余水。肉片先拌上湿淀粉，然后放进沸水中，用猛火加热至刚沸即可捞起。大件、原件肉料，由于主要用于炖、煲或焖，因此可不拌淀粉，可直接余水，火力用中火还是猛火须视肉料情况而定。

3. 滚

将原料置于大量的水中加热一段时间的工艺方法称为滚。

（1）冷水滚。冷水滚即原料与清水同时下锅加热的滚制方法。冷水滚可将原料内部异味带出。适用于笋料、鱼翅、海参、面筋、牛腩、猪肺、猪肚等原料。

（2）热水滚。热水滚就是把原料放进热水内加热至沸的滚制方法。形体不大、结构不太紧密、不太耐火的原料宜用此法，如用作配料的冬菇等。

（3）沸水滚。沸水滚就是把原料放进沸水内滚制的方法。沸水滚，适用于不耐火、需要保持鲜绿色泽的原料，如鱼肚、冬瓜盅等。

4. 煨

用有味（咸味、鲜味、姜葱味、酒味、混合味）的汤水来滚原料的工艺方法称为煨。煨能给原料增味增香，适用于能在味汤中滚的原料，例如干货和植物性原料。

（1）煨鱼肚。将油放入锅中，加入姜件、葱条并爆香，烹入绍酒，加入汤水滚2分钟，捞出姜件、葱条，加入精盐、味精、鱼肚，煨30秒，捞起，沥去水分。海参、鱼翅、用作配料的冬菇、银耳、浮皮等煨的方法基本相同，只是煨制时间略有差异。

（2）煨笋料。在汤水中加入精盐和笋料，煨制1分钟左右，捞起并沥干水分即可。没有不良气味的植物原料都可用此方法。

（3）煨鲜菇。将油放入锅中，加入姜件、葱条和鲜菇，用中慢火爆香约1分钟，烹入绍酒，加入少量汤水和精盐、味精，煨1分钟。拣去姜件、葱条，连汤带鲜菇盛放在碗内。使用时沥去汤水便可。这是一种特殊的煨制方法，除了增香增味外，还可去除鲜菇的寒性。

5. 炸

将原料放进较高温度的油内进行加热的工艺方法称为炸。炸的方法适用于干果、需上色的动物性原料、芋头制品、大地鱼、蛋丝、粉丝、番薯、马铃薯、冬瓜等。

（二）原料初步熟处理对营养素的影响

原料的初步熟处理对营养素有较多的不利影响。

在焯的时候，加碱必然会破坏植物原料中维生素 C 和 B 族维生素。

滚能除去原料的异味，但又使原料营养素被破坏和流失，这样虽然改善了原料的滋味、口感，却不同程度地降低了原料的营养价值，因此，操作时要根据具体情况选用合理的滚制方法。含维生素丰富的原料用滚制、氽水加工时，如果水温不高、火力不猛、加热时间过长都会造成维生素和矿物质的损失。因此，如果火力不足，原料应该分多次处理，以减少营养素的损失。

在焯、氽水、滚制等操作之后常常还要漂洗、浸泡或压干水分。这些后续的加工实际上会使水溶性营养素继续大量流失。例如，把白菜切好放在水里煮 2 分钟捞出，挤去菜汁，水溶性维生素损失可达 77%。为此，漂洗、浸泡或压干水分等加工要注意控制加工的时间和程度。

油炸初步熟处理对多种营养素有较大的破坏，造成维生素被分解、氧化，或溶于油脂中而流失。此外，油炸过的食品会增加脂肪的含量。

## 五、上浆、上粉及对营养素的影响

（一）上浆

用水把淀粉等原料调和成的糊状物称为浆，把浆裹上原料称为上浆。

1. 脆浆

脆浆的成品起发、酥脆、松化，外形圆滑，色泽金黄。成品需配上淮盐、喼汁等作料，如脆炸鱼条、炸牛奶等。

（1）有种脆浆。

①原料：面粉 375 g，发面种 75 g，淀粉 75 g，马蹄粉 60 g，精盐 10 g，植物油 160 g，枧水约 10 g，清水约 600 g。

②调制：除枧水外，所有原料混合调匀，静置发酵。起发后加入枧水中和酸味，静置 15 分钟便可使用。

（2）发粉脆浆（又名急浆）。

①原料：面粉 500 g，淀粉 100 g，食用油 160 g，发酵粉 20 g，精盐 6 g，清水 600 g。

②调制：把面粉、淀粉、精盐放在盆内和匀，加入清水调匀，再加入食用油调匀。静置 10 分钟后加入发酵粉调匀，静置 5 分钟便可使用。

2. 窝贴浆

窝贴浆的成品外酥香甘脆，内嫩，微起发，色泽金黄，如窝贴鱼块。

（1）原料：鸡蛋液 100 g，干淀粉 100 g。

（2）调制：两者混合调匀至没有淀粉颗粒便可使用。

3. 蛋白稀浆

蛋白稀浆的成品色泽浅金黄，外酥脆内甘香，外表略有透明感，带有酥脆的小蛋浆泡，并布幼蛋丝。适用于不带骨且质地较软嫩的原料，如酥炸虾盒。

（1）原料：蛋清 100 g，湿淀粉 50 g。

（2）调制：先用筷子将蛋清抽打至散，稍静置，撇去蛋泡，加入湿淀粉调匀便可使用。

4. 脆皮糖浆

成品色泽大红，皮酥脆，滋味甘香。适用于炸脆皮鸡、脆皮大肠等菜式。如制作脆皮鸡，先用白卤水将鸡浸至九成熟，抹干表面油分，涂上脆皮糖浆，晾干再炸。用于制作脆皮大肠的，先将猪肠滚熻，用白卤水浸卤入味，再涂上脆皮糖浆，晾干再炸。

（1）原料：麦芽糖 30 g，浙醋 15 g，绍酒 10 g，干淀粉 15 g，清水 25 g。

（2）调制：用热的清水把麦芽糖化开，加入浙醋、绍酒、干淀粉和匀便成。

（二）上粉

将蛋液、淀粉按一定的次序沾上原料称为上粉。上粉的方法有以下四种。

1. 干粉

上粉方法为净料加入调味料拌匀后，在其表面拍上干淀粉。（注：拍上干淀粉也就是在原料表面沾上薄薄一层干的淀粉，属于行业的习惯用语。拍上干淀粉一般简称拍干粉或拍粉）。干粉主要适用于炸鱼、焖鱼。成品特点：成品色泽金黄，外酥脆。

2. 酥炸粉

上粉方法为净料加入调味料拌匀后，先加入湿淀粉拌匀，再加入蛋液拌匀，最后在表面拍上干淀粉。酥炸粉上粉的工艺流程为：净料调味→拌湿粉→拌入蛋液→拍干淀粉→炸制

此法适于糖醋咕噜肉、糖醋排骨、西湖菊花鱼、五柳松子鱼、酥炸胗肝、碎炸仔鸡等。成品特点：色泽金黄，光亮，香酥，略有膨胀。

3. 吉列粉

上粉方法为净料拌味后先拌入蛋液或蛋浆，然后拍上面包糠。吉列粉上

粉工艺流程为：

净料拌味 $\begin{cases} 拌入蛋液 \\ 拌入蛋浆 \end{cases}$ 拍面包糠→炸制

此法适用于吉列鱼块、吉列海鲜卷等吉列菜式。成品特点：色泽金黄，松酥甘香。

4. 半煎炸粉

上粉方法是净料调味后加入鸡蛋和干淀粉拌匀，再拍上干淀粉。最后的干淀粉也可以不上。半煎炸粉上粉工艺流程为：净料腌制调味→拌鸡蛋液→拌入干粉→拌匀→拍干粉→煎制

此法适用于煎猪扒、鸡脯、鸭脯等菜式。成品特点：色泽金黄，气味焦香，外形扁平，外酥内嫩。

（三）拌粉

1. 拌湿粉

拌湿粉是把带水的淀粉拌到肉料中。原料拌湿粉后，湿粉容易附在原料表面，不滑落。肉料拌粉后应润滑松散不粘连。

2. 拌蛋清湿粉

先拌入蛋清，再拌湿粉。湿粉的水分含量要尽量少。蛋清与湿粉必须融合均匀，其余要求与拌湿粉相同。拌蛋清湿粉能使肉料易于在油中迅速分散、受热一致，肉料成熟后更油亮、洁白。

（四）上浆、上粉对营养素的影响

上浆、上粉不仅使菜品质量提高，还可以保护和利用原料的营养素。原料上浆、上粉、拌粉后加热，所上淀粉糊化而且胶凝，浆、粉中蛋液的蛋白质受热凝固，在表面形成保护膜，保护原料中的水分和鲜味不外溢；使原料不直接与高温油接触，避免过度高温对原料中的营养素的破坏；还可减少营养素与空气接触而被氧化；原料本身也不易因断裂、卷曲、收缩、干瘪而变形。这样烹制出来的菜肴不仅色泽好、形状美、味道鲜嫩，营养素保存得多，而且易被消化吸收。

淀粉中含有谷胱甘肽，其所含的硫氢基（-SH）具有保护维生素C的作用。

脆浆是添加酵母使之发酵蓬松的。淀粉在淀粉酶的作用下水解成麦芽糖。酵母本身可以分泌麦芽糖酶和蔗糖酶，将麦芽糖和蔗糖水解成单糖。微生物发酵面团能使酵母菌大量繁殖，并使B族维生素的含量增加，同时可分解面团中所含的植酸盐，有利于人体对矿物质如钙、铁的吸收。用老酵母发酵后要加碱中和除酸味，用鲜酵母发酵一般无须加碱。由于加碱会破坏面团

中的维生素，所以，要尽量使用优质鲜酵母发酵面团。

## 六、原料的腌制及对营养素的影响

### (一) 腌制的概念

腌制是指有目的地选用调味品、食物添加剂、淀粉、清水等，按需用量加进被腌制原料中，拌匀后放置一段时间，以改善原料特性的一种调味方法。用于腌制的主要是小件原料，如牛肉、虾仁，也用于大件、整件原料，如腌盐焗鸡、腌乳鸽等。腌制主要可用于生料，如猪扒、带子，也用于熟料，如腌咸肉。

### (二) 腌制的作用与原理

腌制对原料的作用主要体现在对原料特性的改善上，主要有以下几点。

1. 入味

调味品都有一定的渗透能力，把调味品放到原料中拌匀，经过一段时间便能渗入原料的内部。

2. 增香

腌制增香的调味品主要有姜、葱、蒜、酒。姜含姜酮、姜酚、姜醇等香味成分，葱含二硫化二丙烯，蒜含蒜素。这些呈香成分渗入原料中，经过加热便会产生香味。酒的主要成分是乙醇，它在加热的条件下会与脂肪中的脂肪酸结合生成酯类物质，酯散发出的香味是闻到的肉菜香味中的一种。

3. 解腻

酒中的乙醇是脂肪的有机溶剂，将经酒腌制过的肥肉或含脂肪的肉料再进行煎、炸、烤，不仅能闻到浓香，吃起来也不觉得油腻。

4. 除韧

肉料中加入食粉（即碳酸氢钠，又名小苏打）、枧水（即碳酸钾）等带碱性的食品添加剂一段时间后，肌肉纤维软化松懈，达到除韧的效果。

5. 嫩滑

用淀粉腌制肉料，肌肉纤维之间的黏液被溶解，水分渗入肌纤维之间，同时又促使肉料蛋白质中的亲水基暴露，促进肉料吸收水分，肉料因发胀而变软嫩。肉料表面的淀粉糊化后成为柔滑的物质，肉料因此变得嫩滑。

6. 爽脆

一些肉料（如猪肚等）的组织是由多层肌肉组成，经碱性物质腌制，层间黏液被溶解，水分渗进，各层之间有一定程度的分离，肌肉组织结构发生了变化，同时，由于肌纤维亦被软化，因此便有爽脆、脆嫩的口感。

7. 去除异味

去除异味由加进的具有浓香浓味的调味品完成。酒有香味,能消除和掩盖异味。姜的辣味成分(主要是姜烯酚、姜辛素)、葱的挥发性辣味成分,均有很强的去腥除臊的作用。

(三)腌制的方法与实例

腌制原料前,应先将原料加工成恰当的形状,清洗干净,吸干表面水分,放在腌制的器皿内。

腌制时,取适量的腌料,按先后次序加入原料中拌匀,平整,加上盖,贴上日期进行保管。肉料应冷藏保管。

1. 腌虾仁

(1)原料:吸干水分鲜虾肉 500 g,味精 5 g,精盐 5 g,淀粉 6 g,蛋清 20 g,食粉 1.5 g。

(2)腌制方法:用洁净的干毛巾吸干虾肉的水分,放在盆内。先加入食粉拌匀,余下原料混合调匀后再放进虾肉内拌匀,放进保鲜盒内。放在冰柜内冷藏 2 小时便可使用。

2. 腌牛肉

(1)原料:切好牛肉片 500 g,食粉 1~6 g(视牛肉的老嫩而定),生抽 10 g,淀粉 25 g,清水 100 g,植物油 25 g。

(2)腌制方法:将牛肉片放进盆内,加入食粉拌匀。清水、生抽、淀粉混合调匀后,放进牛肉中充分拌匀,然后抹平盆内牛肉,加入植物油封盖在面上,腌制 45 分钟便可使用。

3. 腌猪扒

(1)原料:已切改好的猪扒 500 g,食粉 3 g,精盐 2.5 g,姜件(可取姜汁代替)、葱条各 10 g,玫瑰露酒 25 g。

(2)腌制方法:将食粉和调味品依次放入猪扒中拌匀,放进冰柜冷藏 1 小时便可使用。

(四)原料的腌制对营养素的影响

腌制是以改善原料特性为目的的一种调味方法。腌制能使原料入味、增香、解腻、除韧、嫩滑、爽脆、消除异味。为达到这些目的,腌制使用了一些食品添加剂和调料。从对营养素影响方面来说,这些食品添加剂和调料既有正面的作用也有负面的作用。

用食粉、食用碱或枧水腌制的肉料肌肉纤维被软化,纤维间的黏液被溶化,肉料变得松软;蛋白质的亲水基大量暴露,水化作用增强,肉料变得柔软。这些使肉料的韧性大大降低,爽脆、嫩滑度提高,既能增强食欲,也能帮助消化吸收。这些食品添加剂遇水呈现碱性，对维生素有一定的破坏。

嫩肉粉也可有效除韧。这是因为嫩肉粉含有活性的蛋白水解酶，将其加入肉料中，对肌肉纤维中的胶原蛋白、弹性蛋白进行适当降解，使这些蛋白质结构中一定数量的化学连接键断裂，在一定程度上破坏了原本复杂的结构，从而降低了韧性。酶是蛋白质，因此它不耐高温，在酸、碱、重金属盐、紫外线等影响下会不同程度地变性，活性将会降低或丧失。使用嫩肉粉必须注意温度和 pH 环境，应在规定的时间内使用。

乙醇是脂肪的有机溶剂，在肉料尤其是脂肪多的肉料中加入酒来腌制，脂肪就有一定量的溶化进而降低油腻感，加热时，脂肪里的脂肪酸与酒中的乙醇发生酯化反应，生成具有芳香气味的酯类物质，增加菜品的香气。

肉和鱼中的脯氨酸、羟氨酸、精氨酸可被腐败细菌转化为仲胺化合物。如果在腌制肉料、鱼肉时加入了硝酸盐做发色剂，这些硝酸盐可被还原为亚硝酸盐。仲胺化合物与亚硝酸盐在一定条件下就可生成 N - 亚硝基化合物，诱发癌症。

## 七、调味工艺及对营养素的影响

### （一）味觉概述

1. 味觉的概念

舌头表面的乳头状组织上分布着味觉细胞，称为味蕾。味蕾紧连着味神经纤维，直通大脑。这一整体构成了味的感受器。味的感受器的感受反应称为化学味觉，化学物质的味主要有酸、甜、苦、咸、辣。

2. 味觉的分类

（1）化学味觉。由化学呈味物质通过味蕾所产生的味觉称为化学味觉。

（2）心理味觉。由人的视觉、嗅觉、听觉或者是人们的先验信息、风俗习惯、宗教信仰等因素引发的味觉称为心理味觉。它对人的食欲起着不可低估的作用。

（3）物理味觉。物理味觉是指人在咀嚼食物时由食物的非化学呈味物质刺激口腔所产生的感觉。这种感觉包括两大方面：一是质感，即由食物的组织结构引起的感觉，如软硬、松实、老嫩、爽糯、脆韧、滑涩、稀稠、酥软等；二是温感，即由食物的温度引起的感觉，如烫、热、暖、凉、冷、冻等。

化学味觉是狭义的味觉，通常说的味觉是指化学味觉。

3. 化学味觉的分类

化学味分单一味和复合味两大类。

(1) 单一味。单一味又叫基本味，是由一种呈味物质构成的。单一味有咸、鲜、甜、酸、苦、辣、麻等多种。食品中还可能有涩味、金属味和碱味，均属于不良滋味。

①咸味。咸味是非甜菜品的主味，有"百味之王"之称，是各种复合味的基础味。咸味是单一味中能独立用于菜点的味，在调味中除了能赋予菜品滋味之外，还具有提鲜、增甜、解腻、除腥等作用。咸味的调味品很多，最主要的是食盐，俗话"珍馐百味不离盐""无盐就无味"充分说明了食盐的重要性。除食盐外，咸味调味品还有酱油、酱料、豆豉、蚝油、腐乳、南乳、虾酱等。不同的咸味调味品咸度不同，在使用中应注意掌握其咸度，再调入其他调味品。

②鲜味。鲜味是一种柔和、令人愉悦的味道。鲜味呈味的有效成分主要是各种核苷酸、氨基酸、酰胺、三甲基胺肽、鸟苷酸等物质。菜品中的鲜味主要有两个来源：一是富含蛋白蛋的原料在加热过程中分解出低分子的含氮物质，二是烹调中加入的鲜味调味料。常用的鲜味调味品有各种味精、鸡精、蚝油、鱼露、虾子、上汤、顶汤等。使用鲜味调味品要注意方法，特别是环境和火候的使用，否则调味品不能呈鲜。

③甜味。甜味是甜菜的主味，是单一味中可在成品中单独成味的一种味。除单独成味外，甜味在调味中还有去腥解腻、增强鲜味、调和滋味等作用。甜味用于调和滋味很有效果，能使酸、辣、苦等烈味变得柔和，能使复合味增浓。但是，如果对咸鲜类菜品加入较多甜味，会引起滞口感，使菜品难吃。此外，甜味在汤水中特别容易呈现，因此，汤水调味不宜放糖。甜味调味品主要有白糖、冰糖、片糖、红糖、麦芽糖、蜂蜜、炼奶、果酱等。

④酸味。酸味是由氢离子刺激味觉神经引起的，若酸味稍强就会产生倒牙、口腔肌肉紧张、唾液不自觉分泌等情况。

在烹调上，酸味有较强的去腥除腻作用，此外，还有提味、爽口的效果。有机酸还可与料酒中的醇类发生酯化反应，生成具有芳香味的酯类，使菜肴有香味。常用的酸味调味品有米醋、甜醋、黑醋、浙醋、陈醋、醋精、酸梅、果酱等。在烹调中，酸味须与甜味混合才能形成可口美味。

醋酸是各种食醋的主要成分。一般酿造食醋含醋酸3%~5%，食用醋精约含30%。在食醋中，除醋酸外，还有乳酸和琥珀酸。各种酸类物质的分布及作用见表4–1。

表 4-1 酸类物质的分布及作用

| 酸的类型 | 分布 | 作用 |
| --- | --- | --- |
| 醋酸 | 各种食用醋中 | 能促进骨类原料中钙的溶出，生成可溶性的醋酸钙，便于人体消化吸收 |
| 乳酸 | 腌渍物（如酸菜）、酱油、豆瓣酱、酸奶等，变质的米饭、乳品等也有乳酸 | 烹调时很少使用 |
| 琥珀酸 | 酿造品、贝类、苹果、草莓、葡萄等食品中 | 带鲜美的风味，但很少在烹调中直接使用 |
| 柠檬酸 | 柠檬、柑、橘子等水果中 | 是一种香且可口的酸味，烹调中常使用果汁来增香 |
| 草酸 | 鲜菇、鲜笋、菠菜、茭白（茭笋）中含量较高 | 它与钙结合成草酸钙，属不溶性钙盐，故需要通过焯水的方法去除 |
| 丁酸 | 腐败的乳酪及奶油中，有强烈的臭味 | 对菜肴滋味有不良作用 |
| 有机酸 | | 与料酒中的醇类发生酯化反应，生成具有芳香味的酯类，使菜肴有香味 |

还有酒石酸、葡萄糖酸、苹果酸等，这些酸在烹调中很少使用。天然食物中的酸味通常是多种酸味的混合味。

⑤苦味。食物中的苦味分为无机苦味和有机苦味两类。属于无机苦味的是钙、镁、铵等金属盐类。没有精制过的食盐含有少量的氯化镁或硫酸镁，因而带苦味。有机苦味的产生是由于食物中含有生物碱、单宁类物质，如咖啡中的咖啡碱，可可中的可可豆碱，茶叶中的茶叶碱和单宁类物质。此外，还有些不含氮的苦味物质，常见的是某些糖苷和酮类，如苦杏仁苷、柚皮和柑橘类果皮中的柚皮苷等。龙葵碱是由葡萄糖残基和茄啶组成的一种弱碱性糖苷，味甚苦，有毒性，广泛存在于马铃薯和番茄、茄子等茄科植物中。发芽的马铃薯和未达到生理成熟期的番茄含量特别高。

单纯的、强烈的苦味都是人们不喜欢的，但轻微的苦味能使菜肴具有清爽的风味。同时，苦味物质大多具有消暑解热作用，因此在夏、秋季节受到人们的欢迎。烹调中，苦味主要来源于凉瓜、柚皮、苦杏仁，带苦味的调味品有陈皮、豆豉。

⑥辣、麻味。严格来说，辣、麻味不属于味，因为辣、麻味的产生不通过味蕾，这也是辣味不盖味的原因。辣味主要是辣味物质刺激口腔黏膜引起的烧灼感，而对鼻腔没有明显刺激。产生热辣味的物质有辣椒碱和胡椒碱，它们存在于辣椒和胡椒中。辛辣味有一定的挥发性，除能作用于口腔外，还能刺激鼻腔黏膜，引起冲鼻感。含辛辣物质的原料有芥末、姜、葱、蒜等，主要成分是黑芥子苷、姜酮、大蒜素等物质。辣味具有较强的刺激性，对腥、臊、膻等异味有较强的抑制能力，辣味能刺激胃肠蠕动，增强食欲，帮助消化。常用的辣味调味品有辣椒、胡椒、姜、辣椒粉、辣椒油、胡椒粉、芥末、咖喱、辣椒酱，等等。食物中的辛辣味的主要成分及特性归纳如下。

a. 辣椒碱。又称辣椒素，主要存在于辣椒及胡椒中，它几乎不溶于水，微溶于热水，易溶于醇和油脂中，加热时不被破坏，呈辣味。

b. 胡椒碱。又称椒脂碱，主要存在于胡椒中。

c. 姜黄酮。又称姜酮和姜辛素，为生姜中的辣味成分，进入人体后使人有温热感觉，具有发汗、驱寒、健胃、祛痰、祛风等功效，有很强的去腥作用。

d. 芥子油。存在于芥菜、萝卜等十字花科种子内，为黑芥子苷钾盐，有挥发性，故能引起冲鼻感，味苦辣。

e. 蒜素。主要存在于大蒜和葱内，具有辛辣味。它有很强的杀菌作用。

f. 组胺和酪氨。它们分别由组氨酸和酪氨酸腐败分解而成，有辣味。凡不含辣味的食物变质后都带有辣味，一般是因为有组胺和酪氨存在。它们的辣味很弱，但有毒。

(2) 复合味。以一种单一味为主味，混合另一种或一种以上的单一味，经各味之间的相互作用而成的味称为复合味。复合味的调制不是单一味的简单相加，而是各味之间相互作用的结果。复合味可以根据基础味分为咸复合味和甜复合味两大类。

①咸复合味。咸复合味有两种分类方法。一种是按复合味中所明显呈现的单一味种类，分为双合味、三合味和多合味三种。双合和三合并不是指只由两种或三种单一味组成的意思。

常见的双合味有以下几种。

a. 咸鲜味。多指比较浓郁的味，如红烧甲鱼、辣椒炒牛肉等的味。偏于清淡的咸鲜味一般称为清鲜味，如姜蓉白切鸡、荷叶蒸甲鱼、油泡虾球、鲜笋炒牛肉等。

b. 酸甜味。如糖醋排骨、白云猪手、西湖菊花鱼、五柳松子鱼等。

c. 咸甜味。如蜜汁叉烧等。
d. 咸酸味。如酸菜炒猪肠。
e. 咸辣味。如广式虎皮尖椒、胡椒猪肚煲。

三合味是比较明显呈现三种单一味的味，常见的三合味有以下几种。
a. 咸鲜甜味。如干煎大虾、茄汁虾球、桶子油鸡等。
b. 鲜酸甜味。如梅子甑鹅、梅子蒸排骨等。
c. 辣酸甜味。如姜芽牛肉、紫萝鸭片等。
d. 咸辣甜味。如沙茶牛肉、紫金凤爪等。
e. 咸酸辣味。如紫金牛柳丝、辣鸡酱猪扒等。

多合味是指各种单一味充分混合，已经难被明显区分感受的味，比较典型的是川菜中的怪味，粤菜中这种复合味也很多，如煎封味、乳香味、广式鱼香味、煲仔酱味等。

咸复合味的另一种分类方法是按照定型复制调味品（汁、酱）来分类，例如糖醋味、果汁味、西汁味、卤水味、XO 酱味、咖喱味、虾酱味、烧汁味。

②甜复合味。甜复合味以糖为主要调味品，再辅加奶品、可可、果汁、山楂、杏仁汁等原料调制而成，其味型名称可根据辅加的调料而定，如奶香味（或鲜奶味）、可可味、果汁味、橙汁味（鲜橙味）、山楂味、杏仁味，等等。

（二）调味的方法

俗话说："五味调和百味鲜。"五味为何能调出百种鲜美滋味呢？靠的就是调味的方法。调味的方法多种多样，如下所述。

1. 拌

拌就是在非加热状态下把调味品加入菜肴原料中拌匀。菜肴原料可以是待烹原料，如给鱼片拌盐，也可以是成品原料，如凉拌菜原料拌味和焯菜原料拌味。

2. 腌制

腌制是有目的地把调味品、食品添加剂、淀粉、清水等按需要加进被腌制的原料拌匀并放置一段时间。

3. 滚煨

用有味的汤水加热原料的工艺称煨。汤水味通常是咸味、鲜味、姜葱味、酒味等。煨能使原料增加内味和香味，同时去除或掩盖原料异味。煨前一般应先经清水滚。

4. 㸆

㸆是一种使缺乏滋味的原料增加滋味的常用工艺。

5. 烹制加味

烹制加味是指在烹制过程中加入调味品增加锅内的滋味浓度，使原料在致熟过程中入味的工艺。烹制加味是一种普遍使用的工艺，在焖、炒制肉料中用得特别多。

6. 随芡调味

随芡调味就是把调味品放在芡液内，勾芡时调味品随芡液一齐加到菜肴中。随芡调味适用于烹制时间短促、原料形体不大的菜肴，在炒和油泡中用得比较多。

7. 拌芡

有味的汤汁勾芡后放进成熟原料拌匀的工艺称为拌芡。拌芡可在锅上拌，如糖醋咕噜肉、生炒排骨，也可在碟上拌，如凉拌烤鹅。

8. 浇芡

把有味的芡浇在碟子上熟料面上的工艺叫浇芡。这些芡通常是特殊味汁芡和原汁芡，如金华玉树鸡、荔浦扣肉、蒜子珧柱脯等。

9. 淋汁

淋汁工艺就是把味汁直接淋于成熟的菜料上，如给蒸熟的鱼淋上蒸鱼豉油。

10. 封汁

指煎炸的原料成熟后放在锅内，边加热边调入味汁翻匀的工艺。封汁既能使成品入味，又能保持成品焦香风味，例如果汁煎猪扒封入果汁，红烧乳鸽封入喼汁等。

11. 干撒味料

干撒味料即把粉末状的混合调味品直接撒在成品上拌匀或不拌匀。有时会先将混合调料放在锅内炒匀，再放进主料炒匀。这种方法的调味品基本处于无水状态，因此不能渗入原料内部，只能黏附于原料表面。为着味均匀，调味料应当越细越好。这种方法能最大限度地保持菜肴甘香松酥的特点。

12. 跟作料

作料是味芡或味汁，它用味碟盛放，与主料一起上桌，由食用者自行蘸加调味。

### (三) 调味工艺对营养素的影响

由于是按照人的口味喜好进行调味，故能够引起食欲，促进消化液的分泌，使食物被充分消化，提高食品营养素的利用率。

营养型调味品能够提高食物的营养价值。如果汁类调味品（柠檬汁、橙汁、提子汁、苹果汁等）与鱼肉、脂肪合烹，有利于营养素的消化吸收。

在腌制原料时，为了改善原料的组织结构，软化原料的质地，常常给原料添加食用碱或小苏打。加入这些食品添加剂会使 B 族维生素和维生素 C 受到破坏。

调味时要严格控制调味料的分量。过重的味不仅会影响原料的原味，增加肾脏的负担；还会影响人体吸收营养素。例如，炒鸡蛋时如果加盐过多，会影响对鸡蛋蛋白质的消化吸收。

## 八、勾芡及对营养素的影响

### （一）芡的概念

在烹调中，把吸水的淀粉受热糊化所形成的柔滑光润黏稠的胶状物称为芡。成芡可有两种方法：一种方法是把湿淀粉调入菜肴或汤汁中令其受热糊化，这项工艺为勾芡，是最常用的成芡工艺；另一种方法的工艺叫拌粉或上芡，就是先把淀粉拌于原料上，在原料加热成熟的同时淀粉也就糊化成芡。这项工艺主要用于蒸法。

### （二）芡的作用

1. 保证菜肴入味

芡的黏稠性使味汁能紧紧地依附在菜肴原料表面，使菜肴入味补味，形成好的滋味。

2. 减少营养成分的损失

烹制过程中菜肴渗出的味汁会带走大量的营养素，芡能使汁菜合一，避免营养素的流失，提高了菜肴营养素的利用率。

3. 形成菜肴良好的口感

芡的柔滑性使菜肴嫩滑，芡的黏稠性降低了内含水分的渗透性，延长了酥脆食物的松脆时间。菜肴勾芡后能够提高柔滑感，但也降低了清爽感，厚芡还会有腻口的感觉。这在运用芡时需要注意。

4. 使菜肴油亮美观具有新鲜感

含有油分且稀稠适中的芡会呈现光润油亮的样子，令菜肴美观，有新鲜感。

5. 在一定程度上起保温作用

芡含有油脂，而且比较黏稠，当它覆盖在菜肴上时，就能减慢菜肴热气的散失。

### （三）芡对营养素的保护

芡的黏稠性质能够收拢带有营养素的味汁，将其附在菜肴上，避免了营养素的流失。用于勾芡的淀粉含有谷胱甘肽，可以保护维生素 C。

## 九、烹调方法及对营养素的影响

未加工和未烹调的食物营养素损失少，但是，有些未经加工、未烹调的食物存在一些阻碍或抑制营养素消化吸收的成分。

生的豆类含胰蛋白酶抑制剂，能抑制胃蛋白酶、胰蛋白酶、糜蛋白酶等多种蛋白酶对蛋白质的分解作用；生鸡蛋也含有胰蛋白酶抑制剂，能抑制蛋白酶活性，影响蛋白质的消化吸收。鱼、虾体内存在维生素 $B_1$ 酶的抗营养因子，可使维生素 $B_1$ 失去活性。菜花、萝卜、卷心菜等蔬菜含有致甲状腺肿因子，影响碘的吸收，过多食用可导致甲状腺肿。菠菜含草酸，会与食物中的钙结合成不溶于水的草酸钙。解决以上问题的简单办法就是加热烹调，如加热可以去除蛋白酶抑制剂，通过焯水可去掉部分草酸。加热还能使食物中的蛋白质变性，易于分解，形成有风味特色的食品。但是，过度加热反而使蛋白质不好消化，甚至会使蛋白质分解成有害的物质，如 α-氨甲基衍生物。所以，烧焦的蛋白质不能食用。

在烹调中，溶于水的矿物质会随原料的受热收缩溢出而流失。肉料加热过程中矿物质溶于汤中较多，各种矿物质流失的情况是：钾为 64.4%，钠为 62.5%，氯为 41.7%，磷为 32%，钙为 22.5%，镁为 11.5%。

不同烹调方法对维生素的影响不同，见表 4-2，水溶性维生素较不稳定，在烹调中比较容易受到损失。

表 4-2 维生素在烹调过程中的变化情况

| 维生素 | 溶解性 | 氧化 | 热 | 酸碱 | 其他 |
| --- | --- | --- | --- | --- | --- |
| 维生素 C | 溶于水，易随水流失 | 在铜质器皿里易被氧化 | 加热最容易将其破坏 | 在溶液中，特别是碱性溶液中易被氧化，酸性环境则稳定 | 不易溶于脂肪和脂肪溶液 |
| 维生素 $B_1$ | 易溶于水 | 在水中容易被氧化剂破坏 | 不耐热，遇干热损失少，湿热破坏大 | 耐酸，但是不耐碱 | 在空气中较稳定 |
| 维生素 $B_2$ | 易溶于水，一般比较稳定 |  | 耐热 | 耐酸，易被碱破坏 | 易被日光破坏 |

续上表

| 维生素 | 溶解性 | 氧化 | 热 | 酸碱 | 其他 |
|---|---|---|---|---|---|
| 维生素 A | 易溶于脂肪 | 易被氧化 | 耐热 | 耐碱 | |
| 维生素 D | 溶于脂肪 | 易被氧化 | 耐热 | 耐碱 | 若脂肪酸败，维生素 D 就会被破坏；日光对维生素 D 无影响 |
| 维生素 E | 溶于脂肪 | 对氧敏感 | | 在碱性条件下加热会使其完全被破坏 | 用油脂炸食物，脂肪所含的维生素 E 有 70%~90% 被破坏 |
| 维生素 K | 溶于脂肪 | | 耐热 | 耐酸、不耐碱 | 易被日光破坏 |

## （一）炒法对营养素的影响

在锅里煸炒瓜菜需要放盐。放盐的时机对营养素有影响。如果瓜菜下锅就放盐，盐的高渗透作用就会促使瓜菜的水分很快地大量排出，水分里的营养素就会随水分的排除而流失。所以，煸炒瓜菜应该是在瓜菜由生转熟时放盐。

炒制菜肴时如果下汤水太多会溶解大量的营养素，造成营养素的流失。所以炒制时应该控制添加的水量。

炒制菜肴时锅里常常有较多的汤汁。汤汁里有丰富的滋味和营养素。通过勾芡使汤汁变黏稠从而黏附在菜肴上，这样就能充分地利用营养素。

## （二）炸法对营养素的影响

葵花子油加热挥发性比较强。如果用葵花子油炸制食品，油温较高，油脂就会混浊发黑，从而产生焦煳气味，油脂中的必需脂肪酸和维生素 E 也会被大量破坏。通常油炸的温度越高，加热时间越长，对营养素的破坏越明显。

### （三）煎法对营养素的影响

食物中的氨基酸在高温油煎时，可分解生成胺类化合物，高温时胺类化合物即可与硝酸盐或亚硝酸盐反应生成 N-亚硝基化合物，易致癌。

### （四）炖法对营养素的影响

炖法是指把炖料和沸水同时放在炖盅内用蒸汽加热的烹调方法。由于这种烹调方法加热比较温和，水分不易流失，所以对营养素的破坏比较小。但是应该控制好炖制的火候。如果原料的火候不一致就应该采用分炖的方法，以免炖过火。炖制时炖盅应该加盖，以减少香气和营养素的散失。

### （五）煲法对营养素的影响

煲就是煲汤，就是把汤料放进有水的汤锅内，用中火加热一段时间，锅内就会煲出汤味鲜美、汤料软烂的汤品来。煲汤的时间与汤品中营养素含量有关系。研究发现：蹄髈的蛋白质和脂肪含量在加热 1 小时后汤中明显增高。

在加热 30 分钟后，鸡肉汤中的蛋白质和脂肪含量逐渐升高，蛋白质在加热 1.5 小时左右、脂肪在加热 45 分钟左右可达到最大值。鸭肉汤中的蛋白质在加热 1 小时后含量基本不变，脂肪含量在加热 45 分钟时升至最高值。这说明长时间煲汤并不能使汤中的营养素有所增高。另外，长时间加热会破坏汤品中的维生素。总之，加热 1~1.5 小时可获得比较理想的汤品营养素峰值。尽管汤品里含有丰富的营养素，但汤料的营养素含量还是比较多的，如果只喝汤而不吃汤料，会造成营养素浪费。

### （六）焯法对营养素的影响

把原料投入沸水中，用猛火加热，短时间使原料致熟成菜的烹调方法叫焯。用于焯的原料一般都比较细小，如果加热火力小，加热时间长，原料里的水溶性营养素容易流失或被破坏。

## 十、烹调过程中可能产生的有害物质

### （一）油加热可能产生的有害物质

在高温下，脂肪部分分解，生成甘油和脂肪酸。当温度升高到 200℃ 以上时，分子间开始脱水，缩合成分子质量相对较大的环状化合物。当油温达到 250~260℃ 时，则可分解成酮类和醛类物质，同时生成多种形式的聚合物，如已二烯环状单聚体、二聚体、三聚体和多聚体，它们具有一定的毒性。

油脂在达到发烟点温度时会发出油烟，油烟中带有大量的丙烯醛。它具有挥发性和强烈辛辣气味，对人的鼻腔、眼黏膜有强烈的刺激作用。油脂在高温条件下，脂溶性维生素和必需脂肪酸易被氧化，从而使得油脂的营养价值降低。因此，油脂应尽量避免持续过高的温度，一般不要超过200℃，不要重复高温使用，若反复使用，应该随时加入适量新油，以减少有害物质的生成，对已变色变味的油脂，不能再使用。用反复炸制的油炸制油条会含有苯并芘和亚硝酸胺等，这些都是很强的致癌物质。

（二）锅加热可能产生的有害物质

用锅加热传热能力很强，锅的温度可以达到500 ℃以上。容易使锅内的原料烧焦。烧焦的食物不仅滋味差，还具有毒性。

（三）烧烤可能产生的有害物质

用木材的烟熏制鱼或肉时，烟中含有的氮氧化合物可与鱼、肉中的氨基酸转化的仲胺反应，生成亚硝胺，如N-亚硝基二甲胺、N-亚硝基二乙胺、N-硝基吡咯烷等。用熏、烤等方法制作食品时，可使木材或煤因不完全燃烧而产生苯并芘等致癌物质污染食品；在烘烤含油较多的原料（如烤鸭、烤鹅等）时，油脂会溢出滴在火上，经高度焦化发生缩聚反应，产生苯并芘等有害物质。

# 十一、烹调过程中对营养素保护的有效措施

（一）米、面食

1. 适当烹调

纤维素包围在谷粒和豆粒外层，它会妨碍体内消化酶与食物内营养素的接触，影响营养素的消化吸收。但是如果食物经烹调加工后，食物的细胞结构发生变化，部分半纤维素变成可溶性状态，原果胶变成可溶性果胶，增加体内消化酶与植物性食物中营养素接触的机会，从而提高了营养物质的消化率。

2. 减少米的淘洗次数

淘洗次数多就会使大米的水溶性营养素流失。所以，对未被霉菌污染和没有农药残留的大米来说，一般淘洗2~3次即可。不要用流水冲洗，更不宜用力搓洗。

3. 不丢米汤、面汤

米汤中含有大量的碳水化合物、蛋白质、维生素、矿物质,如果捞米饭丢米汤就会造成营养素的丢失。丢米汤的饭所含的维生素 $B_1$、维生素 $B_2$ 比不丢米汤的饭多损失 40% 左右。所以应该用煮或蒸的方法做米饭。煮面条时,面汤里约溶有 5% 的蛋白质,约 35% 的维生素 $B_1$、维生素 $B_2$,如果丢弃面汤,这些营养素就会被一起丢弃。

4. 面食以蒸为佳

在蒸馒头、包子或窝窝头时,面食里的蛋白质、脂肪与碳水化合物、矿物质几乎没有损失。加碱制作面食会使大量维生素 $B_1$ 遭到破坏。烙饼的维生素 $B_1$ 和烟酸损失不超过 10%,维生素 $B_2$ 损失不超过 20%。炸油条虽好吃,但由于加碱和炸制的油温高,其中维生素 $B_1$ 几乎丢失。

5. 沸水煮饭

用冷水煮饭,水未滚沸时米粒糊粉层的营养素大部分溶于水中,并会随水分的蒸发而有所溢出。此外,净化自来水加入了氯化钙、次氯酸钙等净化剂,煮饭时这些碱性的盐离子也会分解破坏维生素 $B_1$。用沸水煮饭,米粒里的蛋白质遇热凝固,使米粒完整不散,可保护维生素 $B_1$ 不容易溶于水中。水烧开后次氯酸钙分解为氯气和水,不会破坏维生素 $B_1$。关于不同烹调方法对米饭和面食中 B 族维生素的保存状况见表 4-3。

6. 豆浆应煮沸后饮用

豆浆所含的蛋白质与牛奶大致相同,但是生豆浆含有皂素和抗胰蛋白酶等有害成分,饮用未煮沸的豆浆不但蛋白质不容易被消化吸收,而且会引起食物中毒。

表 4-3 不同烹调方法对米饭和面食中 B 族维生素的保存状况

| 食物 | 原料 | 烹调方法 | 硫胺素 | | | 核黄素 | | |
|---|---|---|---|---|---|---|---|---|
| | | | 烹调前/mg | 烹调后/mg | 保存率/% | 烹调前/mg | 烹调后/mg | 保存率/% |
| 饭 | 稻米 | 捞、蒸 | 0.21 | 0.07 | 33 | 0.06 | 0.03 | 50 |
| | 稻米 | 碗蒸 | 0.21 | 0.13 | 62 | 0.06 | 0.06 | 100 |
| 粥 | 小米 | 熬 | 0.66 | 0.12 | 18 | 0.03 | 0.009 | 30 |
| 馒头 | 富强粉 | 发酵、蒸 | 0.27 | 0.07 | 28 | 0.05 | 0.03 | 62 |
| | 标准粉 | 发酵、蒸 | 0.27 | 0.19 | 70 | 0.06 | 0.05 | 86 |

续上表

| 食物 | 原料 | 烹调方法 | 硫胺素 | | | 核黄素 | | |
|---|---|---|---|---|---|---|---|---|
| | | | 烹调前/mg | 烹调后/mg | 保存率/% | 烹调前/mg | 烹调后/mg | 保存率/% |
| 面条 | 富强粉 | 煮 | 0.29 | 0.20 | 69 | 0.05 | 0.035 | 71 |
| | 标准粉 | 煮 | 0.61 | 0.31 | 51 | 0.03 | 0.013 | 43 |
| 大饼 | 富强粉 | 烙 | 0.35 | 0.34 | 97 | 0.06 | 0.05 | 86 |
| | 标准粉 | 烙 | 0.48 | 0.38 | 79 | 0.06 | 0.05 | 86 |
| 烧饼 | 标准粉 | 烙、烤 | 0.45 | 0.29 | 64 | 0.08 | 0.08 | 100 |
| 油条 | 标准粉 | 炸 | 0.49 | 0 | 0 | 0.03 | 0.02 | 50 |
| 窝头 | 玉米面 | 蒸 | 0.33 | 0.33 | 100 | 0.14 | 0.14 | 100 |

## （二）蔬菜

### 1. 先洗后切

先切再洗虽然方便，但是大量的维生素就会流失到水里去。所以蔬菜应该先洗后切，而且加工后要及时烹调。

### 2. 切块不宜太细小

蔬菜切块越细小，营养素被破坏的可能性就越大。辣椒切成丝用油炒1.5分钟，维生素C的损失率就达20%多。所以蔬菜切块要尽可能大一些。

### 3. 切后不浸泡

蔬菜切后又浸泡，水溶性的营养素都会大量地通过渗出、溶解等方式流失。

### 4. 猛火快炒

猛火快炒可以减少维生素损失。据测试，用猛火快炒的方法烹调，叶菜的维生素C的保存率可达60%~80%，番茄的维生素保存率可达90%。长时间的加热会使维生素C损失很多。白菜煮15分钟维生素C的损失率可达43%，一般的青菜用水煮10分钟，约有30%的维生素C被破坏。通过氧化破坏维生素的氧化酶最适宜的催化温度是50~60 ℃，当锅内温度超过80 ℃时，氧化酶就会失活，从而保护了维生素。可见，水煮时先猛火把水烧开，再放进青菜，能提高维生素的保存率。

### 5. 尽量不挤汁、不焯水

蔬菜的汁液里含有丰富的营养素，挤汁和焯水都会使这些营养素流失。

### 6. 不用碱性溶液焯水

多种水溶性维生素在碱性溶液里都会被破坏,如果在又加热的情况下,维生素的损失就更大。

### 7. 适当加醋

蔬菜富含维生素C,维生素C在炒制时极易被破坏。然而,维生素C、维生素$B_1$、维生素$B_2$怕碱不怕酸,在酸性环境里都是比较稳定的,因此烹调蔬菜时适当加醋有利于维生素的保护。

### 8. 合理加热

蔬菜中的果胶在加热时也可吸收部分水分而变软,有利于蔬菜的消化吸收。植物细胞壁的纤维素在一般烹调加工过程中,不会被溶解破坏,但加热有助于其吸水膨胀,使食物质地变软。

### 9. 选用合适的烹调方法

不同的蔬菜含有不同的营养素,因此要根据营养素的性质选用合理的方法来烹调。胡萝卜含有较丰富的类胡萝卜素,类胡萝卜素属于脂溶性维生素,它只有溶解于油脂中才能在人体小肠黏膜作用下转变成维生素A而被吸收。所以胡萝卜最好用油炒。如果用水煮或生吃,大约有90%的类胡萝卜素不能被消化吸收。

### 10. 尽量带皮食用

蔬果的表皮含有多种维生素,特别是维生素C的含量很高,当然,如果表皮被农药污染无法清除,就只有削皮食用。

### 11. 烹好要尽快食用

蔬菜中维生素$B_1$在烹好后温热存放15分钟可损失25%。白菜炒好后温热存放15分钟,维生素C可损失20%,再保温30分钟,损失率再增加10%。为了避免维生素的损失,烹好的蔬菜应该尽快食用。

## (三)蛋类

### 1. 少用油煎炸,多用蒸和煮

用不同的烹调方法烹调,维生素的损失率有较大的差别。煮鸡蛋维生素$B_1$损失7%,维生素$B_2$损失3%;炒鸡蛋维生素$B_1$损失13%,维生素$B_2$损失1%;煎鸡蛋维生素$B_1$损失22%,维生素$B_2$损失9%。用蒸煮方法烹制的蛋类菜品,除维生素有少量损失外,其他营养素基本没有损失。这是因为蒸煮的温度低,时间短。用炸或煎的方法烹调鸡蛋会使蛋白质焦煳,影响消化吸收,水溶性维生素也基本都被破坏。

### 2. 适当加热

鸡蛋过度加热引起蛋白质凝固程度加大,不仅口感不好,而且难以被消化吸收。

3. 鸡蛋不能生吃，也不宜用开水冲服

生鸡蛋中可能含有大量的致病菌，如沙门氏菌、变形杆菌、金黄色葡萄球菌等，生吃鸡蛋很可能发生食物中毒。另外，生鸡蛋中含有抗胰蛋白酶，能抑制人体消化液中的蛋白酶，从而影响机体对蛋白质的吸收。

（四）肉类

1. 不应长时间冲洗、浸泡肉类

为了使肉色洁白或者将冻肉解冻，长时间冲洗和浸泡肉料，会使水溶性的营养素大量地流失，也使肉料本身的滋味变差。

2. 少添加碱性材料

肉料也含有多种水溶性维生素，碱容易破坏维生素。

3. 适当加醋

烹调含钙比较丰富的原料适当地加醋，不仅可以除去异味，还可以促进钙的吸收。排骨和鱼中钙含量都比较高，在酸性环境里钙易被消化吸收。

4. 用铁锅烹调

用铁锅烹调，铁锅可游离出人体所需要的铁。

5. 猛火快炒

猛火快炒同样能够避免维生素的损失。猪肉切成丝猛火快炒，其维生素 $B_1$ 的损失率为13%，维生素 $B_2$ 的损失率为21%。如果猪肉切块焖炖，维生素 $B_1$ 的损失率为65%，维生素 $B_2$ 的损失率是41%。

6. 荤素搭配

荤素搭配有利于提高肉类的营养价值。动物性原料如肉类含有谷胱甘肽，所以肉类和蔬菜在一起烹调也有保护维生素 C 的作用。鱼肉含有维生素 D，用豆腐焖鱼可促进豆腐中钙的吸收，使钙的生物利用率大大提高。

（五）水产品

1. 保持水产品的清洁

水产品含有丰富的蛋白质，死亡后蛋白质就会被细菌分解，既破坏了蛋白质，还会产生毒素。

2. 不能长时间冲洗或浸泡加工好的水产品

加工好的水产品有了切口，营养素便容易流失。如果长时间冲洗或浸泡，会加速营养素的流失。

## 第二节 汤品食材加工方法

### 学习目标

（1）熟悉原料在制作汤品前的初步加工流程。
（2）掌握各种原料在制作汤品前的熟处理方法。

用于制作汤品的原料种类繁多，干鲜并存，功效各异。为了保证制作出来的汤品达到色、香、味、效用俱全，通常在制作汤品前都要对原材料做加工处理。其加工处理工艺包括有清洗、加热等，目的主要是去除原料污物和杂质、异味，使汤色呈奶白色，以及保证汤品味鲜、香浓等。

### 一、宰杀（主要是指水产品）

（一）生鱼、鲫鱼等用于整条鱼制作汤品

用刀在鱼鳃根部切一刀放血，从尾部至头部削去鱼鳞（生鱼头部的鱼鳞也应削净），再从腮下至尾鳍部用平刀在鱼腹开肚（不得过深，否则会戳破鱼胆），挖去内脏，刮去黑膜，从头部挖去鱼鳃，洗净。

（二）水鱼

将水鱼翻转肚朝上，用拇指、食指钳紧其尾部两侧放在砧板上，待其头伸出后，将颈拉长，用手握住颈部，竖起从肩部中间下刀，斩断头骨和肩骨，把甲壳揭开，取出内脏，用100 ℃热水烫甲壳，擦去外衣，去清黄膏，斩件，斩去脚爪，洗净。

### 二、洗净

所有原料在制作汤品前均需洗净及去除原料异味，以保证汤色洁净、卫生。

（一）新鲜蔬菜、水果类原料

清洗方法较为简单。切去头、皮、瓤和杂质，清洗干净即可。如冬瓜、节瓜、白菜等。

(二) 内脏性的肺、肚原料

这类原料相对复杂,采用灌洗或搓洗方法。

1. 猪肺

因为肺中的气管和支气管组织复杂,气泡多,里面的污物、血污不易从外部清洗,故采用灌洗方法。把猪肺的硬喉套在自来水笼头,将清水注入猪肺内,使肺叶扩张;胀满后,用手按压猪肺,将注入的水连同血污、泡沫一齐挤出。用此方法连续灌洗四五次,直至猪肺转为白色洁净为止。

2. 猪肚

由于原料带有黏液和异味,单凭冲洗是不能去除的。因此,先将猪肚里外翻转,加入精盐、干淀粉搓擦,用水搓洗后,再加入花生油搓擦,最后用水搓洗干净即可。

## 三、干货原料涨发

原料涨发主要针对干货原料。由于干货原料是通过各种脱水方法加工而成的一大类较名贵的原料,如冬菇、鱼肚、海参、菜干、中药材等。若要将干货原料用制作汤品,就必须让其进行干货涨发,让它重新吸收水分,让其涨发起来,便于刀工切改及符合烹制和食用要求。干菜类的干货和中药的花草浸泡时间稍短,基本在 1 小时以内即可,如白菜干、银耳、昆布、夏枯草、菊花;坚果、豆类或中药根茎类的应浸时间应稍长,可浸泡 1 小时以上,如冬菇、淮山、莲子、茨实等;动物类的干货则采用相应的方法进行涨发,如花胶、海参等。

(一) 花胶

采用浸焗方法涨发,用清水浸约 12 小时,洗擦干净,放入盆内加入沸水焗 1 小时,如未"够身"可换水再焗,至"够身"为止。鉴别花胶是否"够身",可从三方面看:能戳入手指甲;用刀切时不粘刀,刀口中间不起白心;在热水和冷水中,其软度均一样。

(二) 海参

海参品种较多,用于制作汤的海参,一般选用较小条的海参,如辽参、刺参等。采用浸焗煲方法涨发,用清水浸 12 小时后,转放入瓦煲内,加入沸水焗 1 小时,洗净,漂浸约 2 小时,再用清水慢火煲焗 2 小时,取出漂浸 8 小时。反复煲焗漂浸 2~3 次,直至去除原料异味和够身为止。清除肚内泥沙,保留海参肠,用时撕去海参肠。煲焗时注意检查海参,如果有海参"够身"则提前取出漂水。

## 四、汆水

将原料放入沸水中，略加热至去除血污和油污即捞起，用冷水洗净即可。汆水的目的主要是去除原料的血污和异味及表面油污，这样可使制作出的汤品汤清味纯。汆水主要用于脂肪不多、异味不大的禽类原料，如鸡、乳鸽、田鸡、排骨、猪肉等。

## 五、爆炒

此方法是先汆水后爆炒。将原料放入沸水中加热后捞起后洗净，烧锅下油投入姜、葱、原料，采用中火一同爆炒。汆水的目的主要是去除原料的血污和表面油污；爆炒的目的是去除原料的腥膻异味。此法多用于异味大且耐火的禽类原料，或血水多的内脏性原料。

（一）羊肉

将原料放入沸水中略加热，倒出并用清水洗净，烧锅投入姜片、葱条爆香后再放入肉料，溅入姜汁酒，采用中火爆炒至原料表面呈浅金黄色，以及无异味散发，倒出后用清水洗净。

水鱼、牛展、猪肺、老鸭基本用此方法。

（二）木瓜、粉葛

直接将切好的原料放入热锅中，采用中火干爆炒，其目的是减少植物寒凉之性和使汤色呈现奶白色。

## 六、煎

煎是指烧锅下油，将原料煎至表面呈金黄色的操作过程。此法多用于鱼类原料在制作汤品前的熟处理加工，其目的是去除鱼的腥味，使汤呈奶白色，而且煎过的鱼在制作汤品时不易碎裂。

## 第三节 汤品的制作方法

### 学习目标

（1）掌握粤菜中制作汤品的烹调方法。
（2）掌握各种制作汤品的制作方法和技巧。

在粤菜中可制作成汤品的烹调方法较多，大致分别是煲、炖、滚、烩、煮等方法，不同的烹调方法制作的汤品也有不同的风味。

### 一、煲

广东人有喜欢喝汤的习惯，故煲汤可谓是家喻户晓，并且认为煲的汤不但能增进营养，而且有补而不燥的功效。因此，作为一名汤养指导师，不能忽视煲汤的技术。煲汤，是指把经刀工和初步处理的原料放入有盖的器皿（以瓦煲最好），猛火烧沸后，改用中慢火进行长时间的加温，至肉料稔烂、汤味香浓而成为汤品的制作过程。

煲汤的制作工艺流程：
原料热处理→加入清水→煲制→调味

煲汤是以汤为主，其他原料为辅的汤菜，通过长时间的加温制作而成，使肉料和其他配料的滋味，溶解在汤水中，使汤芬香、滋润而味鲜，补而不燥。

煲汤在制作时要注意以下问题。

（1）煲汤前原料要经热处理，使其去除腥膻异味，保证汤味香浓。对于不同的原料应采用不同的处理方法。

（2）煲汤时火候宜用中慢火，并且要加盖。

（3）煲汤前应一次加足水量，通常煲汤的用水与汤料比例为 2∶1，中途不能加水和停火。

（4）煲汤时间要足够，要待汤煲好后再进行调味。

煲汤按季节来分，一般可分为清煲和浓煲两种。清煲是指使用清淡的肉料和配料煲制，汤清润，味鲜而不腻，适用于夏、秋两季饮用；而浓煲是指使用滋补性强或胶质性大的肉料和配料煲制，汤味浓郁而芬芳，味浓醇厚，适用于冬、春两季。

（一）金银菜煲猪肺

1. 原料

（1）主料：猪肺1个、脊骨400 g。

（2）配料：白菜干100 g、白菜500 g、南北杏25 g、蜜枣2个、姜片4片、清水3 kg。

（3）调料：精盐8 g、冰糖6 g。

2. 制作工艺流程

清洗猪肺→切配原料→原料热处理→煲制→调味。

制作过程：

（1）把清水灌入猪肺内，再排出，反复4～5次，然后用刀切成拳头大小的形状，将脊骨斩件，菜干放入清水中略浸，南北杏浸泡1小时，洗净原料。

（2）烧热炒锅，加入沸水，分别放入肉料汆水，用清水洗净，略烧热炒锅，放入姜片、猪肺，使用中慢火将肉料爆炒至"干身"，倒入疏壳内，用清水洗净。

（3）将清水放入瓦汤煲内，加入原料，盖上盖，先猛火煲沸后撇去浮沫，改用中慢火煲约2小时，调入味料即可。

3. 汤品功效

汤品清甜、润肺化痰止咳。用于肺热、肺燥引起的咳嗽痰黄，或干咳少痰，大便结者。

4. 制作要点

（1）要去除猪肺内的异味，白菜干要用水略浸，并洗净泥沙和杂质。

（2）先猛火煲滚后，改慢火煲制，并且时间要足够长。

（3）煲制时中途忌停火、加水，以保存汤品的香浓。

## 二、炖

在日常的饮食生活中，为了能较好地吸收食物中的营养，达到滋补强身的效果，特别是精力消耗严重的人，更需要快速地补充养料。而在众多烹调法制做出的菜肴中，运用炖制做出的菜肴是最有效的方法之一。炖汤，是一种将原料放入炖盅内，加入汤水，调味，加盖，利用炖盅外的高热（蒸气）长时间加温，使原料涨发软烂，汤液香浓味醇厚的烹调方法。

炖品的制作主要工艺流程为：

原料熟处理→调汤水→炖制→汤水过滤、调味→加盖、封砂纸→加热

炖品的主要特点是：首先，能保持原料的原汁原味。炖品加盖密封加热，更兼把主料、配料、汤水和味料同放一处加温，使主料吸取各种原料的精华，融合一体，最大限度地保持本身的，甚至是增加的滋味。其次，汤液溶集了各种原料的精华，所以味鲜浓而醇香，更富于营养。

炖品在操作上要注意的问题有：

（1）炖品服前原料要经热处理，使其去除腥膻异味，保证汤味香浓。对于不同的原料应采用不同处理方法（与煲汤的原料热处理相同）。

（2）炖品在加热过程中不能停火，以免香味流失。

（3）炖制好后应去除汤面的浮油，这样炖汤才能有润而不腻的感觉。

（4）去除浮油后还需要进行过滤，再加上盖和封上砂纸，最后放回蒸柜（或蒸笼）略加热。

在炖的烹调法中，根据对原料处理方法的不同，炖可分为分炖和原炖两种。原炖是把经刀工和热处理的原料，连同料头、配料放入同一个炖盅内炖好的操作过程。它主要体现在操作快捷，能较好地保持原料的营养和香味，但是炖制出的炖品汤色不够明净，带有配料的色泽和味道，一般在家庭或小食店使用此方法较多；而分炖是将主料、配料经热处理后，主料和料头放入同一个炖盅内，配料分别放入不同的炖盅内，分别进行加热至好，再汇集同一个炖盅内而成炖品的操作过程，它主要体现在汤色明净，突出主料的色泽和味道，能区别原料不同的受火程度和时间，但是操作比较麻烦，适用于名贵和带有滋补药材的炖品。

（一）杏元凤爪炖水鱼

1. 原料

（1）主料：宰净水鱼1条（重约600 g）。

（2）配料：鸡脚4对、桂圆肉10 g、脱衣南杏仁25 g。

（3）料头：瘦肉粒150 g、姜片、葱条各20 g。

（4）调料：精盐6 g、绍酒10 g、姜汁酒10 g、胡椒粉2 g、食用油50 g。

2. 制作工艺流程

原料刀工处理→原料热处理→调汤水→炖制→汤水过滤→封砂纸→回热。

制作过程：

（1）将桂圆肉和杏仁浸泡约1小时。

（2）将水鱼放入 60℃ 热水略烫，刮净外衣、去除黄膏，用刀斩成约 2 cm 的方块，切配好配料和料头，洗净，姜片和葱条用牙签穿起。

（3）烧热炒锅，加入沸水，放入水鱼件氽水，倒入疏壳，用清水洗净；猛锅阴油（即热锅凉油），放入姜片、葱条、肉料，溅入姜汁酒，爆炒至香，倒入疏壳，用清水洗净，去除姜片、葱条；将水鱼件、瘦肉粒、姜片、葱条放入炖盅内。

（4）烧热炒锅，加入沸水，分别将鸡脚、瘦肉、火腿粒氽水，洗净；将鸡脚、桂圆肉、南杏仁分别放入小炖盅内，加入沸水（浸过表面为度）。

（5）烧热炒锅，加入清水（约半盅）、绍酒，沸后倒入炖盅内，加盖。

（6）分别将主、配料放入蒸笼（或蒸柜）加热至"够身"。

（7）将炖好的原料取出，去掉姜片、葱条、瘦肉，倒出原汁，再将水鱼造成型，水鱼裙在面，旁边拌鸡腿、杏仁在面，撒上胡椒粉，然后用洁净毛巾将炖汤过滤后撇去汤面浮油，调味，再倒回炖盅内，加盖，封纱纸，放回蒸笼（或蒸柜）加热约 0.5 小时。

3. 汤品功效

汤清且鲜香，滋阴补血，养心安神。

4. 制作要点

（1）要刮净水鱼的外衣，去除黄膏。

（2）根据原料的特性进行热处理，去除原料的异味。

（3）加热时使用中火，炖制时间要足够，中途不能停火。

（4）炖好后要撇去汤面浮油，喝汤前要过滤。

（二）淮杞炖乳鸽

1. 原料

（1）主料：乳鸽 2 只（宰净重约 750 g）。

（2）配料：淮山 15 g，枸杞子 7.5 g。

（3）料头：瘦肉粒 150 g，火腿粒 5 g，姜片、葱条各 10 g。

（4）调料：精盐 6 g，绍酒 10 g，胡椒粉 0.1 g。

2. 制作工艺流程

原料刀工处理→原料熟处理→调汤水→炖制→汤水过滤调味→封砂纸→回热。

制作过程：

（1）将淮山洗净浸泡 30 分钟，枸杞子浸泡 10 分钟。

（2）在乳鸽背部下刀，取出内脏，敲断四柱骨，洗净，姜片和葱条用牙签穿起。

（3）烧热炒锅，加入沸水，分别将原料余水，洗净。

（4）将主料、配料、料头放入同一炖盅内；烧热炒锅，加入沸水，调入绍酒，倒入炖盅内，加上盖，随即放入蒸笼（或蒸柜）内，加热约 1.5 小时取出，去掉姜片、葱条、瘦肉，拆去乳鸽的胸骨、四柱骨、锁喉骨，覆转放入另一炖盅内，放回配料，撇去汤面浮油，撒上胡椒粉，倒回炖盅内，加上盖，封纱纸，放回蒸笼（或蒸柜）加热 15 分钟。

3. 汤品功效

汤鲜、味香，健脾开胃。

4. 制作要点

（1）在乳鸽背部下取内脏和敲断四柱骨，便于熟后拆骨。

（2）炖制加热时使用中火，炖制时间要足够，中途不能停火。

（3）乳鸽拆骨后要保持完整，并要覆转在炖盅内。

（4）炖好后要撇去汤面浮油，喝汤前要经过滤。

## 三、滚

滚是指将食物放在烧沸的汤水中，调味，加热至仅熟而成汤菜的烹制方法。其制作简单，是原料与汤水并重的一种菜肴制作方法之一。

根据原料的处理方法不同，滚可分为生滚和白滚两种。

### （一）生滚

生滚是指生料在汤水中加热至熟，一同上汤窝的方法。具体可分为清滚和煎滚。

1. 清滚

是把主料、配料一同放在沸汤中，调味滚至熟的方法。

制作工艺流程：

原料热处理→烧汤水→加入原料→调入味料→装盘。

汤水清而味和，肉料味鲜而嫩滑，配料仅熟而色彩鲜明。在制作过程中，原料的初步热处理要恰到好处，保持原料的色泽，以仅熟为宜；加热时宜用中火，汤水不宜大滚，避免汤水混浊；待汤水煮沸后才能放入原料，避免原料加热时间过长，保持鲜嫩。

2. 煎滚

煎滚先把鱼放在炒锅上煎至表面金黄色，然后放入料酒，加入沸水滚烫，调入味料，滚至汤色奶白，加入配菜滚熟而成汤菜的制作方法。

制作工艺流程：

煎鱼→溅料酒→加入沸水滚汤→放入配菜→调味→装盘

汤色奶白，味香浓，多适用于鱼类的汤菜。在制作过程中，原料煎制前要加入盐腌制；配菜要预先进行热处理至刚熟；煎鱼时采用中慢火，煎至表面金黄色；要加入沸水滚汤，同时加上锅盖，采用猛火加热，使汤水大滚；待汤呈奶白色后，再放入配菜。

**【杞菜猪肝汤】**

（1）原料。

①主料：猪肝 100 g。

②配料：净枸杞叶 200 g、干枸杞子 5 g。

③料头：姜片 5 g。

④调味：上汤 1 000 g、精盐 7.5 g、绍酒 10 g、胡椒粉 0.1 g、食用油 50 g。

（2）制作工艺流程：

切配、腌制原料→猪肝氽水→烧汤水→放入原料→调味→装盘

制作过程：

①用刀将猪肝切成薄片，洗净，用姜片、精盐、干淀粉、绍酒腌制。

②干枸杞子用水浸泡 10 分钟。

③将猪肝片放入沸水中氽水至仅熟，倒入疏壳，用清水洗净。

④烧热炒锅，加入上汤，放入枸杞叶，采用中火加热至熟后放入猪肝和枸杞子，调入味料，待汤水滚起时倒入汤锅。

（3）汤品功效：养肝明目，汤味鲜可口，原料鲜嫩。

（4）制作要点：

①猪肝刀工处理时尽量切薄，因为其收缩性较大。

②猪肝片氽水，可去除血污和异味。

③因用上汤来制作，故要采用中火加热，保持汤品色泽明净。

**【豆腐鱼云汤】**

（1）原料。

①主料：斩净鱼头 400 g。

②配料：豆腐 4 小块、芫荽（香菜）30 g。

③料头：姜片 5 g。

④调料：精盐 10 g、麻油 1 g、胡椒粉 0.1 g、食用油 50 g。

（2）制作工艺流程：

配料熟处理→煎鱼→滚汤→加入配料→调味→装盘。

制作过程：

①将豆腐放入盐水中浸泡约 1 小时。芫荽（香菜）洗净。

②将精盐、姜片放入鱼头拌匀。猛锅阴油（即热锅凉油），放入鱼头，用中慢火将鱼煎至表面金黄色。

③随即溅入绍酒，加入沸水，加上锅盖，猛火滚至汤色奶白后，放入豆腐，调入味料，倒入汤锅，加入芫荽（香菜）和匀。

（3）汤品功效：清热下火，汤色奶白，味香浓。

（4）制作要点：

①豆腐用盐水浸泡后，可增加下火作用，以及结实不宜碎裂。

②煎鱼时使用慢火煎至金黄色，才能使汤品香浓，汤色奶白。

③必须要加入沸水滚汤，并且要加上锅盖，保证汤的香味。

④配料要待汤滚至奶白色后再放入，保持鲜嫩。

（二）白滚

白滚法（即生窝），是将生料切好，根据生料性质决定是否腌制，把各式配制好的生料放在盘上造型，把窝底（即汤水烧沸后放在火窝内）送到客人席上，由客人自己将生料放入火窝烫熟后蘸各式调味料而食用。

生窝这种食法，可由客人任意发挥，主要突出原料鲜味。在制作中，原料必须要新鲜，洗涤干净，切得均匀，腌制精细。

## 四、烩

烩（烩羹），是将主、配料分别处理后，放入汤水中，调味，以中火加热至微沸时，加入湿淀粉和匀混集而成汤菜的烹调方法。

制作工艺流程：

原料热处理→烧汤水→放入原料→调味→推芡→加入尾油→装盘

烩羹的汤品味鲜而纯滑，原料浮面，肉料都不带骨，并且形状是较为细小。在制作过程中，应掌握如下要点：各种主、配料必须根据各自的性质，恰当进行热处理；要使用上汤进行烹制，突出汤品味鲜；原料与汤水的比例要适当，一般以1∶2.5为宜；加热时宜用中火，汤水不宜大滚，否则汤色混浊而不清鲜；在汤水微沸时，加入湿淀粉推拌，才能使烩羹纯滑，不起粉团。

烩羹根据是否调色，可分为白烩和红烩两种。

**【鸡蓉粟米羹】**

（1）原料。

①主料：甜玉米1罐。

②配料：鸡胸肉200 g、鸡蛋1只、韭黄粒30 g。

③调料：上汤 1 000 g、精盐 5 g、湿淀粉 25 g、绍酒 10 g、麻油 1 g、胡椒粉 0.1 g、食用油 5 g。

（2）制作工艺流程：

切配原料→烧上汤→放入原料→调味→推芡、下蛋液→装盘。

制作过程：

①将鸡胸肉剁成蓉状，调入精盐、湿淀粉腌制。

②烧锅下油，溅入绍酒，加入上汤，放入甜玉米茸和鸡蓉，调入味料，在汤水微沸时调入湿淀粉推匀，再加入麻油、胡椒粉，放入蛋液、尾油和匀，倒入放有韭黄粒的汤窝中。

（3）汤品功效：滋养补益，汤鲜而纯滑。

（4）制作要点：

①烩羹时使用中火，汤水不宜太滚。

②推湿淀粉要均匀，稀稠度要适中。

③放入鸡蛋液时，要使用小火，一边放入一边拌匀，动作要快。

## 五、煮

煮是将原料或经初步熟处理的半制成品放在量多的汤汁或汤水中，先用猛火烧开，再转中火或慢火加热，经调味成为一道带汤汁的热菜的方法。煮制菜肴具有汤菜合一、汤宽汁浓、口味清爽的特点。煮法适用于多种原料。

制作工艺流程：

煮前加工→放进汤汁→猛火烧开→中或慢火加→调味→装盘。

煮的菜肴在制作时，首先要根据原料特性正确选用加工方法及火候，加工方法有炸、泡油、汆水、滚煨、煎等；其次，汤汁量不宜过多；煮的菜肴通常是不勾芡，或只用稀芡。

**【锅仔滋补水鱼】**

（1）原料。

①主料：斩件水鱼 1 只（约 600 g）。

②配料：淮山 50 g、枸杞子 25 g、红枣（去核）2 粒。

③料头：陈皮丝 2 g、（姜片 5 g、葱条 2 条）。

④调料：上汤 350 g、精盐 5 g、绍酒、姜汁酒各 10 g、麻油、胡椒粉各 1 g、食用油 50 g。

（2）制作工艺流程：

原料熟处理→主料热处理→放入锅仔内→调汤水→倒入锅仔→加热。

制作过程：

①将淮山、枸杞子、桂圆肉洗净,放入汤窝内,加入上汤浸过面,放进蒸柜(或蒸笼)内加热约20分钟,取出备用。

②将水件放入沸水中氽水,倒入疏壳内,用清水洗净,然后猛锅阴油,放入姜片、葱条略爆香,加入水鱼件,随即溅入姜汁酒爆炒至香,倒入疏壳,去掉葱条,洗净油脂,放入锅仔内。

③猛锅阴油,溅入绍酒,加入上汤、炖好的药材和汤水,放入陈皮丝,调入味料,倒入锅仔中,加盖放在酒精炉上加热,食用。

(3)汤品功效:滋阴养血、汤鲜,肉质鲜、嫩、滑。

(4)制作要点:

①水鱼要经氽水、煸爆去除异味,保证汤的鲜味。

②药材经炖制后可使其味尽快渗出,融合汤水。

## 第四节 不同季节的汤品制作

### 学习目标

(1)懂得不同季节应制作不同汤品的原理。

(2)掌握各个季节汤品的制作方法和技巧。

因时施膳是饮食养生的原因之一。所谓因时施膳,就是根据不同季节的气候特点,结合人体的生理、病理变化,去选择合适的饮食。中医早有"春夏养阳,秋冬养阴"之说,故不同季节,就要正确选择不同的滋补的靓汤。

### 一、春季

春季大地复苏,气温回暖,万物生发,气候以"温暖""潮湿"为特点。人体容易产生肢体困重,神疲嗜睡,手足发胀,颜面及下肢浮肿,周身骨节酸痛等"春困"现象。若加上饮食不节,过食辛温燥热之品,就容易产生湿热。湿热发于体内则见口苦,口腔溃疡;湿热困于肠胃则见腹胀腹痛,肠鸣泄泻,肛门灼热;湿热困于筋骨之间则见颈紧膊痛,周身骨节酸痛;湿热发于皮肤则见湿疹、皮炎、荨麻疹、痤疮、粉刺等皮肤疾病。因而春季的汤水就以清热、祛湿、解毒为宜。

**【明目补肝汤】**

（1）原料：

①主料：瘦肉 500 g（或生鱼 1 条）。

②配料：石斛 15 g、太子参 15 g、淮山 15 g。

③料头：姜片 3 片。

④调料：精盐 5 g。

（2）制作工艺流程：

浸泡原料→原料切改→肉料熟处理→放入炖盅、加汤水→炖制→调味→成品。

制作过程：

①石斛、太子参、淮山洗净，用清水浸泡 30 分钟。

②瘦肉切成大块状，然后放入沸水中汆水，洗净。

③将原料放入炖盅内，烧沸汤水，倒入炖盅内、加盖，放进蒸柜内加热约 2 小时，取出，撇去汤面的浮油，调入精盐，加盖后再略加热。

（3）汤品功效：补肝明目。

（4）制作要点：

①瘦肉汆水可去除血水和杂质，可使煲好的汤色明净。

②炖汤中途不可停火。

（若主料使用生鱼，将宰杀、洗净的生鱼放入有底油热锅中采用中慢火煎至表面金黄色，再用竹笪将其夹好或用煲汤袋盛起，再放入炖盅内）

**【粉葛赤小豆鲮鱼汤】**

（1）原料：

①主料：鲮鱼 500 g。

②配料：粉葛 500 g、赤小豆 30 g。

③料头：姜片 4 片。

④调料：精盐 5 g、食用油 50 g（耗油约 20 g）。

（2）制作工艺流程：

浸泡原料、切改粉葛→宰杀鲮鱼→煎鱼、爆粉葛→煲制→调味→成品。

制作过程：

①赤小豆洗净，浸泡约 1 小时；粉葛去皮，洗净，切成块状。

②鲮鱼去鳞、腮、内脏，洗净。

③烧热炒锅，下油、姜片，鱼放入锅内，采用中火煎至两面金黄色，再用竹笪将其夹好；将粉葛投入热锅中采用中慢火爆炒，倒出。

④把汤料放入瓦汤煲内，再加入 2 000 g 清水，先用猛火烧沸后撇去浮沫，再改用中慢火煲约 2 小时，撇汤面的浮油，调入味料即可。

（3）汤品功效：清热毒，泻湿火。

（4）制作要点：

①宰杀鱼时必须要去清内脏、血污。

②煎鱼时要掌握好火候和色泽；用竹笪将其夹好，可保持鱼完整、不会碎裂。

③粉葛煲汤前爆炒，可减少寒凉性，还可使汤色更白。

**【眉豆花生煲鸡脚】**

（1）原料：

①主料：鸡脚 400 g。

②配料：眉豆 60 g、花生 60 g、蜜枣 3 颗。

③料头：姜片 4 片。

④调料：精盐 5 g。

（2）制作工艺流程：

浸泡原料→鸡脚汆水→下煲、加水→煲制→调味→成品。

制作过程：

①眉豆、花生洗净，浸泡约 1 小时；蜜枣洗净。

②鸡脚放入沸水略汆水，洗净。

③将原料放入瓦汤煲内，加入清水 1 800 g，先用猛火烧沸后撇去浮沫，再改用慢火煲制约 2 小时，调入精盐。

（3）汤品功效：健脾利湿消肿。

（4）制作要点：

①豆类经浸泡后煲汤时易出味。

②鸡脚要斩去脚趾，汆水后去除黄色表皮。

## 二、夏季

夏季气候炎热，气候以"暑""湿"为特点。人体容易产生口渴，汗出，神疲乏力，胸闷心悸，小便短赤，腹胀纳差，甚至吐泻等暑热和暑湿之症。因而夏季的汤水以清热消暑祛湿为宜。

**【消暑祛湿冬瓜汤】**

（1）原料：

①主料：冬瓜 2 000 g、木棉花 15 g、薏苡仁 30 g、扁豆 30 g、灯芯花 10 扎、莲蓬 10 g、蜜枣 5 颗。

②调料：精盐 5 g。

（2）制作工艺流程：

浸泡原料→原料切改→下煲、加水→煲制→调味→成品。

制作过程：

①木棉花、薏苡仁、扁豆、灯芯花、莲蓬洗净，用清水浸泡约30分钟；蜜枣洗净。

②冬瓜去掉瓜瓤，边皮洗净，切成大块状。

③将原料放入瓦汤煲内，加入清水3 000 g，先用猛火烧沸后撇去浮沫，再改用慢火煲制约2小时，调入精盐。

（3）汤品功效：消暑祛湿。

（4）制作要点：

①食材经浸泡后煲汤时易出味。

②掌握好火候的运用及汤水的分量。

**【苦瓜黄豆排骨汤】**

（1）原料：

①主料：排骨600 g。

②配料：苦瓜500 g、黄豆60 g、蜜枣4颗。

③料头：姜片4片。

④调料：精盐5 g。

（2）制作工艺流程：

改苦瓜、斩排骨→肉料余水→煲制→调味→成品。

制作过程：

①苦瓜去瓜瓤，排骨斩件，洗净全部原料。

②将排骨放入沸水中略余水，倒出，洗净。

③把汤料放入瓦汤煲内，再加入2 000 g清水，先用猛火烧沸后撇去浮沫，再改用中慢火煲约2小时，撇汤面的浮油，调入味料即可。

（3）汤品功效：消暑涤热。

（4）制作要点：

①排骨飞水可去除血水和杂质，可使煲好的汤色明净。

②煲汤时要先猛火烧沸，后改用中慢火进行煲制，慢火煲汤味欠香浓。

③煲好后撇汤面的浮沫和浮油，保持汤色明净。

**【咸鱼头冬瓜汤】**

（1）原料：

①主料：咸鱼头160 g。

②配料：冬瓜500 g。

③料头：姜片 4 片。

④调料：精盐 3 g、食用油 50 g（耗油 10 g）。

（2）制作工艺流程：

切、洗原料→滚汤→调味→成品。

制作过程：

①洗净咸鱼头，斩件；冬瓜去皮、瓤，切成块状，洗净原料。

②烧热炒锅，放入食用油、姜片，略爆香后加入沸水，随即放入咸鱼头，加盖用猛火滚约 10 分钟后，放入冬瓜，再滚 30 分钟，调入少许精盐即可。

（3）汤品功效：降火、消暑。

（4）制作要点：

①咸鱼头要洗净，以去除杂质和部分咸味。

②滚汤时要用猛火才能使汤色明净和香浓。

③由于咸鱼头已有咸味，汤可以不放精盐，或可根据个人口味，适当加精盐调味。

## 三、秋季

秋季多晴少雨，秋风萧瑟，气候以干燥为主。人体容易产生口干鼻燥，咽痛声嘶，干咳少痰，皮肤干燥，甚或皮肤皲裂等"秋燥"证。因而秋季的汤水以滋阴、清燥、润肺为宜，即秋季进补以养阴润燥为宜。

**【雪耳木瓜鲫鱼汤】**

（1）原料：

①主料：鲫鱼 500 g。

②配料：雪耳 20 g、木瓜 400 g。

③料头：姜片 4 片。

④调料：精盐 5 g、食用油 50 g（耗油约 20 g）。

（2）制作工艺流程：

浸泡雪耳→宰杀鲫鱼、切木瓜→煎鲫鱼→煲制→调味→成品。

制作过程：

①雪耳浸泡，去除根蒂部硬结，撕成小朵，洗净。

②鲫鱼去鳞、腮、肠脏，洗净；木瓜去皮、核，切成块状。

③烧热炒锅，下油、姜片，鱼放入锅内，采用中火煎至两面金黄色，再用竹笪将其夹好。

④把汤料放入瓦汤煲内，再加入 2 000 g 清水，先用猛火烧沸后撇去浮

沫，再改用中慢火煲约 2 小时，撇去汤面的浮油，调入味料即可。

（3）汤品功效：润肺养颜通便。

（4）制作要点：

①宰杀鱼时必须去清内脏、血污。

②煎鱼时要掌握好火候和色泽；用竹笪将其夹好，可保持鱼完整、不会碎裂。

③煲好后撇去汤面的浮沫和浮油，保持汤色明净。

**【川贝鱼腥草猪骨汤】**

（1）原料：

①主料：猪脊骨 750 g。

②配料：川贝母 15 g、鱼腥草 30 g、蜜枣 5 颗。

③料头：姜片 4 片。

④调料：精盐 5 g。

（2）制作工艺流程：

浸泡原料→斩骨、氽水→煲制→调味→成品。

制作过程：

①川贝母洗净，打碎。

②鱼腥草洗净，浸泡约 30 分钟；蜜枣洗净。

③猪脊骨斩件，洗净；放入沸水略氽水，倒出后洗净。

④将汤料放入瓦汤煲内，再加入 2 000 g 清水，先用猛火烧沸后撇去浮沫，再改用中慢火煲约 2 小时，撇去汤面的浮油，调入味料即可。

（3）汤品功效：润肺化痰止咳。

（4）制作要点：

①猪脊骨氽水，可使汤色明净。

②加入蜜枣可减少鱼腥草、川贝母的涩味。

**【沙参玉竹兔肉汤】**

（1）原料：

①主料：兔肉 600 g。

②配料：沙参 30 g、玉竹 30 g、干百合 30 g、马蹄 100 g。

③料头：姜片 4 片。

④调料：精盐 5 g。

（2）制作工艺流程：

浸泡原料→肉料斩件、氽水→煲制→调味→成品。

制作过程：

①沙参、玉竹、干百合浸泡约 1 小时。

②马蹄去皮洗净。
③兔肉斩件,洗净;放入沸水略汆水,倒出后洗净。
④将汤料放入瓦汤煲内,再加入 2 000 g 清水,先用猛火烧沸后撇去浮沫,改用中慢火煲约 2 小时,撇汤面的浮油,调入味料即可。
(3) 汤品功效:滋阴润燥,养颜美容。
(4) 制作要点:
①药材浸泡后易出味;肉汆水可去除血水和杂质,可使煲好的汤色明净。
②煲汤时要先猛火烧沸后,再改用中慢火进行煲制。
③煲好后撇去汤面的浮沫和浮油,保持汤色明净。

## 四、冬季

冬季气温下降,气候以"寒冷"为特点。人体容易产生怕冷、皮肤苍白、四肢不温等现象。从理论上说,冬季应以温补为宜。但鉴于广东的地理气候环境,不是每个人都适宜进补。况且中医有"春夏养阳、秋冬养阴"之说,因而冬季的汤水以营养丰富,滋阴益养为宜。

**【冬日清汤羊】**

(1) 原料:
①主料:羊腩、羊颈肉各 500 g。
②配料:花旗参须 10 g、五指毛桃 25 g、黄豆 100 g、当归片 1 g、蜜枣 2 颗、枸杞子 3 g、桂圆肉 3 g。
③料头:姜片 50 g、陈皮 3 g、葱条 50 g。
④调料:精盐 5 g、姜汁酒 20 g。
(2) 制作工艺流程:
浸泡药材→肉料斩块、汆水、爆炒→煲制→调味→成品。
制作过程:
①将药材洗净,浸泡约 20 分钟;蜜枣洗净。
②肉料斩成块状,洗净;放入沸水中汆水,倒出后洗净;烧热炒锅,投入姜片、葱条、肉料,溅入姜汁酒,采用中慢火爆炒至羊肉表面呈浅金黄色,倒出,用清水洗净。
③将汤料放入瓦汤煲内,再加入 3 000 g 清水,先用猛火烧沸后撇去浮沫,再改用中慢火煲约 2 小时,撇去汤面的浮油,调入味料即可。
(3) 汤品功效:补气养血、安神助眠,暖躯体暖胃益肾阳。

(4) 制作要点：

①羊肉汆水可去除血水，用姜、葱、酒爆炒可去膻味，但在爆炒时火候不宜过猛。

②燥热底的人可将当归换成党参、北芪较为温和的药材。

③煲制注意火候运用及肉料软熔状况。

**【核桃杜仲猪腰汤】**

(1) 原料：

①主料：猪腰2只、猪脊骨2 500 g。

②配料：核桃肉60 g、杜仲30 g、蜜枣2颗。

③料头：姜片4片。

④调料：精盐5 g。

(2) 制作工艺流程：

浸泡药材→切改肉料、汆水→煲制→调味→成品。

制作过程：

①杜仲洗净，浸泡20分钟；核桃肉、蜜枣洗净。

②猪腰切开两边，剔除白色筋膜，洗净；与猪脊骨放入沸水中汆水，倒出后洗净。

③将汤料放入瓦汤煲内，再加入3 000 g清水，先用猛火烧沸后撇去浮沫，再改用中慢火煲约2小时，撇去汤面的浮油，调入味料即可。

(3) 汤品功效：壮腰固肾，温阳益精。

(4) 制作要点：

①猪腰内的白色筋膜异味较重，故需要剔除。

②肉料汆水可达到去除血水的目的。

③煲制注意火候运用，及肉料软熔状况。

**【雪蛤红枣炖乌鸡】**

(1) 原料：

①主料：乌鸡半只。

②配料：红枣10颗、雪蛤膏10 g。

③料头：姜片4片。

④调料：精盐3 g。

(2) 制作工艺流程：

浸泡药材→肉料斩件、汆水→炖制→调味→成品。

制作过程：

①雪蛤膏挑去杂质，浸泡5小时，待充分涨发后，再剔除深褐色丝筋，洗净。

②红枣去核后洗净。

③乌鸡去内脏,洗净后斩件;放入沸水略氽水,洗净。

④将原料放入炖盅内,加入沸水 600 g,加盖,隔水炖约 4 小时,取出,撇去汤面的浮油,调入味料即可。

(3) 汤品功效:补血养颜美容。

(4) 制作要点:

①雪哈膏浸泡时间要足够长,让其完全涨发。

②红枣去核可减少燥性。

③肉料氽水后洗净,可使汤色明净。

## 思考与练习

(1) 蔬菜初步加工对营养素有哪些影响?

(2) 水产品初步加工对营养素有哪些影响?

(3) 原料初步熟处理对营养素有哪些影响?

(4) 原料腌制对营养素有哪些影响?

(5) 化学味觉分哪几类?

(6) 煲汤对营养素有哪些影响?

(7) 生鱼、水鱼、猪肚、猪肺、羊肉、光鸡在制作汤品前应如何进行熟处理?

(8) 煲汤、炖汤在制作时应注意哪些操作环节?

(9) 滚鱼汤如何才能做到汤色奶白、香浓?

(10) 烩羹怎样才能让原料浮面、汤鲜纯滑?

(11) 滚汤与烩羹有何区别?

(12) 各季节应制作哪些汤品?为什么?

(13) 请根据某类人群设计一款汤品,并进行分析。

# 第五章 食品安全与卫生管理

## 学习目标

**识记**

(1) 掌握食品安全、食品卫生的相关概念及意义;食品污染的概念和分类。

(2) 掌握各类食物的主要卫生问题,乳类的消毒与灭菌。

(3) 掌握食源性疾病的概念和致病因子;食物的定义及流行病学特点;细菌性食物中毒的预防和处理原则。

**理解**

(1) 正确理解并区分食品安全与食品卫生之间的关系。

(2) 了解各类污染源的来源、性质、特点,以及食品污染的途径。

(3) 了解各类食品的卫生问题和卫生管理措施。

(4) 理解常见细菌(如沙门氏菌、金黄色葡萄球菌、副溶血弧菌、肉毒梭菌)、动植物(河豚)、真菌(毒蕈)、化学性(亚硝酸盐、有机磷农药)的流行病学特点、中毒机制、临床表现和预防措施。

**运用**

(1) 掌握污染的食品对人体的危害及预防措施。

(2) 能够运用食品卫生知识分析食品污染的污染源和污染途径。

(3) 能够通过食物污染、食物中毒的案例,分析污染源的来源、危害,并提出卫生管理措施。

(4) 能够运用所学知识分析食源性疾病的病因、机制及其预防措施。

## 第一节 食品安全与食品卫生概述

### 一、食品安全的基本概念

食品安全是关系到人类健康和国计民生的重大问题,健康是人们追求幸福生活的主要内容和目标,近年来,食品安全问题已经引起各级政府、消费者和众多食品生产企业的重视。食品应当安全并不是现代人才具有的意识，早在人类文明之初，不同地区、不同民族的人们就开始在长期的生活积累上逐步形成了一些有关饮食卫生和安全的经验和观点。随着科技的快速发展，人类对食品的需求量不断增长，食品安全问题也受到了高度的重视，同时也取得了进步与发展。近年来，随着食品生产规模的扩展、化学合成品的日渐增多、环境污染的日趋严重，以及全球恶性食品污染事件和食源性疾病的频频发生，食品安全已成为各国政府、社会高度关注的焦点问题。1974 年，联合国粮食及农业组织（Food and Agriculture Organization of the United Nations，FAO）通过的《世界粮食安全国际公约》将食品安全定义为"保证任何人在任何时候都能得到为了生存和健康所需要的足够食品"。1984 年，世界卫生组织（WHO）通过的《食品安全在卫生和发展中的作用》文件中将食品安全定义为"生产、加工、贮存、分配和制作食品过程中确保食品安全可靠、有益于健康并且适合人们消费的种种必需条件和措施"。2000 年，WHO 第 53 届世界卫生大会首次通过了有关加强食品安全的决议，将食品安全列为其工作的重点和最优先解决的领域。2009 年 6 月 1 日，《中华人民共和国食品安全法》正式实施，同时废止《中华人民共和国食品卫生法》，而随着食品安全形势的不断发展，为了保证食品安全，保证人民身体健康和生命安全，国家立法部门在充分调研论证的情况下，不断完善食品安全法律法规体系，旨在建立最严格的食品安全监督制度，以法治方式维护食品安全。2015 年 4 月 24 日，十二届全国人大常委第十四次会议表决通过了新修订的《中华人民共和国食品安全法》，新修订后的《中华人民共和国食品安全法》（以下简称《食品安全法》）颁布并于 2015 年 10 月 1 日起正式施行。

（一）食品

食品是人类赖以生存的物质基础和基础要素，所以食品的质量非常重要，食品从"食物"发展而来，更强调工业技术的应用和品质的提升，指的是各种供人食用的成品或者饮用的成品和原料，以及按照传统既是食品又是药品的物品，但是不包括以治疗为目的的物品。因此，食品包括了加工食品、未加工食品原料以及药食同源的物品，但不包括烟草或只作为药品用的物品。

对于人体来说，食品的作用主要体现在感官和营养价值。食品的三大功能：营养功能，即为人体提供必要的能量和各种营养素，从而满足人体机能和代谢所需的营养需要；感官功能，即满足人们对食品色、香、味、形、质等癖好和要求通过视觉、味觉和嗅觉等感官刺激，促进消化酶的激活，加快消化液的分泌，起到促进食欲的作用；生理调节功能，即食品中的某些成分具有调节人体新陈代谢，增强机体免疫力，预防疾病和促进康复等作用。在食品的三大功能中，一般普通的食品都是以营养和感官功能为主，保健的食品则以生理调节功能为主。因此，营养、卫生和感官性状就构成了食品的三要素。

在食品的概念中，包含了食用农产品，也就是在种植、采摘、养殖、捕捞等过程中和设施农业、生物工程等现代农业活动中直接获得的，以及经过去皮、粉碎、切割、冷冻等加工后，没有改变物质本身自然性状和营养价值的产品。食用农产品是各类食品原料的主要来源。

### （二）食品添加剂及食品相关产品

食品添加剂，尽管是随着现代食品工业的发展而出现的，但是实际上，早在2000年前的东汉时期就有应用，并一直流传至今，如中国传统点制豆腐的凝固剂——盐卤。由于各自理解的不同，各国对食品添加剂的概念或定义也不尽相同。联合国粮食及农业组织（FAO）和世界卫生组织（WHO）联合食品法规委员会对食品添加剂的定义为：食品添加剂是指为改善食品品质、食品的外观、风味以及为防腐、保鲜盒加工工艺的需要而加入食品中的人工合成或者天然物质。根据这一定义，食品营养强化剂虽有营养作用也不能随意添加，应参照食品添加剂的原则管理。目前，我国允许使用的食品添加剂有23类2 300余个品种，包括酸度调节剂、抗结剂、消泡剂、抗氧化剂、漂白剂、膨松剂、胶基果糖中基础物质、着色剂、护色剂、乳化剂、酶制剂、增味剂、面粉处理剂、被膜剂、水分保持剂、营养强化剂、防腐剂、稳定和凝固剂、甜味剂、增稠剂、食品用香料、食品工业用加工助剂和其他。其中，约75%的食品添加剂属于食品用香料。食品添加剂应当在技术上经过风险评估证明安全可靠，才能被列入允许使用的范围内。食品生产经营者应该严格按照食品安全国家标准规定的使用范围来限量使用食品添加剂。食品添加剂应当符合相应的质量规格标准。

在《食品安全法》的规定中，食品相关产品是指用于食品的包装材料、容器、洗涤剂、消毒剂和用于食品生产经营的工具、设备。食品相关产品本身不能直接食用，是因为在食品生产经营过程中与食品有着亲密接触，所以会给食品的安全带来一定的影响。因此，食品相关产品中的用于食品的包装材料、容器和用于食品生产经营的工具、设备等又称为食品接触材料。

用于食品的包装材料和容器，包括包装、盛放食品或者食品添加剂用的纸、竹、木、金属、搪瓷、陶瓷、塑料、橡胶、天然纤维、化学纤维、玻璃等制品和直接接触食品或者食品添加剂的材料。用于食品的洗涤剂、消毒剂，包括直接用于洗涤或者消毒食品、餐具、饮具以及直接接触食品的工具、设备或者食品包装材料和容器的物质;用于食品生产经营的工具、设备,包括在食品或者食品添加剂生产、销售、使用过程中直接接触食品或者食品添加剂的机械、管道、传送带、容器、用具、餐具等。关于食品的相关产品,国家质检总局于 2006 年开始对食品用塑料包装、容器、工具等制品实行生产许可证制度。

### (三) 食品安全

我国《食品安全法》第九十九条对食品安全定义为:"食品安全,指的是食品在食用时无有害物质及未受到微生物的污染,符合应有的营养要求,而且在规定的使用方式和用量的条件下长期食用后,对人体健康不造成任何急性、亚急性或者慢性危害或者不产生可观察到的不良反应。"

概括来说,食品安全包括质量安全和数量安全,要满足食品的安全性,其中质量安全需要满足三个要素:一是卫生安全,是食品首先要满足的条件,因为它直接关系到人们的生命和健康。食品卫生安全问题主要是指食品在种植、养殖、加工、包装、运输、销售、贮藏、消费等环节的安全,并且防止食品在生产、收获、加工、运输、销售等各个环节被有害物质污染,使食品不危害人体健康所采取的各种措施。二是营养安全,就是食品要含有一定的营养成分,既要包括人体代谢所需要的各种营养素,如蛋白质、维生素、脂肪、碳水化合物、矿物质等;也要包括食品在被人体吸收时发挥的营养作用。三是具有被人们接受的感官性状,不造成人体任何急性、亚急性或者慢性危害。

从食品安全的定义来看,食品安全是一个综合性的概念,不仅是指公共卫生的问题,还与国民的健康、生存发展、食品贸易、国家的政治形势紧密相连。

## 二、食品卫生的基本概念

从字义上来说,卫生就是"卫护、维护、生命、生机",统称"卫护人的生命,维护人的健康"。中国古代的"卫生"多是以"养生"概念和方法出现,现代以来,一般指为增进健康,预防疾病,改善和创造合乎生理需要的生产环境,生活条件所采取的个人和社会措施。总的来说,食品卫生要满足两点:一是要有营养,人们通过食用食品原料后能保证营养的供给;二是确保食品无毒无害、卫生,不会对人体造成健康上的威胁。

近年来,随着现代工业和科技的发展,环境污染对食物链造成的问题日趋严重,人类的食物也面临前所未有的巨大污染威胁,使得食物原料的收成、加工、包装、运输、贮存直至销售每时每刻都有被污染危害的可能。社会上各种食品物理性和化学性的污染未得到有效的研究与控制，各地食物中毒和食物过敏事件频频发生，食品的不合格率仍较高，食品质量、卫生、安全得不到充分保证，各种各样的现实问题都迫切地需要社会加速研发诱发食物中毒、食物过敏的新病原，建立更加健全、更加科学合理的食品卫生技术规范、法律法规和质量评测体系等。

### 三、食品安全与食品卫生的关系

1984年，WHO在《食品安全在卫生和发展中的作用》中，把食品安全和食品卫生的定义合为一体，定义为：在生产、加工、贮存、分配和制作食品过程中，确保食品安全，有益于健康并且适合人消费的种种必要条件和措施。但是在1996年，《加强国家级食品安全性计划指南》中又把食品安全与食品卫生作为两个不同的定义来区分。

在2006年颁布的《国家重大食品安全事件应急预案》中，"食品安全"是指食品中不应包含有可能损害或威胁人体健康的有毒、有害物质或不安全因素，不可导致消费者急性、慢性中毒或感染疾病，不能产生危及消费者及其后代健康的隐患；食品安全的范围包括食品数量安全、食品质量安全、食品卫生安全。此文件中将食品卫生纳入了食品安全的范畴之内。

食品安全与食品卫生不完全是对等的关系，两者间有交叉重合的地方也有各自独立的部分，但两者在目的上是一致的，都是为了人类能够健康生存发展。重视食品安全也是重视食品卫生，保证食品卫生也必须保证食品安全，两者可以相互促进共同发展。

## 第二节 食品污染及其预防

### 一、食品污染的概述

#### （一）概念

天然的食品本身是不含对人体有害的物质或者是含量很少。食品污染指的是食品或者原料在种植、养殖、加工、包装、贮藏、运输、销售的各个环

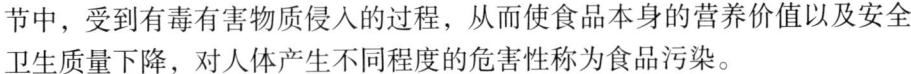

节中，受到有毒有害物质侵入的过程，从而使食品本身的营养价值以及安全卫生质量下降，对人体产生不同程度的危害性称为食品污染。

（二）分类

随着食品加工生产线的日益工业化，食品在多种程序化中容易受各种外来有害物质的污染，按照污染物性质的不同，食品污染可分为化学性污染、生物性污染和物理性污染三大类。

1. 化学性污染

因化学物质对食品的污染造成的食品安全问题为食品的化学性污染。来源主要有：在生产和加工中、环境中的污染物，比如：农药、有害的重金属、多环芳烃化合物、N-亚硝基化合物、二噁英等；有从生产加工过程中、运输、储存和销售工具、包装材料和涂料等溶入食品中的原料材质、单体及助剂等物质；在食品加工和贮存中滥用食品添加剂等。

2. 生物性污染

生物性污染是主要是有害的细菌、病毒、寄生虫以及昆虫污染食品。比如，蔬菜腐烂、鸡蛋变臭都是细菌和真菌起的作用，这些微生物很小，人的肉眼是看不到的。而且，细菌有很多的种类，有些可以直接污染动物性食品，也可以通过工具、容器、洗涤水等途径污染，使食品腐烂变质，如变形杆菌、黄色杆菌、肠杆菌等。所以，生物性污染主要是以微生物污染为主，危害较大。

3. 物理性污染

物理性污染是物理因素引起的环境污染，食品生产加工过程中的杂质超过规定的含量，或食品吸附、吸收外来的反射性核素所引起的食品质量安全问题。比如，放射性辐射、电磁辐射、噪声、光污染等。放射性核素对食品的污染有三种途径：一是核试验的降沉物的污染；二是核电站和核工业排放的废物的污染；三是意外事故泄漏造成局部性污染。

（三）食品污染的危害

1. 破坏食品或原料本身的营养价值

使食品本身的色、香、味皆发生变化，大大减低或丧失原生的营养价值。

2. 引起人体急性、亚急性或慢性危害

污染的食品食用后可能引起急性短期效应的食源性疾病，或者引起慢性长期效应的长期危害。

3. 可能引起致畸、致癌和致突变作用

长期食用污染食品，有害物质可通过母体胎盘作用于胚胎，引起胚胎发育受限，胚胎发育畸形或者胚胎停育、死胎。污染的食品时间长会变质，产生如黄曲霉等，具有致癌作用。致突变一般指人体细胞在受到某些有害物质的作用下，细胞的结构发生变异从而使下一代的细胞有新的遗传特性，可影响自身或者遗传给下一代，造成不可逆的恶性循环危害。

## 二、食品的化学性污染及其预防

化学性污染指的是食品受到化学因素的污染，主要包括农药、兽药、重金属、食品添加剂、渔药以及包装食品的包装材料等有害物质。食品的化学性污染可能发生在种植、养殖、加工、包装、贮藏、运输、销售等过程的各个环节，化学因素是继生物因素的又一个重要的并且存在的食品安全卫生隐患。

【案例引入】

### 日本富山"痛痛病"事件

"痛痛病"事件，是1955年至1977年发生在日本富山县神通川流域的公害事件。1955年起，神通川流域下流河岸出现了一种怪病，人们出现了腰背、手脚等关节疼痛，随后遍及全身，走路时弯腰拱背，严重时只能在地上爬，活动时有针刺般痛感，数年后骨骼严重畸形，甚至轻微活动或咳嗽都能引起多发性病理骨折，最后衰弱疼痛而死亡。经调查分析，"痛痛病"是河岸的锌、铅冶炼厂等排放的含镉废水污染了水土，导致稻谷含镉。当地的居民长期饮用了受镉污染的河水和含镉的稻谷，致镉在体内蓄积而中毒致病。截至1968年5月，共确诊患者258例，其中死亡128例，到1977年又因此病死亡79例。"痛痛病"在当地流行了20多年，共致200多人死亡。

（一）农药对食品原料的污染及其预防

1. 农药及农药残留的定义

农药指的是在食品原料的种植中，为了预防、消灭和控制农作物的病、害虫、鼠类、病菌、杂草及其他有害的动植物，并有目的地调节植物生长的药物。目前用的农药大多都是化学性农药，可分为有机磷农药、有机氯农药、有机氮农药、有机硫农药、有机砷农药、有机氟农药、有机汞农药、氨基甲酸酯类等。农药残留指的是在给农作物施用农药后，由于使用农药而对食品原料造成的污染，并且残留在谷物、水果、蔬菜、水产品以及土壤和水体中的微量农药。农药对食品原料造成的主要污染途径就是农药残留。

2. 食品中农药残留的来源

直接污染：在农作物上直接使用农药，一部分会被农作物吸收并输送到根茎中，另一部分则会黏附在农作物的表面，如叶子上，一般可以通过清洗后去除，称为可清除的残留。被吸收的农药一般不能被清除，所以在农作物收成时可能还是有一定量的残留。其污染的程度取决于农药的性质、数量、施用的方法、浓度、剂量、时间、次数以及天气情况。

间接污染：在给农作物喷洒农药过程中，大量的农药会散落在土壤上，一部分飘在空气中，污染了环境。而且有些性质稳定的农药，可以在土壤中残留 3~4 年，即使不再施药，在这片土地上种植的农作物仍然可以受到土壤中残留的农药的污染。

食物链传递污染：农药残留被生物吸收后日积月累堆积在体内，造成农药的浓度越来越高，再通过食物链转移到另外一种生物，一旦被人体食用，农药的残留量就会翻倍，甚至成千上万倍增加，从而使人体健康受到严重威胁。比如，动物在食用被农药污染的饲料后，就会使动物的肉、所产的奶以及蛋类受到污染；江河、湖泊被含有农业的废水污染后，所养殖的水产品，如鱼、虾、螃蟹等都会受到污染。

其他污染：食品在运输、贮存过程中如果和农药混放，也容易引起食品的污染。如储存粮食的仓库，为了防鼠，放置一些灭鼠药，挥发后通过空气传递容易让粮食残留农药。如运输农药的交通工具，在运输过程中是密封条件，不通风，或者盛装农药的容器破漏等，污染了的交通工具未经过严格消毒和清洗后又运输粮食或者食品，这样也容易污染食品。

3. 食品中农药残留的危害

常见的农药主要包括有机氯农药、有机磷农药、氨基甲酸酯类农药、菊酯类农药四种，它们的毒性分别如下。

（1）有机氯农药：有机氯农药是食品中最重要的农药残留物质。主要被广泛用于农业、林业、牧业中对害虫的消灭，如六六六、滴滴涕（DDT）、林丹、艾氏剂等，由于其化学性质稳定，容易在土壤和空气残留时间长，可在食物链中转移，造成环境和食品的污染，影响了食品出口，目前已经停止生产。有机氯农药残留一旦食用后，可引起慢性和急性中毒，慢性中毒可造成人体内脏，比如肝脏、肾脏以及神经系统的多脏器损伤，像 DDT 这类还有致癌的危害性。急性中毒一般症状较轻，表现为恶心、呕吐、眩晕、乏力等。

（2）有机磷农药：有机磷农药是人类最早合成也是目前用得最广泛的一种杀虫剂。自从有机氯农药停用后，有机磷农药就称为我国主要农药的品种。目前用得比较多的有乐果、对硫磷、敌百虫、马拉硫磷等。由于有机磷农药在食物中残留时间短，所以急性中毒多。人们吃了施用有机磷的蔬菜、果类、稻谷、小麦等，就会引起神经功能紊乱、肌肉震颤、全身痉挛、血压上升、心跳加快、语言突然失常等症状，严重者甚至昏迷或者死亡。近年的研究发现，有机磷农药同样具有一定的慢性毒性。通过长期的动物实验和人群调查数据显示，如果长期摄入有机磷农药可造成肝脏的损害，而且在Ames试验（污染物致突变性检测）的实验中，也有证据说明马拉硫磷可促进动物肿瘤的产生。

（3）氨基甲酸酯类农药：氨基甲酸酯类农药是人类针对有机氯和有机磷农药的缺点所开发的新一类杀虫剂，该类农药是目前应用很广的新型杀虫剂和除草剂，毒性较轻，恢复也快。但随着其使用量的增加、使用范围的扩大以及使用时间的延长，残留的问题也日益突出，引起比较多的是整体食物中毒事件。同时，氨基甲酸酯类农药具有致突变、致畸、致癌作用，在动物实验中均发现其可引起致畸和致癌作用。在Ames实验中也显示出较强的致突变活性。

（4）菊酯类农药：菊酯类农药是从菊属植物的花中挤压出的物质，可以杀灭害虫。菊酯类农药对人类和哺乳动物的毒性都比较低，残留和污染也比较少，已得到广泛使用。目前，菊酯类农药主要的品种有氯氰菊酯、溴氰菊酯和甲氰菊酯等。它通过在光和土壤微生物的作用下转化为极性化合物，用量小，使用浓度低，可生物降解，对环境的污染小，对害虫却有强烈的触杀作用。

4. 农药污染的预防

农药的污染已经成为重要的"公害"之一，随着工农业生产的快速发展，化学农药的使用也很普遍，食品中农药的残留对人们健康的危害已经是公共卫生问题。为了确保食品安全，必须采取正确的措施和对策，尽量减少农药对食品的污染以及残留，以保障国民的身体健康。

（1）加强对农药的管理。在农药的管理上，要建立有效的农药注册管理制度，各种农药要到管理部门进行登记申请注册，申请内容包括该农药的使用范围、化学性质、毒性程度、使用的方法、残留情况以及药害试验等资料，另外还有对温血动物的急性和慢性毒性和致畸、致癌、致突变的试验资料，对水生生物毒性、残留及分析方法等有关的资料。未通过申请注册的农药，一律不得进入市场销售，而且要规定申请注册的有效期，一般为三年，到期必须重新提交资料进行申请，对过期未重新申请的农药同样不允许上市。

（2）合理使用农药。为了解决农药残留的根本问题，我国已经颁布了《农药安全使用标准》和《农药合理使用准则》。从根源上杜绝农药残留污染。该准则的明细详细规定农药在各种不同农作物使用的方法、时间、次数、间隔时间等指标，在农作物的种植中，也应该综合防治植物害虫来减少农药的用量，大力推广使用生物农药，减少化学农药的使用，并且尽量使用高效、低毒性且低残留的农药。如果能合理地使用农药，不但可以有效杀灭害虫，同时也减少了农药的使用，避免了农药残留，确保了使用者的安全。

（3）正确处理食品。对食品进行合理地处理、加工以减少农药的残留量。由于有些农药的毒性可以随着时间而降低，所以可以储藏几天后再食用，如苹果、瓜类等。对生果食用前最好用盐水浸泡再反复搓洗来去除果皮表面残留的农药，食用时能去皮的尽量去皮，能加热烹饪的尽量加热后食用，可减少农药的残留量，降低毒性风险。

### （二）兽药残留对食品原料的污染及其预防

1. 兽药和兽药残留的定义

兽药指的是在动物养殖过程中，为了预防、诊断和治疗各种疾病或者是有目的地调节促进畜禽生长技能的物质。一般包括抗寄生虫药、治疗疾病的药物、传染病的防治药、促进生长的激素类药物。兽药残留指的是动物食用药物后，动物产品的任何可食用部分（包括加工后的母体化合物及代谢物），比如残存在肉、动物奶、蛋等与兽药有关的杂质残留。随着人们生活条件的不断提高，膳食结构的不断改变和需求，肉、奶、蛋及水产品等动物性食品在膳食中所占的比例越来越高，所以为了满足人们对动物性食品的需求，就要快速地增加和促进动物性食品的质量和速度。这样一来，就需要投入相关的化学药物，以致造成药物残留于动物组织中，世界卫生组织已经开始重视这个问题，认为这将是食品安全中的重要问题之一。

2. 食品中兽药残留的来源

（1）不合理用药。动物在养殖过程中，也会遭受疾病和各种传染病的威胁，为了起到预防和治疗疾病的作用，给动物喂服抗生素类、磺胺类、呋喃类药物，而且，在喂服中可能存在用药部位、时间、剂量、方法等不合理的现象，使药物残留于动物体内而污染食品。

（2）喂养的饲料污染。在喂养中，搅拌粉碎饲料的机器受兽药污染，或者盛放兽药的容器与盛饲料的容器混用，都会使饲料污染，另外，为了促进动物的生长以及预防疾病，一般会在喂养动物的饲料中添加一些药物，这样长时间小剂量地喂养兽药，也会使兽药残留在动物体内，从而引起食品的兽药残留污染。

（3）加工、储藏过程受污染。动物或者附属品、如奶、蛋类在加工包装和储藏过程中，为了保持新鲜，保持原有的色味，还有抑制微生物的繁殖生长，添加了保鲜剂、激素类等药物，造成食品的兽药残留，进而造成很大的影响。

（4）动物屠杀前受药物污染。动物在屠杀前，可能有小部分存在病灶，为了能够掩盖这些临床症状，避免被检验出来，会给动物喂服兽药，这也就造成兽药残留动物体内，进而造成污染。

3. 食品中兽药残留的危害

（1）急性和慢性毒性反应。人们在食用残留了兽药的动物食品后，因为食品中兽药残留一般很少，食用的数量不多，所以大部分不会表现为急性毒性反应，但是如果一次食用量过多或者食用时间长，药物不断在体内堆积，当浓度达到一定量时，机体抵抗力下降时，则会出现急性中毒反应。

（2）过敏反应。如果长时间食用含有低剂量的带抗菌药物残留的动物性食品能使易感个体出现过敏反应的症状，轻者表现为发热、全身瘙痒、荨麻疹等，重者在短时间内可出现血压下降、呼吸困难、喉头水肿等，甚至发生过敏性休克，危及生命。

（3）产生细菌耐药性。动物在经常被喂服一种抗菌药后，体内的敏感菌株就可能会受到选择性地抑制，从而使耐药菌株大力繁殖，如青霉素类、磺胺类、四环素类等抗菌药，人们在食用这些含药物残留的动物性食品后，动物体内的耐药菌株就会传播给人体，这样一来，如果人体生病时，需要用到抗菌药或抗生素治疗时，因为已经对抗生素耐药，所以使用抗生素后效果不好，给治疗带来困难。

（4）激素对内分泌系统的影响。动物在养殖过程中，为了促进生长，可能会喂服一些激素兽药，这些物质一旦通过食物链进入人体，就会产生一系列的健康负面效应，影响人体正常激素的水平和功能，比如导致内分泌失调、相关肿瘤的发生、生长发育障碍和生育缺陷等，儿童食用有残留的促生长激素的食品容易导致肥胖、性早熟等问题。因此激素给人类健康带来深远的危害。

（5）"三致"的污染作用。"三致"指的是致癌、致畸、致突变的作用。研究发现有些兽药具有致癌、致畸、致突变的作用，例如，苯并咪唑类驱虫药是目前兽医用得多的广谱抗蠕虫药，可长期残留在肝脏内并对动物具有致畸和致突变性，如果孕妇在怀孕早期食用了含这类药物的食物，则可能导致胎儿畸形。再如克球酚、硝基呋喃类等兽药已被证明具有致癌作用。

4. 食品中兽药残留的预防

（1）加强对兽药的管理。首先要从畜牧生产环节抓好控制，根据《兽药管理条例》的管理办法和国家有关规定，养殖企业要建立养殖用药自控体系，控制用药的源头，办理相关证件，如兽药生产许可证、营业执照等，坚决杜绝非法使用违禁或淘汰的兽药。

（2）制定科学合理的用药标准。要严格有关规范正确选择兽药的种类，严格遵守兽药的使用对象、使用期限、使用剂量和服药时间，不得使用禁用兽药，严禁使用对动物体有害的抗菌药及可能对动物体产生致畸、致癌、致突变和过敏性药物，特别要注意禁止在喂养动物的饲料里面添加严禁的兽药，以免污染动物体再经过食物链传播给人类。

（3）加强对上市畜禽肉的检验。相关部门要建立兽药残留的监控体系，有效控制动物性食品中兽药残留的问题。要对上市的畜禽肉进行检验，不定期抽查，对不合格的食品要进行没收、销毁以确保不流入市场，并给予相应处罚，对严重违反者要对企业或工厂进行封存，停产整顿。

### （三）有毒金属对食品的污染及其预防

1. 有毒金属的定义

环境中含有很多金属元素，有80余种，有些对人体有着重要的生理作用，是人体所需，如钙、磷、铁、锌等；而有些金属却是对人体有毒有害的，不是人体所需的，如铅、汞、镉、砷等；这些有毒金属密度都大于 $4.5 \text{ g/m}^3$，一般很难被微生物降解，如果在自然中蓄积达到安全限值以上就会对人体产生危害。

2. 食品中有毒金属的来源

（1）环境污染。主要来源于工业生产中的废水、废气、废渣不经处理就排放出来，使土壤和水源都受到污染，而通过养殖和灌溉，有毒金属即被动植物吸收，再通过食物链，使食品原料受到污染。

（2）食品在加工过程中受到污染。在食品加工的过程中，加工食品所用的机械、设备、容器如果含有有毒金属元素，或者添加剂品质本身含有有毒金属，都容易造成食品被重金属污染。

（3）所用食品包装材料污染。大部分的食品经过加工后都需要进行包装然后进行销售，所用的包装容器，多为不锈钢、玻璃、塑料盒、陶瓷等，如果这些皿器材质含有有毒金属元素或者含量超标，就会导致食品被污染。

3. 有毒金属对人体的危害

（1）铅。铅污染主要来源于汽车等交通工具排放的尾气造成的污染，废气中的铅通过空气传播附着在土壤和植物的表面，从而造成植物通过叶子吸收大量的铅。铅引起的急性中毒主要表现为上吐下泻，流口水，严重者瘫痪和昏迷。慢性中毒对各脏器和系统危害性大，尤其是易受害的儿童、老年人、免疫力低下的人群，容易引起呼吸道和肠道感染，儿童铅中毒表现为生长发育迟缓，智力障碍等。

（2）汞。汞是世界上储量大、分布最广的重金属元素，汞及其化合物都是属于剧毒物质，而且可以在人体内蓄积。汞通常分为无机汞化合物、有机汞化合物和金属汞。一般来说，甲基汞（有机汞化合物）对人类危害最大，中毒后主要损害神经系统，损害大脑和小脑，从而引起运动失调、语言障碍、感觉中枢障碍，严重者可致瘫痪、吞咽困难甚至死亡。

（3）镉。镉在工量上用途是最广的，所以对环境的污染最普遍，可在生物和人体的肾脏内积蓄。食物是摄入镉最主要的来源，其次是工业"三废"中含镉废水的排放对食品的污染，人类每天所摄入的镉含量中，仅有的一小部分排泄出来，大部分进入肾脏和肝脏后并在体内积蓄吸收，长期下去，容易损害肾近曲小管上皮细胞，临床上可出现蛋白尿、糖尿、氨基酸尿、高钙尿，最后导致钙失衡，引起严重的骨痛病、骨质疏松症等。

（4）砷。砷一般无毒性，但是砷的化合物是有毒的。砷的化合物包括了有机砷和无机砷两种，无机砷毒性较大。砷的急性中毒主要损害胃肠道系统和呼吸系统等，慢性中毒则损害神经系统，严重者还可导致皮肤癌和多种内脏癌。

4. 有毒金属污染食品的预防

（1）控制环境污染、消灭污染源：只要是土壤和水源、空气受到污染，有毒物质就会进入到农作物、动植物的根茎和体内，所以，要控制好工业三废，农药和食品添加剂对食品的污染以及做好污水处理，妥善处理已经污染的食品，原则就是要确保食用者的安全，从而减少损失。

（2）在食品的加工中，要确保所用器械、设备和容器材质的安全性，避免食品在生产、加工、贮存、运输和销售过程中受有毒金属的污染。

（3）禁止含有铅、汞、镉、砷等有毒金属的农药、化肥等的使用，也禁止使用污染的水源灌溉农作物以及重金属污染的地区所种植的农作物、所养殖的动物进入市场。

（4）食品所用包装材料禁止使用含有重金属材料，也避免含有有毒金属的化合物、农药等与食品混放。要加强对食品企业的监督管理，严格控制食品中有毒金属的含量。

## 三、食品的生物性污染及其预防

自然界中细菌和病毒的种类诸多，食品中存在的微生物只是其中的一小部分。微生物是指肉眼看不清需要借助显微镜才能观察到的微小生物，大致分为：真菌、细菌、病毒、放线菌、支原体、衣原体、螺旋体和立克次体八大类。食品受微生物的污染后，不仅减低了食品安全和卫生及其营养价值，而且危害人体的健康。

## 【案例导入】

### 甘蔗毒倒小女孩的事件

在湖北省京山市，1969年12月出生的女孩王爱武在7岁那年，本来应该有个幸福的童年，却因为吃了霉变的甘蔗，引起了中毒，患上了一种罕见的怪病，全身抽搐、瘫痪、四肢弯曲变形、肌肉严重萎缩。患病后的她，无法上学，在床上躺了30多年。

### （一）细菌对食品的污染及其预防

1. 细菌性污染的来源

（1）原料的污染。原料在没有加工前表面往往有细菌，尤其是在破损处，更是有大量的细菌聚集。

（2）食品在加工的过程中污染。生产车间内环境通风不良，卫生条件差，就容易滋生细菌，导致空气中的微生物随尘埃沉降在食品中造成污染。另外，工作人员的手部卫生、工作服、帽子等，如果没有经常清洗和消毒，也可能使细菌繁殖，操作过程中污染食品。

（3）加工厂"四害"的污染。有些加工厂阴暗潮湿，加上防虫防鼠措施做得不够，尤其是夜间无人时，老鼠、蟑螂、苍蝇等害虫就会出现，这些动物身上都带有大量的细菌，一旦接触食品也会造成污染。

（4）用具与杂物的污染。接触食品的用具未经过清洁消毒就接触食品，存放食物的地方杂物乱放、乱堆，与食品混放，这样也容易造成食品污染。

（5）交叉污染。在加工过程中，可能存在熟食与生的食品混放，造成食品的交叉污染。

2. 细菌性污染的危害

（1）传播疾病。当食品的销售经营管理不当时，受到严重污染病菌的畜禽肉类流入市场，就可能会引起人畜共患疾病的流行，比如，结核病、沙门菌病、炭疽病等。

（2）食品腐败变质。食品受到细菌的污染后，原来的色、香、味和营养就会发生质量的改变，如果环境和温度适宜，就能分解食物中的营养物质，如蛋白质，进一步导致食品腐败和变质。

（3）食物中毒。当人体食用含有大量细菌或者毒素的食品后，发生恶心、呕吐、腹痛、腹泻等以急性胃肠炎症状为主的急性、亚急性疾病称为食物中毒。中毒原因是由于食物被致病细菌污染后，食物里大量繁殖或产生毒素，中毒毒物多是受细菌污染的畜蓄及其内脏、奶制品、蛋类等。

3. 细菌性污染的预防

（1）严格对原料进行筛选。要选择新鲜的食品原料，以提高原料的卫生质量为准,禁止销售和采购腐败变质的食品充当原料,特别是带有病灶的牲口和禽类。

(2)加强食品加工厂环境及人员的管理。食品加工厂要通风、保持干净整洁,无灰尘,工厂安装消毒系统,每天打扫后进行消毒灭菌。工作人员要注意个人卫生,包括手卫生以及工作服、帽子的卫生,要经常清洗消毒,工作时佩戴口罩,并要求从业人员必须通过培训后取得相关证书及健康证方可上岗。

食品加工厂要做好"四害"的防范措施,工厂的每间车间都要设有严密的门和窗,食品要有专用柜放置,严密关好,做到防鼠、防蚊、防苍蝇和防蟑螂。

在生产及加工时,要按照生产线的严格要求,对接触食品的器械、容器等要清洗消毒,熟食和生食要合理分开放置,防止交叉感染。

### (二)霉菌对食品的污染及危害

1. 霉菌的定义和分类

霉菌是丝状真菌的统称,不是一个单独生物分类学的名称。霉菌的种类很多,在自然界的分布很广,因为可形成各种微小的孢子,所以很容易寄生在粮食、肉类等食品中。主要的霉菌毒素有黄曲霉毒素、镰刀菌毒素、展青霉毒素、杂色曲霉素等。

2. 常见的霉菌毒素对食品的污染

(1)黄曲霉霉素。黄曲霉毒素是由一类真菌产生的有毒代谢产物,可溶于油脂和有机溶剂,耐热,可污染很多食品,如粮食、水果、奶制品、蔬菜和肉类等。其中,玉米、花生和棉籽油最容易受到污染。具有很强的毒性和致癌性,主要能损害人体和动物的肝脏,严重时导致肝癌甚至死亡。

(2)镰刀菌霉素。根据世界卫生组织召开的第三次食品添加剂和污染物的会议资料,镰刀菌霉素被看作跟黄曲霉毒素一样是最危险的食品污染物。分布广泛,可侵染农作物。可分为单端孢霉烯族化合物和玉米赤霉烯酮,在单端孢霉烯族化合物中,我国粮食和饲料中最常见的是脱氧雪腐镰刀菌烯醇(DON)。DON 主要存在于麦类赤霉病的麦粒中,玉米、蚕豆、稻谷等农作物也能感染赤霉病而含有 DON。人类一旦感染了 DON 的赤霉病,一般在1小时内便开始出现恶心、呕吐、眩晕、全身乏力等症状,有些人还会出现发热、腹泻、头痛等症状。症状一般在 1~7 天后自行消失。

(3)展青霉毒素。展青霉毒素是由扩展青霉、细小青霉等多种霉菌产生的,可以溶于水和酒精,形状不稳定,容易被破坏,可存在于霉病的面包、香肠、水果制品及其他产品中,如果饲料被污染后可造成牛中毒,对人体危害也很大,急性中毒时可致消化道症状,严重时导致神经系统、呼吸系统和泌尿系统等的损害,还具有致畸、致癌、致突变作用。

(4) 杂色曲霉素。杂色曲霉素是一类结构类似的化合物,由杂色曲霉和构巢曲霉产生,主要污染玉米、花生、大米和小麦等谷物,其中的杂色曲霉毒素 IVa 是毒性最强的一种,不溶于水,可以致癌,如肝癌、肾癌、皮肤癌和肺癌等,致癌性仅次于黄曲霉毒素。

3. 霉菌污染的预防

(1) 防止食品霉病:防霉是预防食品被霉菌污染的最根本措施,霉菌生长的环境是适宜的湿度、温度和氧气,所以控制好食物中的水分是防霉的关键。粮食在收成后,应及时在阳光下晾晒、吹干或密封,在脱粒和入库时,要注意水分必须降至安全水分下,才不容易发霉。粮库的温度和湿度也很重要,储存时,粮库要做好降温降湿准备,湿度一般不超过 70%,温度保持在 10 ℃ 左右。同时也要注意保持颗粒的完整性,能有效避免霉菌的侵入。

(2) 去除霉菌毒素:食品一旦被污染霉菌后,应尽快将霉菌毒素破坏或者去除,以免大面积发霉。可采用剔除法、碾压法、淘洗法、吸附法、化学法、微生物法等。主要目的就是挑出霉变的或有可能滋生霉菌并产生霉菌毒素的破损、皱皮、变色及蛀虫的粮粒,大大降低粮粒中霉菌毒素的含量。

(3) 不吃霉变或疑似霉变的食品:在生活中应远离霉菌毒素,不吃变味、变色、过期、霉变的食品。此外,要注意,食品应该按照分类和适宜温度进行保鲜储存,时间也不宜过久,以防霉变。

(4) 建立食品卫生监测:根据国家有关食品安全卫生要求和规定,要加强对食品卫生进行不定期监测,限制各种食品中霉菌毒素的含量,是控制霉菌毒素对人类健康危害的重要措施。

(三) 病毒对食品的污染及其预防

病源性病毒是食品的生物性危害之一,可以通过食品引起传播。虽然种类比细菌少,但是对人类的危害不亚于细菌。包括甲型肝炎病毒、戊型肝炎病毒、轮状病毒、脊髓灰质炎病毒等。以肝炎病毒的污染最为严重,有显著的流行病学意义,已成为日益严重的食品卫生问题。

1. 常见病毒对食品的污染和危害

(1) 甲型肝炎病毒。甲型肝炎病毒(HAV)属于微小 RNA 病毒科,病毒基因为单股 RNA。由于抵抗力比其他肠道病毒要强,而且具有耐寒、耐温、耐酸的特性。主要感染途径是通过粪—口传播,一种是食品生产时,工作人员处于无症状的感染或潜伏期,污染食品后造成传播;另一种是通过污染的水产品引起的流行性暴发传染。传染后可急性发病,出现发热、食欲减退、胃肠道反应以及肝脏肿大与肝功能异常等症状，有些病人还出现黄疸。

（2）戊型肝炎病毒。戊型肝炎病毒（HEV）是单股正链RNA病毒，又称肠道传播的非甲非乙型肝炎，该病毒的传播途径主要是通过被病毒污染的水或食物引起散发或暴发的流行性疾病。感染后多为轻中型肝炎，发病者多为青年。

（3）轮状病毒。轮状病毒（RV）属于呼吸道和肠道轮状病毒属，耐酸碱，能引起人体和动物广泛感染，主要与小肠连接的肠黏膜细胞产生肠毒素，从而引起胃肠炎，严重者腹泻、脱水甚至死亡。好发年龄常见于6月龄至2岁的婴幼儿，发生在秋冬季。临床表现主要是发热、呕吐和腹泻，病情发生时出现全身乏力、头晕等症状。

（4）脊髓灰质炎病毒。脊髓灰质炎（小儿麻痹症）是由脊髓灰质炎病毒引起的急性传染病，以小儿多见，主要是通过粪—口传播，自人体口咽或者肠黏膜侵入后，到达各淋巴结进行生长繁殖，1~5岁儿童发病率最高，在夏秋季多见，患者初期表现为发热、出汗、烦躁不安、颈背强直，肢体不协调，严重者发生肌肉迟缓性瘫痪。

2. 病毒污染的预防

（1）加强对传染源的管理，接种相应的疫苗，早期发现传染的疫情，对患者和可疑传染者进行有效隔离，特别是在某种病毒高发季节，要做好预防措施，一旦发现发病者尽早治疗隔离，以防大面积传播。

（2）切断传播途径，粪—口是主要的传播途径，重视饮水卫生，加强饮食、水源及粪便的管理，并注意防止医源性传播，医院要做好病区的消毒隔离工作。

（3）注意饮食，不要吃生食或饮生水，尤其是海产品或者未煮沸的生水，同时也要注意个人卫生，饭前便后都要进行消毒洗手。

提高人们的物质文化生活水平和卫生条件，科普卫生常识，优化环境和卫生。

（四）寄生虫对食品的污染

1. 寄生虫的定义

寄生虫是指不能或者不能完全独立生存，只能寄宿在其他宿主或寄主体内，其生长和繁殖需要特定的宿主。宿主又分为中间宿主和终末宿主，如果人类吃了有绦虫的肉类后，绦虫在人体内寄生，那么人吃的肉食就是中间宿主，人类就是终末宿主。

2. 常见寄生虫及其危害

（1）绦虫。绦虫是最常见的肉源性寄生虫，也是最常见的通过污染食物引起食源性疾病的寄生虫之一，主要有猪肉绦虫和牛肉绦虫。猪肉绦虫全球分布广，以非洲和中南美洲等地最普遍，在中国，几乎遍布全国，东北、华北、云南、山东、河南、广西等地较多见。牛绦虫主要分布在西藏、内蒙古、宁夏、四川等地。这种病都跟喜好吃生食或者半生食、肉品的卫生情况、人的粪便与动物饲料管理方式不合理有关。感染途径主要是绦虫患者，人类是猪肉绦虫和牛肉绦虫的唯一终末宿主，感染者通过粪便排出绦虫虫卵，污染水和饲料，动物吃了以后感染囊尾蚴，人吃了生食或半生食后感染绦虫病。绦虫成虫一般吸附在肠黏膜上，夺取营养。

（2）蛔虫。也称似蚓蛔线虫，是人体肠道内最大的寄生线虫，也是最常见的人体寄生虫之一，是世界性分布种类，尤其在卫生条件差的农村地区，儿童感染率远远大于成人。传染源主要是人排出的粪便中有受精卵，虫卵的抵抗力很强，可以在土壤和蔬菜上存活数月甚至达一年。人体接触被虫卵污染的泥土、蔬菜后，经口吞入感染期卵，或者食用了带卵的蔬菜而感染。感染后可出现发热，腹痛，消化不良，时间长了容易引起营养不良，如果成虫钻入阑尾可造成穿孔等并发症。

（3）旋毛虫。旋毛虫一般寄养在老鼠和猪，以及人体内的小肠和肌细胞内，也是全世界分布，欧美地区发病率较高，我国各地区也有出现病例，主要是进食生的或者半生熟的猪肉或者其他肉类可引起旋毛虫病，感染后主要表现胃肠道反应、肌肉痛、水肿和皮疹等症状。

（4）弓形虫。弓形虫是原虫，寄生在细胞内，病原体是刚地弓形体原虫，随着血液流动到人体全身，并破坏人体各个脏器，导致各种疾病。主要传染源和终末宿主是猫科动物，人和猫科以外的动物都是中间宿主，包括所有哺乳动物、鱼类、家禽等。弓形虫可以通过先天性和获得性感染，危害很大，特别是孕妇一旦感染，可以致胎儿畸形，出生缺陷，甚至早产和死胎。

3. 寄生虫污染的预防

（1）要制定食品卫生标准和卫生法规，加强对食品的监督和检验，做好家禽防疫检疫和肉品销售的检验工作，大力宣传食品安全卫生知识。

（2）加强对动物粪便的管理，防止粪便中的寄生虫及其受精卵污染水源，而造成恶性循环污染，尽量使用无害化人粪做肥料，可采用五格三池贮粪法，使粪便中受精卵沉在池底，这样虫卵就会被杀灭。

（3）不要生吃或进食半熟食物，特别是肉食以及水产品，一定要煮熟煮透，杀死所含的寄生虫和虫卵后再进食。严禁生熟食物之间的交叉感染，在烹调前一定要洗净双手并进行消毒，确保双手不携带虫卵。

（五）昆虫对食品的污染

昆虫在动物群体里数量是最多的，目前已知的一共有100多万种，还不含括许多尚未被发现的品种。昆虫携带病原微生物，如果食品贮存条件不好，或者是没有预防设备，就很容易被昆虫以及虫卵污染。当环境中的温度和湿度适宜时，昆虫就可以迅速繁殖，导致污染后的食品失去原有的营养价值和原来的感官性状，另外，食品一旦被携带有毒的病原体污染，可传染传染病，活虫还可引起人类过敏。

1. 常见昆虫对食品的污染及危害

（1）苍蝇。苍蝇是双翅目昆虫，从成蝇交配到产卵，经过卵—幼虫（蛆）—蛹—成蝇的过程，体表及腹中都携带数万计的细菌、病毒和寄生虫卵，而且苍蝇的产卵期很短，一次交配可以终身产卵，一生可以产卵5~6次，每次产卵100~150个，10天后虫卵就可以变成蝇。而且苍蝇飞到哪里落到哪里，边吃边吐边排泄，所以，哪里有食物，哪里有苍蝇，就很容易污染，人类如果吃了被污染的食物，就容易发生肠道传染病和寄生虫感染。

（2）蟑螂。蟑螂是杂食性昆虫，为蜚蠊目昆虫。喜暗，怕光，怕冷，温度在4 ℃时基本不能活动，24~32 ℃最活跃，所以都是夜晚出来觅食，喜好锭粉类和香、甜、油的面制食品。蟑螂跟苍蝇相似，也有边吃边吐边排泄的现象，因此只要是被蟑螂接触过的食品都会受到其所携带的病原生物所污染。有资料显示，蟑螂可以传播各种疾病，如痢疾、副霍乱、肝炎、结核病、白喉、蛔虫病等。蟑螂携带的病原生物有伤寒杆菌、痢疾杆菌、大肠杆菌、肺结核菌、炭疽杆菌及绦虫类、血吸虫类、蛔虫类等。另外，蟑螂的分泌物还会有臭味，体质差的个体接触后容易过敏。

（3）螨虫。螨虫是一种世界性的储藏食品害螨，一般发现在脂肪、蛋白质含量高的食物中，也可以在稻谷、大米、小麦、面粉、糖、红枣、中药材中发现，还可以在老鼠洞、鸟巢及养殖场中发现。通过日常饮食或呼吸而进入人体的消化道或呼吸系统，引起肠螨病和肺螨病。肠螨病主要表现为消化道症状，如腹泻、呕吐、便血，甚至肠溃疡。肺螨病引起的症状跟肺结核的疾病相似，主要表现为咳嗽咳痰、气喘和胸闷等。

2. 昆虫污染食品的预防

（1）保持环境卫生，控制昆虫滋生。昆虫一般都是出现在环境差的地方，如苍蝇。所以粮食储存库、食品加工厂，还有放置食品的地方，都要保持环境的清洁卫生，避免昆虫有机会污染食物。

（2）做好防昆虫的装置。食品加工厂门窗要封严，窗、门都要做好纱窗、纱网、防蝇帘，放置的食品要使用防蝇罩，避免昆虫有机会闯入污染食品。

（3）严格对食品加工进行杀虫消毒。要严格对食品加工厂进行定期消毒，可以使用紫外线灯对环境进行消毒，地面、桌面可以用化学药剂进行擦拭，还要定期对烹饪的厨房、炉灶、橱柜进行消毒。

（4）食品在运输过程中避免污染。要避免粮食在入仓和出仓时、运输和销售过程中感染害虫，同时也要注意运输过程中要做好密封状态。

### 四、食品的物理性污染及其预防

食品的物理性污染是指食品原料在种植和养殖、生产加工、包装贮存、运输、销售以及在烹饪过程中被有毒有害的物质污染，这些有毒有害的物质不仅包括环境的污染、加工过程中的污染，还包括食品原料本身存在的对人体有害的成分。根据污染物的性质可分为：食品的杂物污染和食品的放射性污染。

【案例导入】

日本福岛核事故

2011年3月11日，日本发生9.0级强震。随后，东京电力公司福岛第一核电站4台沸水堆机组相继出现问题，其中3台机组发生氢气爆炸，大量放射性物质释放到环境中，核泄漏产生的大量放射性物质不仅使民众直接受到辐射危害，而且污染了周边的空气、水源、土壤和动植物，使饮用水和食物都受到了严重的污染。

（一）食品的杂物污染

1. 食品的杂物污染来源

（1）食品原料在生产前本身已受到污染，如粮食在收成时混入不同种类和数量的草籽；面粉在研磨过程中混入灰尘等微小颗粒；动物在宰杀过程中混入毛发和粪便等。

（2）食品原料在加工生产时受到污染，如食品原料在加工过程中由于设备生锈或陈旧的碎屑脱落，可能对食物造成污染；加工厂卫生条件不合格，容易对食品造成烟尘和灰尘的污染；工厂工人在流水线工作对食物进行加工时，由于个人卫生不达标或个人卫生意识不合格，食品会混入毛发皮屑等污染物。

（3）食品储存过程中受到污染，一是受到储存容器污染：如水池、油池的污染物及回收饮料瓶罐中的污垢；二是储存环境如仓库防鼠防虫工作不到位，造成爬虫、飞虫等动物及其排泄物对食品的污染。

（4）食品在运输过程中受到污染，例如，在运输过程中，车辆在装运食品前未对工具进行消毒处理、在装运后对接触食品的垫膜与遮盖物未进行消毒清洁等情况都会对食品造成污染。

（5）食品的意外污染，外界物品如戒指、发饰、头发、指甲、烟灰、废纸等杂物，以及抹布、拖布等清扫工具的污染。

（6）掺杂掺假，是人为故意向食品掺入杂物的过程，其目的是通过掺杂掺假以非法牟取更大利益。如米粮中掺入沙石、奶粉中掺入大量糖、向生肉中注入大量水等。掺假破坏了市场经济秩序和人类的健康，严重时可造成人员死亡，因此必须加强管理、严厉打击。

2. 食品杂物污染的危害

（1）由于受到杂物的污染，食品原料失去了本身应有的感官性状，大大降低了营养价值，让食品质量得不到保障。

（2）食品原料中掺杂掺假，如果添加的是有毒物质，短期食用容易引起急性中毒，长期食用将给人类的健康带来很大的健康隐患。

（3）污染食品的杂物如果是玻璃碎片、金属类、不锈钢生锈的碎屑，人体食用后即可造成消化道损伤，给消费者造成心理阴影及巨大的痛苦。

3. 杂物污染的预防措施

（1）加强对食品生产前、生产中及生产后储存、运输、销售过程中的监管工作，严把安全生产质量关及进行规范化生产。

（2）使用先进的加工设备及采用先进的加工工艺，去除食品中的杂物如沙石、草料、灰尘、毛发皮屑等异物，定期对储存食品的仓库彻底清洁与消毒，做好防鼠防虫防害工作，尽量采用食品小包装。

（3）制定食品卫生标准，如《小麦粉》（GB 1355—1986）条例中对磁性金属物限量的规定。

（4）严禁对食品进行掺杂掺假，坚持打击此类不法行为。

### （二）食品的放射性污染

1. 食品放射性污染的来源

（1）核爆炸试验放射性沉降物，核爆炸时会产生大量放射性裂变产物，随高温气流上升到不同高度，大部分会在爆点附近区域沉降下来，小部分粒子会绕地球运行，历经长时间后缓慢沉降到地面，具有全球污染性。核试验的污染为放射性污染的主要来源。

（2）核工业排放的放射性废物，核工业的一系列生产、加工、运输、贮存过程均有放射性物质排放到环境中，若当废水、废气与废物（"三废"）的排放不合理或当核工厂发生意外事故时，都会对环境乃至食品造成不可估量的严重污染。

（3）医疗放射性污染，在医疗检查、诊断和治疗过程中，例如，肺部X光透视检查、胃部透视等，患者身体都会受到一定程度的放射性照射污染。

（4）住宅中的放射性污染，在工业中经常利用工业废渣作为建筑材料，使得建材中含有部分放射性物质，例如，有些建筑石材会具有一定含量的放射性核素，从而产生放射性气体氡，悬浮在居室空气中，对人体肺组织具有一定危害，容易让人们产生支气管炎和肺癌等疾病。

（5）金银首饰中的放射性污染，一般来讲，除纯金首饰外，其他首饰在制作过程中都会掺入少量的钢、铬等物质，特别是色彩鲜艳的首饰金属成分更加复杂，对人的皮肤会造成更大的伤害，从而诱发皮肤病或皮肤癌。

2. 食品放射性污染对人体的危害

食品放射性污染对人体的危害主要是来自环境中的放射性物质，当这些物质沉降或者是直接排放到土壤，就会导致水源和土壤的污染，然后转移到种植的农作物、养殖的动物，人类一旦食用了污染的动植物后，即造成危害。进入人体后对人体各种组织、器官和细胞产生低剂量长期内照射，会引起免疫系统、生殖系统的损伤以及致癌、致畸、致突变。或者还会引起淋巴细胞染色体的变化，可引起白血病等。

3. 食品放射性污染的预防措施

（1）对有污染源的工厂和地区要加强卫生防护并经常进行检测与防治。

（2）严格按照国家卫生标准判定食品中反射性物质的限量标准，将其含量严格控制在合理范围之内，并且绝对禁止向食品中加入放射性核素作为食品保存剂。

（3）定期对密封的食品卫生进行严格检测，若食品内含有放射性核素，应予以销毁。

禁止在食品包装过程中添加放射性核素作为食品保鲜或保藏剂。

（4）卫生监管部门要随时进行监督检查，对于辐照处理的食品应严格控制食品的吸收剂量，未经审查部门检查通过的食品，一律不准流入市场销售。

（5）一旦发生意外的偶然性放射性污染，一定要全力进行早期控制，避免大范围污染。

## 五、食品污染的案件分析

### 学习目标

（1）了解各类食品污染物的来源、种类、途径等。

（2）熟悉各类食品污染的预防措施。

（3）掌握食品污染案例的调查、分析和处理过程。

（4）了解如何追踪食品污染事件，以及食品污染事件对社会、政府、公众、经济等各层面带来的不同影响。

### (一)"毒奶粉"——三聚氰胺事件

**【案例介绍】** 2008年6月28日,甘肃省兰州市中国人民解放军第一医院泌尿科接收一位患有"双肾多发性结石"和"输尿管结石"的病例,截至9月8日,该院共收治14名患有同样疾病的婴儿。接下来,陕西、甘肃、宁夏、江苏等地也出现多个婴儿患同样疾病的情况。经多方调查发现,患病婴儿都有相同的经历,皆长期食用三鹿牌婴幼儿奶粉。2008年9月11日,经卫生部调查发现,该品牌奶粉受到三聚氰胺有毒物质的污染。同日,三鹿集团也发文承认该系列奶粉受三聚氰胺有毒物质污染,并按要求召回全部该年8月6日前生产的产品。据统计,全国受此奶粉影响的婴幼儿患者累计30万名,此数据一经曝光,震惊全国。同年9月13日,党中央、国务院、国家质检总局紧急对此事件作出部署,并在全国开展婴幼儿配方奶粉三聚氰胺物质专项检查工作,启动国家重大食品安全事故一级响应,以及成立应急处置领导小组进行案例分析。此次专项检查涉及109家企业的491个批次产品,结果显示,有22家企业的69个批次奶粉产品检出含有三聚氰胺,除三鹿品牌外,其他许多知名企业也榜上有名。随后,国家质检总局又紧急组织开展了全国液态乳三聚氰胺专项检查工作,对产品占市场合格率达70%以上的部分知名品牌企业生产的液态乳进行重点抽查检验,抽查结果也显示,部分液态乳产品,三聚氰胺物质含量超标。

**【案例分析】** 为了满足市场的需求以及人们对食品营养的追求,在过去的十年里,世界乳的产量每年增长1.5%,而中国乳的产量保持在20%左右的增长率。随着奶制品市场的高速发展和扩大,很多企业纷纷投入乳源的争夺大战中。很多企业虽拥有自己的乳源耕地,但规模较小,为获取更多的利益,部分企业会在原乳中掺入水来增加乳量,又为了确保掺入水后的牛奶能通过蛋白质的含量规定检测,许多企业便会加入三聚氰胺此类物质以确保牛奶蛋白质含量符合相关条例规定。长期以来,政府对这类行为的监管抽查不到位,也就导致此类事件频繁出现,越来越多不法分子通过在牛奶相关产品中掺杂三聚氰胺来牟取暴利。另外,乳产品蛋白质含量检测手段存在漏洞,虽然我国当时使用的蛋白质含量检测方式为国际通用,但仍存在许多漏洞和弊端。三聚氰胺的含氮量很高,物理性状与蛋白质十分相似,因此在凯氏定氮法的检测下就会出现高蛋白质的假象。然而,三聚氰胺是一种工业化学品,主要用于涂料、纺织和造纸等产业,所以长期食用该物质会对肾功能产生巨大影响。

**【处理措施】** 对于此次食品安全事件,国家下令要求对所有问题奶粉进行召回，下架，封存，查清问题的原因，明确责任，依法严肃处理。并由国家发展和改革委员会、农业部、卫生部和国家质检总局等13个部门联合制定了《奶业整顿和振兴规划纲要》，针对乳业各环节存在的问题，统筹规划，全面整顿。而对于食用了问题奶粉的婴幼儿卫生部采取了专门诊疗方案，并对各地医护人员专门进行专项救治培训。同时国家也制定免费诊疗政策。最大限度对患病婴幼儿进行救治及提供各项帮助。

（二）德国"毒鸡蛋"——二噁英食品污染事件

【案例介绍】2010年12月底，德国食品安全管理局工作人员在一次定期抽查检验中，在一些鸡蛋中发现超标的致癌物质——二噁英。随后，相关部门立即启动一级响应，对数千个农场的鸡蛋进行了检验调查，结果显示很多农场的鸡蛋都含有超标的二噁英。二噁英含10种化合物，毒性非常大，是砒霜的900倍，有"世纪毒王"之称，国际癌症研究中心已将其列为人类一级致癌物。二噁英主要以微小的颗粒存在空气、土壤和水中，主要的污染源是化工冶金、垃圾焚烧、造纸以及生产杀虫剂等产业的过程中。鸡蛋中检验出二噁英，第一时间在全世界引起了很大的风波，造成了极坏的影响。在德国更是爆发了一场食品安全危机，数万名德国民众走上街头，举行大规模抗议示威，要求政府给出说法，采取确保食品安全措施。

【案例分析】德国民众的抗议示威、舆论的压力推动了事件的调查开展工作，随着深入的调查，相关部门发现，鸡蛋含有超标的根源在于喂养的饲料，通过对有毒饲料的追查，最终的焦点锁定在石勒苏益格－荷兰施泰因州的一家饲料原料提供企业——哈勒斯和延彻公司身上，正是这家公司将受到工业原料污染的脂肪酸提供给生产饲料的企业，事实上，该公司从2010年3月就知道其生产的脂肪酸受到了二噁英污染，但是没有立即停止生产并上报给德国农业部。石勒苏益格－荷兰施泰因州农业部公布的检验结果显示，该公司生产的部分脂肪酸中二噁英的含量超过法定含量的77倍，而2010年3—12月，这家公司把大约3 000吨受到二噁英污染的脂肪酸出售到德国各地的数十家饲料企业。

【处理措施】事件一经查证，涉事公司哈勒斯和延彻公司被正式提出刑事指控。德国政府为控制污染，采取强硬措施隔离4 700个养猪场和家禽饲养场，并强制宰杀8 000余只鸡。对于已流入当地市场销售的受污染猪肉和涉嫌污染的外贸出口猪肉采取立即召回措施，并要求德国国内饲料制造商必须对产品进行二噁英检测，德国农业和消费事务部部长艾格内尔公布政府制定的一项动物饲料和食品安全计划，立志建立集中控制体系并实施更严格规范和惩罚。同时，该国政府计划将食品和饲料安全的相关规定列入刑法并建立预警机制,将二噁英检测结果纳入数据库,便于日后监管不达标产品与不法企业,公之于众,警醒世人。

### 💡 思考与练习

(1) 通过上述两起事件,分析如何预防各类不同的食品污染?可以采取哪些控制措施?

(2) 为了预防此类事件再次发生,国家应该从哪些方面抓起?

## 第三节 各类食品的卫生要求及其管理

食品在生产、运输、储存、销售等环节中,均可能受到生物性、化学性和物理性有毒有害物质污染,出现卫生问题,威胁人体健康。由于各类食品本身的理化性质及所处环境的不同,它们存在的卫生问题既有共同点,也有不同之处。因此需要了解各类食品的卫生问题、卫生要求及卫生管理,有利于采取适当措施,确保食用安全。

### 一、植物性食品卫生要求及其管理

(一) 粮豆类的卫生要求及其管理

粮豆类食品是指粮食类食品和豆类食品。粮食类食品及其制品是我国居民的主食,大豆类因产量大、营养价值高、食用广泛等特点而备受关注。

1. 粮豆类的主要卫生问题

(1) 霉菌和霉菌毒素的污染。粮豆类在生长、收获及储存过程的各个环节均可受到霉菌的污染,常见污染粮豆类的霉菌有曲霉、青霉、毛霉、根霉和镰刀菌等。粮豆成品如果水分过高,或者其中含有未成熟的、外形干瘪的、破损的籽粒,或者在混有异物的情况下储存,当环境温度增高、湿度较大时,霉菌易在粮豆中生长繁殖引起粮豆霉变,导致粮豆的感官性状发生改变,营养和食用价值降低。而且还可能产生相应的霉菌毒素,造成人体毒性损伤。

(2) 农药残留。粮豆中农药的残留来自:①防治病虫害和除草时直接施用的农药;②通过水、空气、土壤等途径从污染的环境中吸收;③在储存、运输及销售过程中由于防护不当受到污染等。粮豆中残留的农药最后可通过膳食进入人体，引起食源性疾病。

（3）有毒有害化学物质的污染。粮豆中其他有毒有害化学物质可能来源于未经处理或处理不彻底的工业废水和生活污水灌溉农田、菜地，某些地区自然环境中本身含量过高，加工过程或食品接触材料及制品造成的污染。主要是汞、镉、砷、铅、铬、酚和氰化物等。

（4）仓储害虫。我国常见的仓储害虫有甲虫（大谷盗、米象、谷蠹和黑粉虫等）、螨虫（粉螨）及蛾类（螟蛾）等 50 余种。当仓库温度在 18 ~ 21 ℃、相对湿度在 65% 以上时，适于虫卵孵化及害虫繁殖；当仓库温度在 10 ℃ 以下时，害虫活动减少。

（5）其他污染。

①无机夹杂物的污染：污染粮豆类的无机夹杂物主要包括泥土、沙石和金属等，可来自田间、晒场、农具和加工机械设备，这些污染物不仅影响粮豆的感官性状，且可能损伤牙齿和胃肠道组织。

②有毒植物种子的污染：粮豆在农田收割时，容易混杂有毒植物种子，如麦角、毒麦、麦仙翁籽、槐籽、毛果洋茉莉籽、曼陀罗籽、苍耳籽等。这些种子含有有毒成分，误食后对机体可产生一定的毒性作用。

③自然陈化：粮豆类在储存过程中，由于自身酶的作用，营养素发生分解，从而导致其风味和品质发生改变的现象。

④掺伪、掺杂：在产品中掺入杂质或异物，致使产品质量不符合国家法律、法规或者产品明示质量标准规定的质量要求，降低、失去应有使用的行为。不法粮商对粮食的掺伪、掺杂有以下几种。

a. 为了掩盖霉变，在大米中掺入少量霉变米、陈米；将陈小米洗后染色冒充新小米。

b. 为了增白，掺入有毒物质，如在米粉和粉丝中加入有毒的荧光增白剂；在面粉中掺入滑石粉、太白粉、石膏；面制品中掺入禁用的吊白块等。

c. 以掺假、掺杂或以低质量的食物冒充高质量的食物，如在粮食中掺入沙石、糯米中掺入大米、藕粉中掺入薯干淀粉；从面粉中抽出面筋后，其余部分仍冒充面粉或混入好面粉中出售。

2. 粮豆类的卫生要求

不同品种的粮豆都具有固有的色泽及气味，有异味时应慎食，霉变的不能食用，尤其是成品粮。为了保证食用安全，我国对粮豆类食品已制定了相应的食品安全标准。

豆制品含水量高，营养成分好，若有微生物污染，很容易繁殖，分解碳水化合物，使豆制品变酸变质。生产工具、容器、管道和操作人员等，只要其中有一环没有按卫生标准做好清洁工作，就会成为污染源头。豆制品成品能够新鲜存放的时间很短,特别是夏季,如果不及时冷藏很快就会变质。因此,要注意做好豆腐、豆浆等豆制品的卫生管理。

3. 粮豆类的卫生管理

(1) 粮豆的安全水分及真菌毒素限量。粮豆水分含量过高时,其代谢活动增强而发热,真菌、仓虫易生长繁殖,使粮豆发生霉变,因此,应将粮豆水分含量控制在安全水分以下。粮谷的安全水分为12%~14%,豆类的安全水分为10%~13%。此外,还应控制粮豆储藏环境的温度和湿度,降低粮豆变质的危险性。一般来说,相对湿度在65%~70%可以有效地抑制真菌细菌和仓储害虫的生长繁殖。同时应定期监测粮食中真菌毒素限量指标,以保证产品质量。

(2) 安全仓储的卫生要求。粮豆具有季节生产、全年供应的特点,为使粮豆在储藏期保持原有的质量,其卫生管理要求包括:

①加强粮豆入库前的质量检查,优质粮粒应颗粒完整,大小均匀,坚实丰满,表面光滑,具有各种粮粒固有的色泽和气味。无异味、无霉变、无虫蛀、无杂质等,各项理化指标应符合食品安全国家标准,籽粒饱满、成熟度高、外壳完整、晒干扬净的粮豆储藏性更好。

②仓库建筑应坚固、不漏、不潮,能防鼠、防雀。

③保持粮库的清洁卫生,定期清扫消毒。

④控制仓库内温度、湿度,按时通风、翻仓、晾晒,降低粮温,掌握顺应气象条件的门窗启闭规律。

⑤监测粮豆温度和水分含量的变化,同时注意气味、色泽变化及虫害情况,发现问题立即采取措施。

(3) 运输、销售过程中的卫生要求。运粮应有清洁卫生的专用车以防止意外污染。对装过毒品、农药或有异味的车船未经彻底清洗消毒的,禁止用于装运粮豆。粮豆包装必须专用并在包装上标明"食品包装用"字样。包装袋使用的原材料应符合卫生要求,袋上油墨应无毒或低毒,不得向内容物渗透。销售单位应按食品经营企业的食品安全管理要求设置各种经营房舍,搞好环境卫生。加强成品粮卫生管理,对不符合食品安全标准的粮豆不进行加工和销售。

(4) 控制农药残留。严格遵守《农药管理条例》的规定,采取的措施包括:

①根据农药毒性和在人体内的蓄积性,确定农药的最高用药量、合适的施药方式、最多使用次数和安全间隔期,以保证粮豆中农药残留量不超过最大残留限量标准。

②大力提倡农作物病虫害的综合防治,开发利用高效低毒低残留的新型

农药。

③对一些持久性农药如六六六、林丹和滴滴涕等制定食品中再残留限量（EMRL）。

（5）防止无机有害物质及有毒种子的污染主要措施有：

①水在灌溉前应先经无害化处理，使水质符合《农田灌溉水质标准》（GB 5084—2005）的要求，并根据作物品种掌握灌溉时期及灌溉量。

②定期检测农田污染程度及农作物的有毒重金属残留量，防止污水中有毒重金属等有毒物质对粮豆的污染。

③应加强选种、种植及收获后的管理，尽量减少有毒种子污染；在粮豆加工过程中使用过筛、吸铁和风车筛选等设备有效去除有毒种子和无机夹杂物；并制定粮豆中各种有毒种子的限量标准并进行监督。

4. 粮豆类制品的卫生管理

（1）粮豆类制品含水分高，营养成分丰富，若有微生物污染，引起腐败变质。而目前不少豆制品生产以手工加工为主，卫生条件比较差，污染机会大，应严格控制粮豆制品的水分含量，使其符合安全水分要求，延长保质期。

（2）生产加工过程应满足良好生产规范（GMP）和危害分析关键控制点（HACCP）的要求，以保证粮食的卫生安全。

（3）储存粮食的场地环境卫生应符合《食品安全国家标准食品经营过程卫生规范》（GB 31621—2014）的要求。在销售和贮藏时最好采用冷藏车运输、小包装销售，注意防尘、防蝇、防晒。不得与其他食品混放，以免造成交叉污染。一切用于粮食的包装材料都应符合有关卫生或安全标准和相关规定，不能影响产品的感官、特性，不能向产品转移对人体健康有害的物质，其强度足以充分保护产品。

（4）粮豆制品感官上的变化能灵敏地反映出产品的新鲜度，如新鲜的豆腐块形整齐、软硬适宜、质地细嫩、有弹性，随着鲜度下降，颜色开始发暗、质地溃散并有黄色液体析出、产品发黏、变酸并有异味。严禁出售变质的粮豆制品。

（二）蔬菜、水果的卫生要求及其管理

1. 蔬菜、水果的主要卫生问题

（1）细菌及寄生虫污染。蔬菜、水果在栽培过程中因施用人畜粪、尿和生活污水灌溉，可被肠道病菌和寄生虫卵污染。在收获、运输、储藏或销售过程中若卫生管理不当，也可受到肠道致病菌的污染，一般表皮破损严重的水果大肠埃希氏菌检出率高，水生植物如红菱、茭白等有可能污染姜片虫囊

蚴，生吃可导致姜片虫病

（2）有害化学物质的污染。

①农药污染。蔬菜和水果最严重的污染问题是农药残留，如果残留量大将对人体产生一定危害。绿叶蔬菜尤其应该注意这个问题。我国常有鸡毛菜等绿叶蔬菜刚喷洒农药就上市，易造成农药中毒。

②生活污水和工业废水的污染。用生活污水灌溉菜田可增加肥源和水源，提高蔬菜产量，并使污水在灌溉中得到净化，减少对水体的污染。工业废水中含有许多有害物质，如镉、铅、汞、酚等。未经无害化处理的工业废水和生活污水，可使蔬菜、水果受到其中有害物质的污染。废水中的有害物质还可影响蔬菜的生长。

③亚硝酸盐含量。在生长时遇到干旱或收获后不恰当存放、储存或腌制时，以及土壤中长期施用氮肥，硝酸盐与亚硝酸盐量所增加，一方面引起作物的凋谢枯萎，另一方面人畜食用后就会引起中毒。减少蔬菜水果中硝酸盐与亚硝酸盐含量的办法主要是合理的田间管理和低温储藏。另外，不要食用没有腌透的咸菜。

（3）腐败变质。水果组织脆弱，轻微的机械作用就可导致损伤，发生组织溃破及微生物性腐烂；采收后，储藏条件稍有不适，极易腐败变质。

2. 蔬菜、水果的卫生要求

（1）蔬菜、水果贵在新鲜。为避免腐败和亚硝酸盐含量过多，新鲜的蔬菜、水果最好不要长期保藏，采收后及时食用不但营养价值高，而且新鲜、适口。如要储藏的话，应剔除有外伤的蔬菜水果，保持其外形完整，进行低温保藏，控制其生命活力，以防止腐败变质。

（2）蔬菜和水果需要清洗消毒。为安全食用蔬菜、水果，既要杀灭肠道致病菌和寄生虫卵，又要保护营养素，沸水消毒是简便、经济、效果最好的消毒方法。在实际应用时要将蔬菜、水果预先洗净，否则影响消毒效果；消毒时用沸水充分浸没，浸泡时间以30秒以上为宜。水果削皮也是一种办法。为防止污染，不应将水果削皮切开出售。蔬菜和水果的消毒，必须考虑对人安全无害，不破坏营养素，效果可靠，使用方便，价格低廉。

3. 蔬菜、水果的卫生管理

（1）防止肠道致病菌及寄生虫卵的污染具体措施有：

①人畜粪便应经无害化处理后再施用。

②生活或工业污水必须先经沉淀去除寄生虫卵和杀灭致病菌后方可用于灌溉。

③水果和蔬菜在生食前应清洗干净或消毒。

④蔬菜、水果在运输、销售时应剔除烂根残叶、腐败变质及破损部分，

推行清洗干净后小包装上市。

（2）施用农药的卫生要求应严格控制蔬菜、水果中农药残留，具体措施是：

①应严格遵守并执行有关农药安全使用规定，高毒农药不准用于蔬菜、水果，如甲胺磷、对硫磷等。

②选用高效低毒低残留农药，并根据农药的毒性和残效期来确定对作物使用的次数、剂量和安全间隔期。

③制定和执行农药在蔬菜和水果中最大残留量限量标准，应严格依据《食品安全国家标准食品中农药最大残留限量》（GB 2763—2016）的规定。

④慎重使用激素类农药。此外，过量施用含氮化肥会使蔬菜受硝酸盐污染，对茄果类蔬菜在收获前15~20天，应少用或停用含氮化肥，且不应使用硝基氮化肥进行叶面喷洒。

（3）工业废水灌溉的卫生要求。工业废水应经无害化处理，水质符合《城市污水再生利用农田灌溉用水水质》（GB 20922—2007）的标准后方可灌溉菜地；应尽量采用地下灌溉方式，避免污水与瓜果蔬菜直接接触，并在收获前3~4周停止使用工业废水灌溉。根据《食品安全国家标准食品中污染物限量》（GB 2762—2017）的要求监测污染物的残留。

（4）储藏的卫生要求。蔬菜、水果水分含量高，组织娇嫩，易损伤和腐败变质保持蔬菜水果新鲜度的关键是合理储藏。储藏条件应根据蔬菜、水果的种类和品种特点而定。一般保存蔬菜、水果的适宜温度是10 ℃左右。蔬菜、水果大量上市时可用冷藏或速冻的方法。保鲜剂可延长蔬菜水果的储藏期限并提高保藏效果，但会造成污染，合理使用（60）Co-γ射线射法能延长其保藏期效果比较理想，但应符合我国《辐照新水果、蔬菜类卫生标准》（CB 148915—1997）的要求。

## 二、动物性食品卫生要求及其管理

### （一）畜肉的卫生要求及其管理

畜肉食品包括牲畜的肌肉、内脏及其制品，能供给人体所必需的蛋白质和多种营养素，且吸收好、饱腹作用强，故食用价值高。但肉品易受致病菌和寄生虫的污染，易于腐败变质，导致人体发生食物中毒、肠道传染病和寄生虫病，因此，必须加强和重视对畜肉的卫生管理。

1. 畜肉类的主要卫生问题

（1）腐败变质。牲畜屠宰时肉呈中性或弱碱性（pH 7.0~7.4），宰杀后若在常温下存放较长时间,则其组织酶在无菌条件下仍可继续活动,分解蛋白质、脂肪而使畜肉发生自溶,为细菌的入侵、繁殖创造了条件,引起畜肉腐败。不适当的生产加工和保藏条件也会促进肉类腐败变质,其原因有:①健康牲出在屠宰、加工、运输、销售等环节中被微生物污染;②病畜宰杀前就有细菌侵入;③牲畜宰杀前若过度疲劳,不具备杀菌能力。腐败肉含有的蛋白质和脂肪分解产物,如吲哚、硫化物、硫醇、粪臭素、尸胺、醛类、酮类和细菌毒素等,可导致人体中毒。

(2) 人畜共患传染病。对人有传染性的牲畜传染疾病,称为人畜共患传染病,如炭疽、布氏杆菌和口蹄疫等。有些牲畜疾病如猪瘟、猪出血性败血症虽然不感染人,但当牲畜患病以后,可以继发沙门氏菌感染,同样可以引起人的食物中毒。

①炭疽。炭疽是由炭疽杆菌引起的烈性传染病。炭疽杆菌在未形成芽孢前,在 55~58 ℃时经过 10~15 分钟即可死亡。炭疽杆菌在空气中 6 小时形成芽孢,炭疽杆菌芽孢具有强大的抵抗力,需 140 ℃干热 3 小时或 121 ℃高压蒸汽 15 分钟才能杀灭,在干燥土壤或皮毛中可存活至少 20 余年,牧场一旦被污染,传染性可持续数十年。

炭疽呈世界性分布,在我国普遍存在,以西部地区发病较多。一年四季均可发病,每年 7~9 月呈现高峰,多为散发。通常本病主要发生在牲畜间,以牛、羊和马等草食动物最为多见。潜伏期 1~5 天,呈急性炭疽(电击型)。牲畜突然发病、丧失知觉、摇晃倒卧、呼吸困难、脾脏肿大、天然孔(眼、耳、鼻及口腔)流血、血液呈暗黑色沥青样且不易凝固。猪多患慢性局部炭疽,病变部位为颌下、咽喉与肠系膜淋巴结,病变淋巴结剖面呈砖红色、肿胀、质硬,宰前一般无症状。发现炭疽病畜后,必须在 6 小时内立即采取措施,防止芽孢形成。

传染给人的途径主要经皮肤接触或空气吸入,因食用被污染食物引起的胃肠型炭疽较少见。临床上常依感染途径不同分为体表感染(皮肤)炭疽、经口感染(肠)炭疽、吸入感染(肺)炭疽。病程中常伴发败血症、脑膜炎等,最终可因毒素引起机体功能衰竭而死亡,除皮肤炭疽外,肠炭疽和肺炭疽死亡率较高,危害严重。

②鼻疽。鼻疽是由鼻疽假单胞菌引起的烈性传染病,主要有马、骡、驴患病,羊、猫、狗、骆驼、家兔、雪貂等也可被感染。目前,许多国家已基本消灭本病,国内仍可见于各养马地区,人鼻疽病与职业有明显关系,多发生在兽医、饲养员、骑兵及屠宰工人中,无季节性,多呈散发或地方性流行。

鼻疽的潜伏期不定,一般为数小时至 3 周,部分携菌者可潜伏数月甚至几年。临床上常分为急性型和慢性型。急性型在病初表现为体温升高，呈不规则发热（39～41℃）和颌下淋巴结肿大等全身性变化。病畜可表现为肺鼻疽、鼻腔鼻疽和皮肤鼻疽。典型的症状为鼻腔、喉头和气管内有粟粒状大小、高低不平的结节或边缘不齐的溃疡，在肺、肝、脾也有粟米至豌豆大小不等的结节。结节破溃后排出脓汁，形成边缘不整、喷火口状的溃疡，底部呈油脂样，难以愈合。对患鼻疽的病畜处理方法同炭疽。

传染给人的途径主要有接触传播和呼吸道传播。临床表现主要为急性发热，呼吸道、皮肤、肌肉处出现蜂窝织炎、坏死、脓肿和肉芽肿。有些呈慢性经过、间歇性发作，病程迁延可达数年。

③口蹄疫。口蹄疫是由口蹄疫病毒引起的，在猪、牛、羊等偶蹄动物之间传播的一种急性传染病，是高度接触性人畜共患传染病。其耐热性差，60℃经15分钟、70℃经10分钟和80℃经1分钟可被杀灭，病畜的肉只要加热超过100℃也可将病毒全部杀死。

病畜以蹄部的水疱为主要特征，患肢不能站立，常年卧地不起，表现为体温升高，在口腔黏膜、齿龈、舌面和鼻翼边缘出现水疱，水疱破裂后形成烂斑，口角线状流涎等，未断奶仔猪的口蹄疫常表现为因急性胃肠炎或心肌炎而突然死亡。一旦发现牲畜患病，应立即对患畜隔离，并对饲养场所进行随时和终末消毒，必要时应对患口蹄疫的同群牲畜予以扑杀。同时还应做好健康动物和人群的预防工作，屠宰场所、工具和工人衣服均应进行消毒。

口蹄疫的主要传播途径是消化道、呼吸道、损伤的或完整的皮肤、黏膜。人一旦受到口蹄病毒传染，经过2～18天的潜伏期后突然发病，表现为发热，口腔干热，唇、齿龈、舌边、颊部、咽部潮红，出现水疱（手指尖、手掌、脚趾），同时伴有头痛、恶心、呕吐或腹泻。病人在数天后痊愈，愈后良好，但有时可并发心肌炎。患者对人基本无传染性，但可把病毒传染给牲畜，再度引起畜间口蹄疫流行。

④结核病。结核病是由结核杆菌引起的慢性传染病，牛、羊、猪和其他家禽均可感染。牛型和禽型结核可传染给人。结核杆菌在干燥状态可存活2～3个月，在腐败物和水中可存活5个月，在土壤中可存活7个月到一年。但此菌对湿热抵抗力较差，在60℃时经过30分钟即失去活力。

结核病分布广泛，世界各国均有发生，尤其是在南美洲及亚洲国家流行较为严重。病畜表现为消瘦、贫血、咳嗽、呼吸音粗糙、有啰音。颌下、乳房及体表淋巴结肿大变硬。如为局部结核，有大小不一的结节，呈半透明或灰白色，也可呈干酪样钙化或化脓等。病畜肉处理及预防措施全身性结核且消瘦的病畜肉全部销毁，不消瘦者则病变部分切除销毁，其余部分经高温处理后食用。个别淋巴结或脏器有结核病变时，局部废弃，肉尸不受限制。对病畜和阳性畜污染的场所、用具和物品进行消毒。

结核病主要通过咳嗽的飞沫及痰干后形成的灰尘而传播，人还会通过喝含菌牛乳而被感染。

⑤猪传染病。猪瘟、猪丹毒及猪出血性败血症是猪的三大常见传染病，由猪瘟病毒、猪丹毒杆菌、猪出血性败血症杆菌所致。猪丹毒可经破损的皮肤感染传染给人，称为类丹毒，一般经2~3周可自愈。猪瘟和猪出血性败血症对人都不感染，但猪患上述病时，全身抵抗力下降，其肌肉和内脏往往伴有沙门氏菌继发感染。人可因食入病畜肉引起沙门氏菌食物中毒。

⑥猪链球菌病。猪链球菌病是人畜共患的、由多种致病性链球菌感染引起的急性传染病。猪链球菌在4 ℃的动物尸体中能存活6周，在22~25 ℃时可存活12天，加热50 ℃经2小时，60 ℃经10分钟和100 ℃可被直接杀灭，对一般消毒剂敏感。

猪链球菌病程全球性分布，流行无明显的季节性。猪链球菌病在临床上常见有猪败血症和猪淋巴结脓肿两种类型。其主要特征是急性出血性败血症、化脓性淋巴结炎、脑膜炎以及关节炎，其中以败血症的危害最大。

猪链球菌主要经破损的皮肤、呼吸道传染给人，严重感染时可引起人的死亡。

本病呈零星散发时，应对病猪作无血扑杀处理，对同群猪立即进行强制免疫接种或用药物预防，并隔离观察14天。必要时对同群猪进行扑杀处理。对被扑杀的猪、病死猪及排泄物、可能被污染的饲料、污水等按有关规定进行无害化处理；对可能被污染的物品、交通工具、用具、畜舍进行严格彻底消毒。

(3) 人畜共患寄生虫病。

①囊虫病。病原体在牛为无钩绦虫，在猪为有钩囊虫。牛、猪是绦虫的中间宿主，其幼虫在猪和牛肌肉组织内形成囊尾蚴，多寄生在舌肌、咬肌臀肌深腰肌和膈肌等部位。肉眼可见白色、绿豆大小、半透明水泡状包囊，包囊一端为乳白色不透明的头节，受感染的猪肉俗称"米猪肉"或"痘猪肉"。牛囊虫的包囊较小。

当人吃有囊尾蚴的肉后，囊尾蚴在人的肠道内发育为成虫并长期寄生在肠道内，引起人的绦虫病，可通过粪便不断排出节片或虫卵污染环境。由于肠道的逆转运动，成虫的节片或虫卵逆行入胃，经消化孵出幼虫，幼虫进入肠襞并通过血液达到全身使人患囊尾蚴病，严重损害人体健康。

②旋毛虫病。由旋毛虫引起，猪、狗等易感染。多寄生在猪、狗、猫、鼠等体内，多寄生在动物的膈肌、舌肌、心肌、胸大肌和肋间肌等，以膈肌最为常见，形成包囊。包囊耐低温，但加热至70 ℃可被杀死。当人食入未

烧熟煮透的含旋毛虫包囊的肉后,约 1 周,幼虫在肠道发育为成虫,并产生大量新幼虫钻入肠襞,随血液循环移行到身体各部位,损害人体健康。患者有恶心、呕吐、腹泻、高烧、肌肉疼痛、运动受限等症状。当幼虫进入脑脊髓可引起脑膜炎症状。人患旋毛虫病与嗜生食或半生食肉类习惯有关。

③其他。蛔虫、姜片虫、猪弓形虫病等也是人畜共患寄生虫病。

(4) 原因不明死畜肉。死畜肉是指因外伤、中毒或生病而引起急性死亡的牲畜肉。如为一般疾病或外伤死亡,又未发生腐败变质,经高温处理后可食用,内脏废弃;如为人畜共患疾病,则不得随意食用。死因不明的畜肉,一律禁止食用。

(5) 药物残留。为防治牲畜疫病及提高畜产品的生产效率,经常会使用各种药物,包括抗生素、抗菌素、抗寄生虫药、激素及生长促进药。这些药品无论是大剂量短时间治疗还是小剂量在饲料中长期添加,在畜肉、内脏都会有残留,残留过量或致中毒,或使病菌耐药性增强,危害食用者健康。

(6) 使用违禁饲料添加剂。有人往老牛身上注射番木瓜酶促进肌纤维软化,冒充小牛肉卖高价;给圈养的鸡饲以砷饲料,宰杀后鸡皮发黄冒充散养鸡卖高价;近年来还有人给畜禽肉注水以加大重量等。

2. 畜肉的卫生要求

在我国食品卫生标准中,对鲜猪肉、鲜羊肉、鲜牛肉、鲜兔肉以及各类肉制品均有具体的卫生要求。例如,对新鲜猪肉的感官要求主要从色泽、黏度、弹性、气味和肉汤等方面提出。肌肉有光泽,红色均匀,脂肪洁白;外表微干或微湿润,不粘手;指压后的凹陷立即恢复;具有鲜猪肉的正常气味;肉汤透明澄清,脂肪团聚于表面,有香味。

在理化指标方面,鲜猪肉应该达到:挥发性盐基氮 $\leqslant 15$ mg/100 g,总汞 $\leqslant 0.5$ mg/kg,无机砷 $\leqslant 0.05$ mg/kg,镉 $\leqslant 0.1$ mg/kg,农药残留应符合《食品中农药最大残留限量》(GB 2763—2005)的规定。

3. 畜肉的卫生管理

(1) 屠宰场所的卫生要求。屠宰场所环境、厂房和车间布局、清洁消毒设施、设备和器具、仓储设施应该符合《食品安全国家标准畜禽屠宰加工卫生规范》(GB 12694—2016)的要求。屠宰场所的通风、招募和废弃物存放与无害化处理设施等也应符合相关规定。

(2) 原料的卫生要求。

①原料的基本卫生要求。严格的兽医卫生检验是肉品卫生质量的保证。目前,国家标准《鲜、冻片猪肉》(GB 9959.1—2001)对鲜、冻片猪肉原料的要求有:生猪应来自非疫区,并持有产地动物防疫监督机构出具的检疫证明;公、母种猪及晚阉猪不得用于加工鲜、冻片猪肉。对鲜、冻片猪肉的

感官要求和理化指标要符合国家标准（GB 9959.1—2001）的规定。

②病害动物和病害动物产品的处理。病害动物和病害动物产品指的是国家规定的染疫动物及其产品，以及其他严重危害人畜健康的病害动物及其产品；病死、毒死或不明死因动物的实体；经检验对人畜有毒有害、需销毁的病害动物和病害动物产品；从动物体割除下来的病变部分；人工接种病原微生物或进行药物试验的病害动物和病害动物产品；国家规定的其他应该销毁的动物和动物产品。

为消除病害因素，保障人畜健康安全，严格执行相关规定预防人畜共患寄生虫病，并加强贯彻肉品卫生检验制度和市场管理，并对消费者进行卫生宣传教育；对病害动物及其产品要进行无害化处理，方法包括焚烧、掩埋、化制和发酵等方法；合理使用兽药，加强兽药残留监控工作，保证动物性食品卫生安全。

（3）屠宰过程的卫生要求。按照我国《畜禽肉屠宰卫生检疫规范》（NY 467—2001）和《食品安全国家标准畜禽肉屠宰加工卫生规范》（GB 12694—2016）的相关规定：①加强宰前检查，在畜禽屠宰前，综合判定畜禽是否健康和适合人类使用，对畜禽群体和个体进行检查；②做好宰前检疫后的处理，发现病害动物的按照相关规定进行处理；③从事屠宰、分割、加工、检验和卫生控制的人员应具备相应的资格，经过专业培训并经考核合格、体检合格后方可上岗，每年应进行一次健康检查，必要时做临时健康检查。

（4）运输销售的卫生要求。肉类食品的合理运输是保证肉品卫生质量的一个重要环节，运输新鲜肉和冻肉应有密闭冷藏车，车上有防尘、防蝇、防晒设施，鲜肉应挂放，冻肉应堆放。合格肉与病畜肉、鲜肉与熟肉不得同车运输，肉尸和内脏不得混放。卸车时应有铺垫。

熟肉制品必须盒装，专车运输，包装盒不能落地。每次运输后车辆、工具必须洗刷消毒。肉类零售店应有防蝇、防尘设备，刀、砧板要专用，当天售不完的肉应冷藏保存，次日重新彻底加热后方可再销售。

为了加强生猪屠宰管理，保证生猪产品（即屠宰后未经加工的胴体、肉、脂、脏器、血液、骨、头蹄、皮）质量，保障消费者身体健康，我国相关部门颁布了《生猪屠宰管理条例》和《生猪屠宰管理条例实施办法》，国家对生猪实行定点屠宰、集中检疫、统一纳税、分散经营的制度。未经定点，任何单位和个人不得屠宰生猪，但农村地区个人自宰自食者除外。

（5）产品溯源与召回管理。应建立完善的可追溯体系，确保肉类及其产品存在不可接受的安全卫生质量风险时，能进行追溯。畜禽屠宰加工企业应建立产品召回制度，当发现出厂产品不合格或有潜在的质量安全风险时，及时、完全地召回不合格批次的产品,并报告官方兽医。对召回后产品的处理,应符合《食品安全国家标准食品生产通用卫生规范》(GB 14881—2013)的相关规定。

4. 肉制品的卫生及管理

肉制品品种繁多,包括腌腊肉制品、酱卤肉制品、烧焙烤肉制品、干肉制品、油炸肉制品肠类肉制品、火腿肉制品、调制肉制品及其他类肉制品。

(1)在制作熏肉、火腿、香肠及腊肉时,应注意降低多环芳烃的污染。

(2)加工腌肉或香肠时应严格限制硝酸盐或亚硝酸盐使用量,如腌腊肉制品类亚硝酸盐的最大使用量为 0.15 g/kg,残留量≤30 mg/kg(以亚硝酸钠计)。各类食品具体使用量及残留量参见《食品安全国家标准食品添加剂使用标准》(GB 2760—2014)。

(3)肉制品加工时,应保证原料肉的卫生质量,必须符合国家相关规定,防止滥用添加剂。

### (二)禽肉类食品的卫生及管理

1. 禽肉的卫生问题

(1)药物残留。由于禽类饲养相对密集,中小养殖场普遍存在养殖环境差、密度高等问题,禽类动物容易得病,这个原因直接导致了一些饲养者长期过量地使用抗生素,同时一些养殖场和散养户无视抗生素休药期规定,从而造成禽类产品中抗生素残留超标,直接危害食用者身体健康。十余年的时间,兽药抗生素已从最基本的青霉素、氯霉素、土霉素等,变为头孢类、喹诺酮类等高端抗生素。

(2)微生物感染。禽肉有两类微生物污染:一类为病原微生物,如沙门氏菌金黄色葡萄球菌和其他致病菌,这些病原菌侵入肌肉深部,食前未充分加热可引起食物中毒或传染病;另一类为假单胞菌等非致病微生物,能在低温下生长繁殖,引起禽肉感官改变甚至腐败变质,禽肉表面可产生各种色斑。

2. 禽肉的卫生要求和管理

(1)合理宰杀。宰前24小时禁食、充分喂水以清洗肠道。禽类的宰杀过程类似牲畜,为吊挂、放血、浸烫(50~54 ℃或56~65 ℃)、拔毛、通过排泄腔取出全部内脏,尽量减少污染。

(2)加强卫生检验。按照《鲜、冻禽产品》(GB 16869—2005)、《食品安全国家标准鲜(冻)畜产品》(GB 2707—2016)等的规定,宰前发现病禽应及时隔离急宰,宰后检验发现的病禽肉应根据情况做无害化处理。

(3)宰后冷冻保存。宰后禽肉在 -30 ~ -25 ℃、相对湿度为80% ~

90%的条件下冷藏,可保存半年。

（三）鱼类食品的卫生及管理

1. 鱼类食品的卫生问题

（1）重金属污染。鱼类对重金属如汞、镉、铅等有较强的耐受性,能在体内蓄积重金属,常因生活水域被污染使其体内含有较多的重金属。

（2）农药污染。农田施用农药,农药厂排放的废水污染池塘、江、河、湖水,使生活在污染水域的鱼,不可避免地摄入农药并在体内蓄积。相比较而言,淡水鱼受污染程度高于海水鱼。

（3）病原微生物的污染。人畜粪便及生活污水的污染,使鱼类及其他水产品受到病原微生物的污染,常见致病微生物有副溶血性弧菌、沙门氏菌、贺氏菌大肠埃希氏菌、霍乱弧菌以及肠道病毒等。海产食品最容易受到副溶血性弧菌的污染,它是引起夏秋季节食物中毒的重要原因。

（4）寄生虫感染。在自然环境中,有许多寄生虫是以淡水鱼、螺虾蟹等作为中间宿主,人作为其中间宿主或最终宿主。在我国常见的鱼类寄生虫有华支睾吸虫、肺吸虫等,华支睾吸虫的囊蚴寄生在淡水鱼体内,肺吸虫的囊蚴常寄生在蟹体内,当生食或烹调加工的温度和时间没有达到杀死感染性幼虫的条件时,可使人感染这类寄生虫病。

（5）腐败变质。鱼类营养丰富,水分含量高,污染的微生物多且酶的活性高,与肉类相比,更易发生腐败变质。活鱼一般是无菌的,但鱼的体表、鳃及肠道中都有一定量细菌。一般海水鱼所带有的,并能引起鱼体败变质的细菌有假单胞菌属、无色杆菌属、黄杆菌属、摩氏杆菌属等。一般淡水鱼所带有的细菌,除海水鱼体细菌外,还常有产碱杆菌属、气单胞杆菌属和短杆菌属等。这些细菌在鱼体丰富的营养环境下生活,温度条件适宜（20～30℃）则繁殖很快,当鱼死亡后由于鱼体内细菌和酶的作用,鱼体出现腐败,表现为鱼鳞脱落、眼球凹陷、鳃呈褐色并有臭味、腹部膨胀、肛门肛管突出、鱼肌肉碎裂并与鱼骨分离,发生严重腐败变质。

2. 鱼类食品的卫生要求

我国食品卫生标准对各类水产食品均有规定。主要从体表、鳃、眼、肌肉、黏膜等方面提出相应要求。以黄花鱼为例,要求：体表金黄色,有光泽,鳞片完整,不易脱落；鳃色鲜红或紫红（小黄鱼多为暗红）,无异臭或稍有腥臭,鳃丝清晰；眼球饱满凸出,角膜透明；肌肉坚实,有弹性；黏膜呈鲜红色。

3. 鱼类食品的卫生管理

（1）养殖环境的卫生要求主要有：①加强水域环境管理,有效控制工业废水、生活污水和化学农药等五大水体；②保持合理的养殖密度，以维持鱼类健康；③定期监测养殖水体的生态环境。

（2）保鲜的卫生要求。保鲜的目的是抑制鱼体组织酶的活力和防止微生物的污染并抑制其繁殖，延缓自溶和腐败发生。我国对各类鲜冻动物性水产品的要求在《食品安全国家标准 鲜、冻动物性水产品》（GB 2733—2015）均有规定。有效的保鲜措施是低温（冷藏和冷冻）、盐腌、防止微生物污染和减少鱼体损伤。

（3）运输销售过程中的卫生要求。生产运输渔船（车）应经常冲洗，保持清洁卫生，减少污染；外运供销的鱼类及水产品应达到规定的鲜度，尽量冷冻调运，用冷藏车船装运。鱼类在运输销售时应避免污水和化学毒物的污染，凡接触鱼类及水产品的设备用具应由无毒无害的材料制成。提倡用桶或箱装运，尽量减少鱼体损伤。为保证鱼品的卫生质量，供销各环节均应建立质量检收制度，不得出售和加工已死亡的黄鳝、甲鱼、乌龟、河蟹及各种贝类；含有天然毒素的水产品，如鲨鱼等必须去除肝脏，河豚不得流入市场，如有混杂应剔出并集中妥善处理。有生食鱼类习惯的地区应限制食用品种，严格遵守卫生要求。

（4）鱼类制品的卫生要求。制备咸鱼的原料应为良质鱼，食盐不得含沙门氏菌、副溶血性弧菌，氯化钠含量应在95%以上。盐腌场所和咸鱼体内不得含有干酪蝇和鲣节甲虫幼虫；鱼干的晾晒场应选择向阳通风和干燥的地方，勤翻晒，以免局部温度过高、干燥过快，蛋白质凝固变性形成外干内潮的龟裂现象，影响感官性状；制作鱼松的原料鱼质量必须得到保证，先经冲洗清洁并干蒸后，用溶剂抽去脂肪再进行加工，其水分含量为12%~16%，色泽正常，无异味。

(四) 蛋类的卫生及管理

1. 蛋类的卫生问题

（1）微生物感染。微生物可通过不健康的母禽及附着在蛋壳上的微生物污染禽蛋。患病母禽生殖器的杀菌能力减弱，当吃了含有病菌的饲料后，病原菌可通过血液循环侵入卵巢，在蛋黄形成过程中造成污染。常见的致病菌是沙门氏菌，如鸡白痢沙门氏菌、鸡伤寒沙门氏菌等。鸡、鸭、鹅都易受到病菌感染，特别是鸭、鹅等水禽的感染率更高。为了防止由细菌引起的食物中毒，一般不允许用水禽蛋作为糕点原料。水禽蛋必须煮沸10分钟以上方可食用。

附着在蛋壳上的微生物主要来自空气、储放容器等。污染的微生物可从蛋壳上的气孔进入蛋体。常见细菌有假单胞菌属、无色杆菌属、变性杆菌属、沙门氏菌等 16 种。霉菌可经蛋壳的裂纹或气孔进入蛋内。常见的有分支孢霉、黄霉、曲霉、毛霉、青霉、白霉等。

微生物的污染可使禽蛋发生变质、腐败。新鲜蛋清中含有溶菌酶，有抑菌作用，一旦作用丧失，腐败菌在适宜的条件下迅速繁殖。蛋白质在细菌蛋白水解酶的作用下，逐渐被分解，使蛋黄系带松弛和断裂，导致蛋黄移位，如果蛋黄贴在壳上称为"贴壳蛋"；之后蛋黄膜分解，使蛋黄散开，形成"散黄蛋"；如果条件继续恶化，则蛋清和蛋黄混为一体，称为"浑汤蛋"。如果进一步被细菌分解，蛋白质则变为蛋白胨、氨基、胺类、羧酸类等，某些氨基酸分解后形成硫化氢、氨和胺类化合物以及粪臭素等产物，而使禽蛋发出恶臭味。

禽蛋受到霉菌污染后，霉菌在蛋壳内壁和蛋膜上生长繁殖，形成肉眼可见的大小不同的暗色或深色斑点，称为"黑斑蛋"。

（2）化学性污染。鲜蛋的化学性污染物主要是汞。蛋内汞的来源可由空气、水和饲料等摄入禽体内，致使所产的蛋中含汞。此外，农药、激素、抗生素以及其他化学污染物均可通过禽饲料及饮水进入母禽体内，残留于所产的蛋中。

（3）其他卫生问题。鲜蛋是一种有生命的物质，不停地通过气孔进行呼吸，因此它具有吸收异味的性质。如果在收购、运输、储存过程中与农药、化肥、煤油等化学物品以及蒜、葱、鱼、香烟等有异味或腐烂变质的动、植物放在一起，就会使鲜蛋产生异味，影响食用。

受精的禽蛋在 25~28 ℃气温条件下开始发育，在 35 ℃时胚胎发育较快。最初在胚胎周围产生鲜红的小血圈形成血圈蛋，以后逐步发育成血筋蛋、血环蛋，若孵化后鸡胚已形成则成为孵化蛋，若在发育过程中死亡则形成死胚蛋。胚胎一经发育，蛋的品质就会显著下降。

2. 蛋类的卫生要求

蛋壳清洁完整，灯光透视时，整个蛋呈橘黄色至橙红色，蛋黄不见或略见阴影。打开后蛋黄凸起、完整、有韧性，蛋清澄清、透明、稀稠分明，无异味。

3. 蛋类的卫生管理

为了防止微生物对禽蛋的污染，提高鲜蛋的卫生质量，应加强禽类饲养条件的卫生管理，保持禽体及产蛋场所的卫生。鲜蛋应贮存在 1~5 ℃、相对湿度 87%~97% 的条件下，一般可保存 4~5 个月。自冷库取出时应先在预暖室内放置一段时间，防止因产生冷凝水而造成微生物对禽蛋的污染。

蛋类制品包括液蛋制品、干蛋制品、冰蛋制品和再制蛋（皮蛋、咸蛋和糟蛋等），制作蛋制品不得使用腐败变质的蛋。制作冰蛋和蛋粉应严格遵守有关的卫生制度，采取有效措施防止沙门氏菌的污染，如打蛋前蛋壳预先洗净并消毒，工具容器也应消毒。制作皮蛋时应注意铅的含量，可采用加锌工艺法取代传统工艺以降低皮蛋内铅含量。

### （五）奶及奶制品

1. 奶及奶制品的卫生问题

奶类食品的卫生问题主要是微生物污染以及有毒有害物质污染等。

（1）乳及乳制品的微生物污染。乳类富含多种营养成分，特别适宜微生物的生长繁殖。按污染途径可将乳的微生物污染分为一次污染和二次污染。一次污染是指乳在挤出之前受到了微生物污染，因为健康乳畜的乳房中常有细菌存在，当乳畜患乳腺炎和传染病时，乳汁很容易被病原菌污染。二次污染是指在挤乳过程或乳挤出后被污染，这些微生物主要来源于乳畜体表、环境、容器、加工设备、挤乳员的手和蝇类等。

乳及乳制品中微生物主要分为以下三大类：

①腐败菌。腐败菌主要引起乳类腐败变质，常见有乳酸菌、丙酸菌、丁酸菌、孢胞杆菌属、肠杆菌科等，其中乳酸菌是乳中数量最多的一类微生物。

②致病性微生物。这类微生物可引起各种人畜疾病，如食物中毒（如沙门氏菌、大肠埃希氏菌）、消化道传染病（如伤寒杆菌、痢疾杆菌）、人畜共患疾病（如炭疽杆菌、口蹄疫病毒）、乳畜乳腺炎（如金黄色葡萄球菌）。

③真菌。真菌主要有乳粉孢霉、乳酪粉孢菌、黑念珠菌等，引起干酪、奶油等乳制品的霉变和真菌毒素的残留。

（2）乳及乳制品的化学性污染。乳类中残留的有毒有害物质主要是有害金属、农药、放射性物质和其他有害物质，以及抗生素、驱虫药和激素等兽药。

（3）乳及乳制品的掺伪。掺伪是指人为地、有目的地向食品中加入一些非固有成分的行为。除掺水以外，在牛乳中还掺入许多其他物质。

①电解质类。如盐、明矾、石灰水等。掺这些掺伪物质，有的是为了增加比重，有的是为了中和乳的酸度以掩盖变质现象。

②非电解质类。非电解质类包括能以真溶液形式存在的小分子物质（如尿素）、针对因腐败所致乳糖含量下降而掺入的蔗糖、为"提升"乳制品中蛋白质含量而掺入的化工原料三聚氰胺等。

③胶体物质。一般为大分子液体，以胶体溶液、乳浊液形式存在，如米汤、豆浆等。

④防腐剂。如甲醛、硼酸、苯甲酸、水杨酸等，也有人为掺入青霉素等

抗生素的情况，其目的是防止腐败，延长保质期。

⑤其他杂质。在掺水后为保持牛乳表面活性而再掺入洗衣粉，也有人掺入白硅粉、白陶土等。

2. 乳及乳制品的卫生要求

（1）消毒牛奶。消毒牛奶的卫生质量应达到《食品安全国家标准　巴氏杀菌乳》（GB 19645—2010）的要求。

①感官指标。色泽为均匀一致的乳白色或微黄色，具有乳固有的滋味和气味，无异味，无沉淀，无凝块，无黏稠，无可见异物的均匀液体。

②理化指标。脂肪≥3.1%，蛋白质≥2.9%，非脂固体≥8.1%，杂质度≤2 mg/kg，酸度为12.0~18.0 °T。

③不得检出致病菌。

（2）乳制品。乳制品是指以牛乳或其他动物乳为主要原料并经过正规工业化加工而生产出来的产品，包括炼乳、奶粉、酸奶、复合奶、奶酪和含奶饮料等。各种奶制品均应符合相应的卫生标准，卫生质量才能得以保证。如在《乳和乳制品卫生管理办法》中规定，在乳汁中不得掺水和加入其他任何物质；乳制品使用的添加剂应符合《食品安全国家标准　食品添加剂使用标准》（GB 2760—2011），用作酸奶的菌种应纯良、无害；乳制品包装必须严密完整，乳品商标必须与内容相符，必须注明品名、厂名、生产日期、批量、保存期限及食用方法。

3. 乳类的卫生管理

（1）乳畜的卫生要求。为了防止致病菌对乳的污染，预防人畜共患传染病的传播，对乳畜应定期进行预防接种及检疫，对检出的病畜必须做到隔离饲养，防止动物疫情扩散。

（2）挤乳的卫生要求。挤乳的操作是否规范直接影响到乳的卫生质量。挤乳前应做好充分准备工作，如挤乳前1小时停止喂干料并用0.1%高锰酸钾或0.5%漂白粉温水消毒乳房，保持乳畜清洁和挤乳环境的卫生，防止微生物的污染。挤乳的容器、用具应严格执行卫生要求。挤乳人员应穿戴好清洁的工作服，洗手至肘部。挤乳时注意每次开始挤出的第一、二把乳应废弃，以防乳头部细菌污染乳汁。此外，产犊前15天的胎乳、产犊后7天的初乳、应用抗生素期间和休药期间的乳汁及患乳房炎的乳汁等应废弃，不应用作生乳。

一般情况下，刚挤出的乳中存在少量微生物以及草屑、牛毛等非溶解性杂质，故应立即进行过滤或离心等净化处理，降低这些物质的含量，并及时冷却降温，以免因残留的微生物大量繁殖而导致乳腐败变质。

现在，机械化挤乳已取代人工挤乳，成为主要挤乳手段，大致分为厅式挤乳设备、管道式挤乳设备和移动式挤乳车三大类。大型挤乳设备已经实现自动化、智能化。采用机械化挤乳方式的卫生要求与人工挤乳基本相同，特别要注意对所用挤乳杯、集乳器、输乳管等部件进行清洗和消毒处理。

（3）病畜乳的处理原则。乳中的致病菌主要是人畜共患传染病的病原体，对各种病畜乳必须给予相应的卫生学处理。

①结核病畜乳：对有明显结核症状的病畜所产乳要禁止食用，应就地消毒销毁，病畜应予处理。对结核菌素试验阳性而无临床症状的乳畜所产乳，经传统巴氏消毒或煮沸 5 分钟后可用于制作乳制品。

②布鲁氏菌病畜乳：羊布鲁氏菌对人易感性强、威胁大，凡有症状的乳羊，禁止挤乳并给予淘汰处理。患布鲁氏菌病乳牛所产的乳，经煮沸 5 分钟后方可利用。对凝集反应阳性但无明显症状的乳牛，所产乳经巴氏消毒后允许供食品工业用，但不得用于制作乳酪。

③口蹄疫病畜乳：凡乳房出现口蹄疫病变（如水疱）的病畜所产乳，要禁止食用并就地进行严格消毒处理后废弃。

④乳房炎病畜乳：乳畜乳房局部患有炎症或者乳畜全身疾病在乳房局部有症状表现时，其所产乳均应在消毒后废弃。

⑤其他病畜乳：乳畜患炭疽病、牛瘟、传染性黄疸、恶性水肿、沙门氏菌病等，其所产乳均严禁供食用，应予消毒后废弃。

（4）乳类储存、运输的卫生要求。从健康乳畜的乳房中挤出的乳不得与病畜乳混合存放。挤出后的生乳应在 2 小时内降温至 0~4 ℃。为保证质量和新鲜度，应在尽可能短的时间内将生乳运送到收奶站或乳品加工厂。运输时要采用密封性良好不锈钢乳桶或带有保温层的不锈钢乳罐车，以免受不同季节环境温度的影响。

（5）乳品加工厂的卫生要求。乳品加工厂的厂房设计与设施的卫生应符合《食品安全国家标准乳制品良好生产规范》（GB 12693—2010）的要求。乳品厂必须建立在交通方便，水源充足，无有害气体、烟雾、灰沙及其他污染的地区；供水设备及用具应取得卫生许可批件；生产用水应符合《生活饮用水卫生标准》（GB 5749—2006）的规定；建有配套的卫生设施，如废水、废气及废弃物处理设施、清洗毒设施和良好的排水系统等，并设有储乳室、冷却室、消毒室等辅助场所。

乳品加工过程中各道生产工序必须连续，防止原料和半成品积压变质而导致致病菌、腐败菌的繁殖和交叉污染。乳品厂应建立乳品检测实验室，产品必须经检验合格后方可出厂。对合格原料和装材料应遵循"先进先出，近效期先出"的原则，合理安排使用。

（6）乳品从业人员的卫生要求。从业人员应保持良好的个人卫生，遵守有关卫生制度，定期体检，取得健康合格证后方可上岗。将传染病及皮肤病患者应及时调离工作岗位。

（7）各类乳制品及所用原料乳、食品添加剂、食品营养强化剂等均应符合相应的食品安全国家标准等，不得掺杂、掺假。另外，产品包装必须严密完整，食品标签所载信息要齐全、真实、准确，符合相应的食品安全法律法规，严禁伪造和假冒。

4. 乳制品的卫生管理

（1）液态乳制品。

①巴氏杀菌乳。其感官要求是：呈乳白色或微黄色，具有乳固有的香味，无异味，为均匀一致的液体，无凝块、无沉淀、无正常视力可见异物。理化指标的要求是：全脂乳脂肪含量≥3.1 g/10 g、牛乳蛋白质含量≥29 g/100 g、酸度 12~18°T。其他理化指标污染物、真菌毒素和微生物限量等应符合《食品安全国家标准 巴氏杀菌乳》（GB 19645—2010）的要求。

②灭菌乳。包括超高温灭菌乳和保持灭菌乳。感官要求和理化指标要求与巴氏杀菌乳相同，微生物应符合商业无菌的要求。其他理化指标、污染物、真菌毒素限量等应符合《食品安全国家标准 灭菌乳》（GB 25190—2010）的要求。

③调制乳。其感官要求是：呈应有的色泽和香味，无异味，为均匀一致的液体，无凝块、可有与配方相符的辅料的沉淀物、无正常视力可见异物。理化指标的要求是：全脂乳脂肪含量≥2.5 g/100 g、蛋白质含量≥2.3 g/100 g。其他污染物、真菌毒素和微生物限量等应符合《食品安全国家标准 调制乳》（GB 25191—2010）的要求。

④发酵乳。其感官要求是：呈乳白色或微黄色，具有特有的滋味、气味，组织细腻、均匀，允许有少量乳清析出。理化指标的要求是：全脂发酵乳≥3.1 g/100 g，全脂风味发酵乳≥2.5 g/100 g；发酵乳蛋白质含量≥2.9 g/100 g，风味发酵乳≥2.3 g/100 g；酸度≥70°T。其他理化指标、污染物、真菌毒素和微生物限量等应符合《食品安全国家标准 发酵乳》（GB 19302—2010）的要求。生产风味酸乳时允许加入食品添加剂、营养强化剂、果蔬、谷物等，加入的原料应符合相应的食品安全标准和（或）有关规定。发酵乳在出售前应冷藏，当表面生霉、有气泡和大量乳清析出时不得出售和食用。

（2）粉状乳制品。

①乳粉。根据加工原料和加工工艺的不同，乳粉可分为全脂乳粉、脱脂乳粉、速溶乳粉、配方乳粉、加糖乳粉、调制乳粉等。乳粉的感官要求是：

呈均匀一致的乳黄色，具有纯正的乳香味，组织状态为干燥均匀的粉末。理化指标的要求是：乳粉蛋白质含量≥非脂乳固体的34%，调制乳粉蛋白质含量≥非脂乳固体的16.5%；全脂乳粉脂肪含量≥26%；复原牛乳酸度≤18°T；水分≤5%。其他理化指标、污染物、真菌毒素和微生物限量等应符合《食品安全国家标准　乳粉》（GB 19644—2010）的要求，当有苦味、腐败味、霉味、化学药品和石油等气味时禁止食用。

②乳清粉和乳清蛋白粉。乳清是指以生乳为原料，采用凝乳酶、酸化或膜过滤等方式生产乳酪、酪蛋白及其他类似制品时，将凝乳块分离后而得到的液体。乳清粉是以乳清为原料，经干燥制成的粉末状产品，分为脱盐和非脱盐乳清粉。乳清蛋白粉是以乳清为原料，经分离、浓缩、干燥等工艺制成的蛋白质含量不低于25%的粉末状产品。乳清蛋白质容易消化吸收，氨基酸组成合理、利用率高。其感官要求是：具有均匀一致的色泽，特有的滋味、气味，无异味，组织状态为干燥均匀的粉末状产品、无结块、无正常视力可见杂质。其他理化指标、污染物、真菌毒素和微生物限量等应符合《食品安全国家标准　乳清粉和乳清蛋白粉》（GB 11674—2010）的要求。

（3）其他乳制品。

①炼乳。其感官要求是：呈均匀一致的乳白色或乳黄色，有乳和（或）辅料应有的色泽，具有乳和（或）辅料应有的滋味和气味，如加糖甜味纯正，组织细腻，质地均匀，黏度适中。其他理化指标、污染物、真菌毒素和微生物限量等应符合《食品安全国家标准　炼乳》（GB 13102—2010）的要求。

②奶油。其感官要求是：呈均匀一致的乳白色、乳黄色或相应辅料应有的色泽；具有稀奶油、奶油、无水奶油或相应辅料应有的滋味和气味，无异味；组织状态均匀一致，允许有相应辅料的沉淀物，无正常视力可见异物。凡有霉斑、腐败、异味（苦味、金属味、鱼腥味等）的奶油作废品处理。理化指标要求是：稀奶油脂肪含量≥10%，酸度≤30°T；奶油脂肪含量≥80%，酸度≤20°T；无水奶油脂肪含量≥99.8%。其他理化指标、微生物指标应符合《食品安全国家标准　稀奶油、奶油和无水奶油》（GB 19646—2010）的要求。

③干酪。其感官要求是：具有正常的色泽、特有的滋味和气味，组织细腻，质地均匀，具有应有的硬度。其他污染物、真菌毒素和微生物限量等应符合《食品安全国家标准　干酪》（GB 5420—2010）的要求。

此外，当乳制品的固有颜色、滋味、气味、组织状态等感官性状发生改变时，表明其品质已经降低，应禁止食用。为了让消费者了解产品特性，对一些乳制品还应按照标准的规定，在食品标签上进行正确标识，例如"复原乳""含××%复原乳""××热处理发酵乳""××热处理风味发酵乳""本产品不能作为婴幼儿的母乳代用品"等标注用语。

### 三、食用油脂的卫生要求及其管理

食用油脂是主要食品类别之一，是日常膳食必不可少的重要组成部分。其根据来源和特性分为食用植物油、食用动物油脂和食用油脂制品。植物油来源于油料作物和其他植物组分，如大豆油、花生油、菜籽油等，绝大多数植物油在常温下呈液体状态，习惯称为油。动物油脂来源于动物的脂肪组织和乳类，如猪油、牛油、羊油、鱼油、动物奶油等，多数动物油脂在常温下呈固体或半固体状态，习惯称为脂。食用油脂制品是指一些油脂深加工产品，主要有调和油、氢化植物油（俗称植物奶油）等。

食用油脂在生产、加工、储存、运输、销售过程中的各个环节，均有可能受到某些有毒有害物质的污染，以致其卫生质量降低，损害食用者健康。

#### （一）食用油脂的主要卫生问题

1. 油脂酸败

油脂和含油脂高的食品在不当条件下存放过久会呈现出变色、变味等不良感官性状，这种现象称为油脂酸败。酸败的油脂所散发出的不良气味俗称哈喇味。油脂酸败的因素包括两个方面：一是油脂纯度不高，来自动、植物组织残渣和食品中微生物的脂肪酶等可促使甘油三酯水解，生成酮类物质；二是存储不当，当接触空气中氧、紫外线、铜、铁等后，油脂发生水解并进一步分解为低分子脂肪酸和易挥发的醛、酮、醇等物质，使油脂的酸度增加，并散发强烈的刺鼻气味。

2. 食用油脂污染和天然存在的有害物质

（1）油脂污染物。

①黄曲霉毒素 $B_1$：油脂中最常见的真菌毒素是黄曲霉毒素。在各类油种子中花生最容易受到污染，其次为棉籽和油菜籽。碱炼法和吸附法均为有效的去毒方法，我国现行食用植物油卫生标准规定，花生油、玉米胚芽油中黄曲霉毒素 $B_1$ 应≤20 μg/kg，其他油应≤10 μg/kg。

②苯并[a]芘：油脂在生产和使用过程中可受到多环芳烃类化合物的污染，其主要源自料种子的污染、油脂加工过程中受到的污染以及使用过程中油脂的热聚。油脂中的苯并[a]芘可通过活性炭吸附、脱色处理等精炼工艺而降低。我国现行国家标准规定，3,4-苯并[a]芘应≤10 μg/kg。

③有害元素：油脂中的砷、铅主要源自油料和运输、生产过程中使用不

符合食品卫生要求的工具及设备等造成的污染。我国现行食品安全国家标准规定，油脂及其制品中砷、铅含量均应≤0.1 mg/kg。镍是生产氢化植物油过程中的催化剂，必须加以限量，我国现行食品安全国家标准规定，氢化植物油和氢化植物油为主的产品中镍含量应≤0.1 mg/kg。

④农药残留：食用油脂中各种农药残留限量应符合《食品安全国家标准 食品中农药最大残留限量》（GB 2763—2016）的要求。

⑤微生物：在食物油脂中，我国仅在《食品安全国家标准 食用油脂制品》（GB 15196—2015）中对微生物指标提出了要求，规定大肠菌群≤10CFU/g，真菌≤50CFU/g。

（2）油脂中的天然有害物质。

①棉酚：一次性大量食用或长期少量食用含有较高游离棉酚的棉籽油可引起亚急性或慢性中毒，主要对生殖系统、神经系统和心、肝、肾等实质脏器功能产生严重损害。冷榨法生产的棉籽油中游离棉酚的含量明显高于热榨法，毛油经过碱炼、温水洗油可除之。我国现行食用植物油卫生标准规定，棉籽油中游离棉酚含量应≤0.02%。

②芥子油苷：芥子油苷普遍存在于十字花科植物中，以油菜籽中含量较多。芥子油苷在植物组织中葡萄糖硫苷酶的作用下可水解为硫氰酸酯、硫氰酸盐和腈。硫氰化物可阻断甲状腺对碘的吸收，导致甲状腺肿。腈能抑制动物生长发育或致死。但这些硫化合物大多为挥发性物质，在加热过程中可因挥发而被去除。

③芥酸：芥酸是一种二十二碳单不饱和脂肪酸，普通菜籽油中含量为20%~55%，未经处理的菜籽油中芥酸含量高达40%。动物实验表明，芥酸可促使脂肪在多种动物心肌中聚积，导致心肌的单核细胞浸润和纤维化、心肌坏死，并损害肝、肾等器官，还可导致动物生长发育障碍和生殖功能下降，但其对人体的毒性作用还缺乏直接证据。FAO/WHO建议食用菜籽油中芥酸不得超过5%。我国的菜籽油国家标准（GB 1536—2004）规定，一般菜籽油芥酸含量为3.0%~60.0%；低芥酸菜籽油芥酸含量应≤30%。

④反式脂肪酸：反式脂肪酸在氢化（或部分氢化）物油及其制品中含量较高，可占总脂肪的60%左右。含有反式脂肪酸较高的食物主要有涂抹奶油的蛋糕、饼干、炸薯条、冰激凌等，人造奶油中反式脂肪酸含量高达164 mg/g。反式脂肪酸对人体健康的影响主要体现在与血脂异常、癌症、2型糖尿病的发生有着较为密切的关系。

（二）食用油脂生产的卫生要求和卫生管理

1. 原辅材料

生产使用油脂的动植物原料、所用溶剂、食品添加剂和生产用水都必须符合国家标准和有关规定。此外，要重视对原料的预处理，对动物油脂原料应清洗干净，去除脂肪组织以外的肌肉、淋巴结等附着物；对油料作物种子要清除各种杂质和破碎粒屑等，以防止油脂被污染，保证其卫生与安全。

2. 生产过程

生产食用油脂的车间一般不宜加工非食用油脂，由于某些原因加工非食用油脂后，或设备使用时间较长时，应将所有输送机、设备、中间容器及管道地坑中积存的油料或油脂全部清除，防止残留或者腐烂的油料重复被加工，并应在加工食用油脂的投料初期抽样检验，符合食用油脂的质量、卫生、安全标准后方可视为食用油，不合格的油脂应作为工业用油。用浸出法生产食用植物油的设备、管道必须密封良好，严防溶剂跑、冒、滴、漏。生产过程应防止润滑油和矿物油对食用油脂的污染。

为防止油脂酸败，采用任何制油方法生产的毛油均需经过精炼保证油脂的纯度；在油脂加工过程中应避免金属离子污染，储存时应做到密封断氧、低温和避光；合理应用抗氧化剂。

3. 成品检验及包装

油脂成品经严格检验达到国家有关质量、卫生或安全标准后才能进行包装。食品接触材料及制品、食用油脂的标签、销售包装和标识应符合国家标准的规定。由转基因原料加工制成的油脂应符合国家有关规定，应当在产品标签上明确标示。

4. 储存、运输及销售

油脂产品应储存在阴凉、干燥、通风良好的场所，食用植物油储油容器的内壁和阀不得使用铜质材料，大容量包装应尽可能充入氮气或二氧化碳气体，储存成品油的专用容器应定期清洗，保持清洁。为防止与非食用油相混，食用油桶应有明显的标记，并分区存放。储存、运输、装卸时要避免日晒、雨淋，防止有毒有害物质的污染。

5. 产品追溯与撤回

油脂生产企业应该建立产品追溯系统及产品撤回程序，明确规定产品撤回的方法、范围等，定期进行模拟撤回训练，并记录存档。严禁不符合国家有关质量、卫生要求的食用油脂流入市场销售。

## 四、罐头食品的卫生及管理

罐头食品指将符合要求的原料经加工处理、装罐、密封、加热杀菌等工序加工而成的商业无菌的罐装食品。随着罐头加工工业的快速发展，罐头食品的内涵也在不断扩展。根据《罐头食品分类》（GB/T 10784—2006）的规定，罐头食品可分为八大类：①畜肉类罐头；②禽类罐头；③水产动物类罐头；④水果类罐头；⑤蔬菜类罐头；⑥干果和坚果类罐头；⑦谷类和豆类罐头；⑧其他类罐头（汤类罐头、调味料罐头、混合类罐头、婴幼儿辅食罐头）。

### （一）罐头食品的卫生问题

1. 食品接触材料及制品

罐头食品的食品接触材料及制品包括金属罐、玻璃罐和符合塑料薄膜等。

（1）金属罐。主要材质为镀锡薄钢板（马口铁）、镀铬薄钢板（无锡钢板）和铝合金薄板。镀锡薄钢板内壁常用化学性质不活泼的锡层作为保护层，但罐头内壁的锡层仍会受内容物的腐蚀而发生缓慢溶解。罐头番茄酱、酸黄瓜、茄子等少数蔬菜和大部分水果罐头均有较强的侵蚀力。少量锡对人体无明显毒害，但会使食品中的天然色素变色；果汁罐的液汁产生白浊、沉淀；产生金属"罐臭"。大量的溶出锡会引起中毒。国外报道了多起锡中毒的事件，大多是由罐头内蔬菜果汁锡含量过高引起的。镀铬薄钢板耐腐蚀性较差，焊接困难，主要用于制造罐头底盖和皇冠盖。铝合金薄板同样对酸和盐类的耐腐蚀性较差。

（2）玻璃罐。特点是化学性质稳定不易腐蚀，能保持食品原有风味。罐壁透明，可以看到食品的色泽形状。但其缺点是易碎，导热性较差，在杀菌和冷却过程中容易破裂；食品易变色、褪色。顶盖部分的密封面、垫圈等材料应为食品工业专用材料，填周氧可引起过敏反应，其用量不得超过干胶的3%。

（3）复合塑料薄膜。是软罐头的包装材料，由三层不同材质的薄膜经聚氨酯型黏合剂黏合而成，该黏合剂中含有甲苯二异氰酸酯，其水解产物2，4-氨基甲苯具有致癌性，因此，要求每平方英寸面积复合膜溶出甲苯二异氰酸酯的量不得大于0.05 μg。软罐头易受外力影响而损坏，因此在加工、储存、运输、销售等过程中要加以注意。

2. 罐头的胖听

由于罐头内微生物活动或化学作用产生气体，形成正压，使一端或两端外凸，这种现象称为胖听，是罐头感官检查的重要内容之一。按原因可将胖听分为化学性胖听、生物性胖听和物理性胖听。

（1）化学性胖听：主要是由于金属罐受酸性内容物腐蚀产生大量氢气导致罐头发生膨胀，叩击呈鼓音，穿洞有气体逸出，但无腐败气味，一般不宜食用。

(2) 生物性胖听：是由于杀菌不彻底残留的微生物或因罐头有裂缝，微生物从外界进入，在其中生长繁殖产气所造成的。此类胖听常为两端凸起，保温试验胖听增大，叩击有明显鼓音，穿洞有腐败味气体逸出，应禁止食用。

(3) 物理性胖听：装罐过满或罐内真空度过低等物理因素也可引起胀罐，一般叩击呈实音、穿洞无气体逸出，可食用。

### (二) 罐头食品的卫生要求

1. 食品接触材料及制品

因为罐头食品长期保存在容器内，食品与罐皮紧密地接触，故用于生产罐头食品的容器材质、内涂料、接缝补材料及密封胶应符合相关标准的要求和规定。罐皮要求严密坚固，罐皮材料应采用化学性质比较稳定，不与食品起任何化学反应，不使食品感官性质发生改变的物质，不应含有对人体有毒的物质。罐皮镀锡应该均匀完整、无空斑，内层最好涂膜，以防止金属和食品直接接触使食品发生变色。加工后形成的涂膜应符合国家相关的标准，即涂膜致密、遮盖性好，具有良好的耐腐蚀性，并且无毒、无害、无臭和无味，有良好的稳定性和附着性。金属罐焊接应光滑均匀，不能外露，黏合剂须无毒无害。玻璃罐顶盖部分的密封面、垫圈等材料应为食品工业专用材料。金属罐和玻璃瓶均须经82 ℃以上的热水清洗、消毒，然后在清洁的台面上充分沥干后方可使用。清洗玻璃瓶时应仔细检查，彻底清除内部的玻璃碎屑等杂物。软质材料容器必须内外清洁。

2. 原料、辅料

罐头食品的原料主要包括水果、蔬菜、食用菌、畜禽肉、水产动物等；辅料有糖、醋、盐、油、酱油、香辛料和食品添加剂等。所有原料及辅料均应符合国家相应的标准和有关规定。畜禽肉类原料必须经严格检疫，不得使用病畜、禽肉作为原料；原料应严格修整，去除毛污、血污、淋巴结、粗大血管等，以减少微生物的污染。使用冷冻水产品作为原料时，应缓慢解冻，以避免营养成分的流失。果蔬原料加工前应剔除虫蛀、霉烂、锈斑和机械损伤等，并经分选、洗涤、去皮、修整、热烫、漂洗等预处理。食品添加剂的使用种类和剂量应符合《食品安全国家标准食品添加剂使用标准》（GB 2760—2014）的要求，加工用水应符合《生活饮用水卫生标准》（GB 5749—2006）的规定。

3. 加工过程

加工过程主要包括装罐、排气、密封、杀菌、冷却等生产环节，是直接影响罐头食品品质和卫生质量的关键环节。

（1）装罐、排气和密封。经预处理的原料或半成品应迅速装罐，以减少微生物污染和繁殖的机会。灌装固体物料时要有适当顶隙（6~8 mm），避免在杀菌或冷却过程中出现鼓盖、胀裂或罐体凹陷。装罐后应立即排气，将罐内顶隙、食品材料组织细胞内的气体排除，通过排气孔造成罐内部分真空和乏氧，减少杀菌时罐内的压力，防止罐头变形损坏，抑制某些细菌的生长繁殖，防止食品腐败。排气后迅速密封，使罐内食品与外界完全隔离，不受微生物污染而能较长时间保存。

（2）杀菌和冷却。罐头食品经过适度热杀灭菌后，不含有致病性微生物，也不含有在通常温度下能在其中繁殖的非致病性微生物，同时还可破坏食品中的酶类，达到长期储存的目的。罐头的杀菌方法主要有常压杀菌、高温高压杀菌和超高温杀菌三大类，常压杀菌多用于蔬菜、水果等酸性罐头食品，高压杀菌常用于肉禽、水产品及部分蔬菜等低酸性食品，超高温杀菌常用于液体食品。

杀菌后应尽快用冷却水使罐内温度冷却到 40 ℃左右，以防止金属罐生锈及嗜热芽孢菌的发育和繁殖。对小型金属罐以外的各种罐型，可采用反压冷却，即在罐头冷却过程中使杀菌锅内维持一定的压力，直至罐内压和外界大气压接近，从而避免罐内外压差急剧增加而产生的罐头渗漏、变形、跳盖、爆破等。杀菌冷却水应加氯处理或用其他方法消毒。

4. 产品检验

应按照国家规定的检验方法抽样，进行感官、理化和微生物等方面的检验。凡不符合标准的产品一律不得出厂。

（1）感官检查。感官检查包括容器和内容物的检查。容器的密封应完好，无泄漏、无胖听；容器外表无锈蚀，内壁涂料无脱落；内容物具有该品种罐头食品应有的色泽气味、滋味、形态。每批罐头食品出厂前先经保温试验，后通过敲击和观察，将胖听、漏听及有鼓音的罐头剔除。

罐头内容物发生变色和变味时，应视具体情况加以处理。如果蔬类罐头内容物色泽不鲜艳、颜色变黄，通常是由酸性条件下使叶绿素脱 $Mg^{2+}$ 引起，一般不影响食用。若罐头有油脂酸败味、酸味、苦味和其他异味，或伴有汤汁混浊、肉质液化等，应禁止食用。

（2）理化检验。检验指标包括组胺和米酵菌酸，前者仅适用于鲐鱼、鲹鱼、沙丁鱼罐头，后者仅适用于银耳罐头，检验结果应符合我国《食品安全国家标准　罐头食品》（GB 7098—2015）的要求。

（3）微生物检验。按照《食品安全国家标准　食品微生物学检验商业无菌检验》（GB 4789.26—2013）规定的方法进行检验，罐头食品应符合商业无菌要求,样品经保温试验未出现泄漏,保温后开启,经感官检验、pH 测定、涂片镜检,确认无微生物增殖现象。番茄酱罐头的真菌检验结果应符合《食品安全国家标准 罐头食品》(GB 7098—2015)的限量要求。平酸腐败是罐头食品常见的一种腐败变质,表现为罐头内容物酸度增加,而外观完全正常,这是由可分解碳水化合物产酸不产气的平酸菌引起。平酸腐败的罐头应销毁,禁止食用。

(4)其他。污染物限量、真菌毒素限量以及食品添加剂和食品强化剂的使用,均应符合相应的食品安全标准的规定。

### (三)罐头食品的卫生管理

《中华人民共和国食品安全法》明确规定了各职能部门对食品生产、食品流通、餐饮服务活动实施监督管理的职责和权限。在罐头的卫生管理方面,我国已颁布了《食品安全国家标准 罐头食品生产卫生规范》(GB 8950—2016)、《罐头食品企业良好操作规范》(GB/T 20938—2007)、《食品安全管理体系 罐头食品生产企业要求》(GB/T 27303—2008)及相关的卫生或安全标准,为罐头的监督管理及生产企业的自身管理提供了充分的依据。

## 五、饮料酒的卫生及管理

饮料酒是指酒精度在 0.5% vol 以上的酒精饮料,包括各类发酵酒、蒸馏酒和配制酒。酒精度低于 0.5% vol 的无醇啤酒亦属于饮料酒。在酒类生产过程中,从原料选择到加工工艺等诸环节若达不到卫生要求,就有可能产生或带入有毒物质,对消费者的健康造成危害。

### (一)饮料酒的卫生问题

1. 蒸馏酒与配制酒

(1)甲醇。酒中甲醇主要来自制酒原辅料(薯干、马铃薯、水果、糠麸等)中的果胶,在原料的蒸煮过程中分解生成。甲醇具有剧烈的神经毒性,在体内代谢可生成毒性更强的甲醛和甲酸。甲醇主要侵害视神经,导致视网膜受损、视神经萎缩、视力减退和双目失明。我国《食品安全国家标准 蒸馏酒及其配制酒》(GB 2757—2012)规定(以 100% vol 酒精度计),粮谷类为原料的蒸馏酒或其配制酒中甲醇含量应≤0.6 g/L,以薯干等代用品为原料的甲醇含量应≤2.0 g/L。

(2)杂醇油。杂醇油是碳链长于乙醇的多种高级醇的统称。由原料和酵母中蛋白质、氨基酸及糖类分解和代谢产生,包括正丙醇、异丁醇、异戊醇等，以异戊醇为主。高级醇的毒性和麻醉力与碳链的长短有关，碳链越长则毒性越强。杂醇油在体内氧化分解缓慢，可使中枢神经系统充血，饮用杂醇油含量高的酒常使饮用者头痛及醉酒。

（3）醛类。醛类包括甲醛、乙醛、糠醛和丁醛等。醛类的毒性大于醇类，醛类中以甲醛的毒性为最大，可使蛋白质变性和酶失活，产生黏膜刺激症状，出现灼烧感和呕吐等，10 g 甲醛可使人致死。在蒸馏过程中采用低温排醛，可以去除大部分醛类。

（4）氰化物。以木薯或果核为原料制酒时，原料中的氰苷水解后产生氢氰酸。氢氰酸经胃肠吸收后，导致组织缺氧，使机体陷于窒息状态，还能使呼吸中枢及血管运动中枢麻痹，导致死亡。我国《食品安全国家标准　蒸馏酒及其配制酒》（GB 2757—2012）规定，蒸馏酒与配制酒中氰化物含量（以 HCN 计）应≤8.0 mg/L（以 100% vol 酒精度计）。

（5）铅。酒中的铅主要来源于蒸馏器、冷凝导管和储酒容器。蒸馏酒在发酵过程中产生少量的有机酸（丙酸、丁酸、酒石酸和乳酸等），可使蒸馏器和冷凝管壁中的铅溶出。铅在人体内的蓄积性很强，长期饮用含铅高的白酒可致慢性中毒。酒中的铅含量应符合我国《食品安全国家标准　食品中污染物限量》（GB 2762—2017）的规定。

（6）锰。针对发生铁混浊的酒以及采用非粮食原料（薯干、薯渣、糖蜜、椰枣等）制酒时产生的不良气味，常使用高锰酸钾 - 活性炭进行脱臭除杂处理。若使用方法不当或不经过复蒸馏，可使酒中残留较高的锰。尽管锰属于人体必需的微量元素，但其安全范围较窄（AI 为 4.5 mg/d，UL 为 11 mg/d），长期过量摄入仍有可能引起慢性中毒。

2. 发酵酒

（1）展青霉素。在果酒生产过程中，若原料水果没有进行认真的筛选并剔出腐烂、生霉、变质、变味的果实，展青霉素就容易转移到成品酒中。我国《食品安全国家标准　食品中真菌毒素限量》（GB 2761—2017）规定，苹果酒和山楂酒中展青霉素的含量应≤50 μg/L。

（2）二氧化硫。在果酒和葡萄酒生产过程中，加入适量的二氧化硫，可起到澄清净化酒、促发酵、促进色素类物质的溶解以及杀菌、增酸、抗氧化和护色等作用。正常情况下，二氧化硫在发酵过程中会自动消失。但若使用量超标准或发酵时间过短，就会造成二氧化硫残留。我国《食品安全国家标准　食品添加剂使用标准》（GB 2760—2014）规定，在生产葡萄酒和果酒过程中二氧化硫的最大使用量（以二氧化硫残留量计）应≤0.25 g/L（甜型葡萄酒及果酒系列产品产过程中二氧化硫的最大使用量应≤0.4 g/L）。

（3）微生物污染。从原料到成品的整个生产过程中均可能受微生物污染。我国《食品安全国家标准　发酵酒及其配制酒》（GB 2758—2012）规定，啤酒中不得检出沙门氏菌和金黄色葡萄球菌。

（4）其他。在啤酒生产中，甲醛可作为稳定剂用来消除沉淀物，我国《食品安全国家标准　发酵酒及其配制酒》（GB 2758—2012）规定，啤酒中甲醛的含量应≤2.0 mg/L。我国《食品安全国家标准　食品中污染物限量》（GB 2762—2017）对发酵酒中铅含量（以 Pb 计）也做出了具体的规定，黄酒中铅的含量应≤0.5 mg/L，其他发酵酒中铅的含量应≤0.2 mg/L。

（二）饮料酒生产的卫生要求

1. 原、辅料

酿酒用的原料种类很多，包括粮食类、水果类、薯类及其他代用原料等。所有的原辅料均应具有正常的色泽和良好的感官性状，无霉变、无异味、无腐烂，符合相应的国家标准和规定。用于调兑果酒的酒精必须是符合国家标准二级以上酒精指标的食用酒精。配制酒所用的酒基必须符合相应的规定。

2. 食品接触材料及制品

饮料酒的食品接触材料及制品必须符合国家的有关规定，所用容器必须经检验合格后方可使用，严禁使用被有毒物质或异味污染过的回收旧瓶。灌装前的容器必须彻底清洗、消毒，清洗后的容器不得呈碱性，应无异味、无杂物、无油垢。容器的性能应能经受正常生产和储运过程中的机械冲击和化学腐蚀。

3. 生产过程

（1）白酒。采用"截头去尾"的蒸馏工艺，恰当地选择中段酒，可大大减少成品中甲醇和杂醇油的含量。对使用高锰酸钾处理的白酒，要复蒸后才能使用，以去除锰离子的影响。蒸馏设备和储酒容器应采用含锡99%以上的镀锡材料或无锡材料，以减少铅污染。

（2）发酵酒。为防止污染杂菌，在整个冷却过程中使用的各种设备、工具容器、管道等应保持无菌状态；酵母培养室、发酵室以及设备、工具、管道、地面等应保持清洁，并定期消毒；所使用的滤材、滤器应彻底清洗消毒，保持无菌。

在果酒的生产过程中，用于盛装原料的容器应清洁干燥，不准使用铁制容器或装过有毒物质、有异臭容器。葡萄原料应在采摘后24小时内加工完毕，以防挤压破碎、污染杂菌而影响酒的质量。黄酒糖化发酵的过程中，不得以石灰中和降低酸度。但为了调味，在压滤前允许加入少量澄清石灰水。应限制成品中氧化钙含量不得超过0.5%。

4. 包装标识运输和储存

饮料酒成品标识必须符合《食品安全国家标准 预包装食品标签通则》（GB 7718—2011）和《食品安全国家标准 蒸馏酒及其配制酒》（GB 2757—2012）的相关规定。运输工具应清洁干燥，装卸时应轻拿轻放，严禁与有腐蚀性、有毒的物品一起混运。成品仓库应干燥、通风良好，库内不得堆放杂物。

5. 卫生与质量检验

饮料酒生产企业（厂）必须设有与生产能力相适应的卫生、质量检验室，配备经专业培训、考核合格的检验人员。

6. 产品追溯与撤回

饮料酒生产企业应该建立产品追溯系统及产品撤回程序，明确规定产品撤回的方法、范围等，定期进行模拟撤回训练，并记录存档。

## 六、转基因食品的卫生及管理

### （一）转基因食品的卫生问题

根据现有的科学知识推测，转基因食品可能对环境及人体健康造成危害。在生态环境方面的潜在危害主要是由被转入基因的漂移所引起的基因污染。在人体健康方面的潜在危害主要表现在人体过敏、使细菌产生抗药性、改变食品的营养成分和毒性作用方面。

1. 转基因食品可能引起人体过敏反应

转基因植物引入了外源性目的基因后，会产生新的蛋白质，使部分个体可能很难或无法适应而诱发过敏症。

2. 抗生素标记基因可能使感染人类的细菌产生抗药性

抗生素标记基因在商业转基因植物中大量使用。人类食用了这些转基因食品后，食品在体内将抗药性基因传给致病性细菌，从而使病菌产生抗药性，使抗生素失效。

3. 转基因食品营养成分的改变

转基因食品中的外源性基因可能会改变食物的成分，包括营养成分构成和抗营养因子的变化。如抗除草剂转基因大豆中具有防癌功能的异黄酮成分较传统大豆减少了14%；转基因油菜中类胡萝卜素、维生素E、叶绿素均发生变化。这些变化会导致食品营养价值降低，人体营养结构失衡，影响机体的健康。

4. 转基因食品的毒性作用

由于目前的转基因技术不能完全有效地控制转基因后的结果，如果转入的基因发生突变则可能产生有毒物质或者使食品中原有的毒素含量增加，产生毒性作用。

## （二）转基因食品的卫生管理

1. 转基因食品管理的法律法规

为加强转基因食品的卫生管理，我国政府有关部门颁布了相关法律法规。2001年，国务院颁布并修订了《农业转基因生物安全管理条例》；2002年，农业部颁布了《农业转基因生物进口安全管理办法》；2004年，国家质量监督检验检疫总局发布了《进出境转基因产品检验检疫管理办法》；2006年，农业部发布了《农业转基因生物加工审批办法》；2016年，农业部修订了《农业转基因生物安全评价管理办法》，并发布了《农业转基因生物安全管理通用要求　实验室》，用于指导我国的基因工程研究和开发工作，加强转基因食品卫生管理和安全管控。农业部还制定了《农业转基因生物安全标识管理办法》，明确国家对农业转基因生物实行标识制度。在重新修订的《中华人民共和国食品安全法》中有三处提到转基因食品，其要义为，在食品包装、标签上标注农业转基因生物标识是依法作出的强制性规定，不得违反；对转基因食品进行食品安全管理，要通过严格执行针对转基因食品而制定的上述行政法规和部门规章的各项规定来实现。

2. 转基因食品的安全性评价

依据《农业转基因生物安全管理条例》和《农业转基因生物安全评价管理办法》，我国对农业转基因生物安全评价实行分级分阶段管理，按照其对人类、动植物、微生物和生态环境的危险程度，分为Ⅰ级（尚不存在危险）、Ⅱ级（有低度危险）、Ⅲ级（具有中度危险）、Ⅳ级（具有高度危险）四个等级。转基因生物在实验研究的基础上需要完成中间试验、环境释放、生产性试验三个阶段的试验，才可以申请农业转基因生物安全证书。《农业转基因生物安全评价指南》规定了对转基因植物、转基因动物和动物用转基因微生物进行安全性评价的内容。

（1）对转基因植物的安全评价。评价内容包括分子特征、遗传稳定性、环境安全、食用安全。

（2）对转基因动物的安全评价。评价内容包括分子特征、遗传稳定性、转基因动物的健康状况、功能效率评价、环境适应性、转基因动物逃逸（释放）及其对环境的影响、食用安全。

（3）对动物用转基因微生物的安全评价。评价内容包括分子特征、遗传稳定性、转基因微生物的生物学特性、转基因微生物对动物的安全性、转基因微生物对人类的安全性、转基因微生物对生态环境的安全性。

## 第四节 食物中毒及其预防

### 一、食物中毒的概念、特点和分类

#### (一) 食物中毒的概念

食物中毒（food poisoning）是指摄入含有生物性、化学性有毒有害物质的食品或把有毒有害物质当作食品摄入后所出现的非传染性的急性、亚急性疾病。

食物中毒是食源性疾病中最常见的疾病。食物中毒既不包括因暴饮暴食而引起的急性胃肠炎、食源性肠道传染病（如伤寒）和寄生虫病（如旋毛虫），也不包括因一次大量或长期少量多次摄入某些有毒、有害物质而引起的以慢性损害为主要特征（如致癌、致畸、致突变）的疾病。

#### (二) 食物中毒的发病特点

食物中毒发生的原因各不相同，但发病具有如下共同特点。

（1）发病潜伏期短，来势急剧，呈暴发性，短时间内可能有多数人发病。

（2）发病与食物有关，患者在近期内有食用同一有毒食物史，流行病波及范围与有毒食物供应范围相一致，停止该食物供应后，流行病很快停止。

（3）中毒患者临床表现基本相似，以恶心、呕吐、腹痛、腹泻等胃肠道症状为主。

（4）一般情况下，食物中毒病人对健康人不具传染性。发病曲线呈突然上升之后又迅速下降的趋势，无传染病流行时的余波。

#### (三) 食物中毒的流行病学特点

1. 发病的季节性特点

食物中毒发生的季节性特点与食物中毒的种类有关，如细菌性食物中毒主要集中发生在6—10月，化学性食物中毒全年均有发生。

2. 发病的地区性特点

绝大多数食物中毒的发生有明显的地区性，如我国沿海地区多发生副溶血性弧菌食物中毒，肉毒中毒主要发生在新疆等地区，霉变甘蔗中毒多见于北方地区等。但由于近年来食品的快速配送，食物中毒发病的地区性特点越来越不明显。

3. 食物中毒原因的分布特点

在我国引起食物中毒的原因分布不同年份略有不同，根据近年来卫生行政部门关于全国食物中毒事件情况的通报资料，2011—2015年，微生物引起的食物中毒事件占36.5%，有毒动植物食物中毒占37.3%，化学性食物中毒占12.7%，其他占13.5%。中毒人数最多的为微生物引起的食物中毒占59.9%。

微生物导致的食物中毒事件中，主要病原菌为沙门氏菌、副溶血性弧菌、蜡样芽孢杆菌、金黄色葡萄球菌及其肠毒素、致泻性大肠埃希氏菌、肉毒梭菌等。有毒动植物引起的食物中毒事件中，主要致病因子为毒蘑菇、未煮熟四季豆、油桐果、蓖麻籽、河豚等。化学性食物中毒事件的主要致病因子为亚硝酸盐、毒鼠强有机磷农药、克百威、甲醇氟乙酰胺等。

4. 食物中毒病死率特点

食物中毒的病死率较低。2011—2015年，我国报告食物中毒病死率为1.9%。死亡人数以有毒动植物食物中毒最多（占死亡总数的63.4%），其次为化学性食物中毒（占死亡总数的22.5%），微生物性食物中毒引起的死亡较少（占死亡总数的8.0%）。

5. 食物中毒发生场所分布特点

食物中毒发生的场所多见于家庭、集体食堂和饮食服务单位，分别占50.1%、23.8%和14.3%，其中发生在家庭的食物中毒死亡人数最多，发生在集体食堂的食物中毒人数最多。

（四）食物中毒的分类

一般按发病原因，将食物中毒分为细菌性食物中毒、真菌及其毒素食物中毒、有毒动植物中毒和化学性食物中毒。

1. 细菌性食物中毒

细菌性食物中毒是指食用了含有大量细菌或细菌毒素的食物而引起的中毒。主要有沙门氏菌食物中毒、变形杆菌食物中毒、副溶血弧菌食物中毒、葡萄球菌肠毒素食物中毒、肉毒梭菌食物中毒、蜡样芽孢杆菌食物中毒、韦梭菌食物中毒、致病性大肠杆菌食物中毒、酵米面椰毒假单胞菌毒素食物中毒、结肠炎耶尔森菌食物中毒、链球菌食物中毒、志贺菌食物中毒等。

2. 真菌及其毒素食物中毒

真菌及其毒素食物中毒是指食用被产毒真菌及其毒素污染的食物而引起

的急性疾病。发病率较高，死亡率因菌种及其毒素种类而异，如毒蕈、赤霉病麦、霉甘蔗等中毒。

3. 有毒动植物中毒

有毒动植物中毒是指误食有毒动植物或摄入因加工、烹调不当未能除去有毒成分的动植物食物而引起的中毒。发病率较高，病死率因动植物种类而异。有毒动物中毒，如河豚、有毒贝类等引起的中毒；有毒植物中毒，如含氰苷果仁、木薯、四季豆等中毒。

4. 化学性食物中毒

化学性食物中毒是指误食有毒化学物质或食入被其污染的食物而引起的中毒，发病率和病死率均比较高，如某些金属或类金属化合物、亚硝酸盐、农药等引起的食物中毒。

## 二、细菌性食物中毒

细菌性食物中毒是最常见的一类食物中毒。由活菌引起的食物中毒称感染型，由菌体产生的毒素引起的食物中毒称毒素型。有的食物中毒既有感染型，又有毒素型。

细菌性食物中毒发生的基本条件如下。

1. 细菌污染食物

食品腐败变质，交叉污染，从业人员带菌，食品运输、储存等过程的污染。

2. 储存方式不当

被致病菌污染的食物在不适当的温度下存放，食物中适宜的水分、pH及营养条件下，细菌急剧大量繁殖或产生毒素。

3. 烹调加工不当

进食前食物加热不充分，未能杀灭细菌或破坏其毒素，或煮熟后被带菌的加工工具、食品从业人员中的带菌者再次污染。

细菌性食物中毒全年皆有发生，但在夏、秋季节发生较多。引起细菌性食物中毒的食物主要为动物性食品，其中畜肉类及其制品居首位。一般病程短、恢复快、愈后良好。对抵抗力低的人群，如老人、儿童、病人和身体衰弱者，发病症状常较为重。

### （一）沙门氏菌食物中毒

沙门氏菌属种类繁多，其中引起食物中毒的主要有鼠伤寒沙门氏菌、猪霍乱沙门氏菌、肠炎沙门氏菌等。沙门氏菌进入肠道后大量繁殖，除使肠黏膜发炎外，大量活菌释放的内毒素可引起机体中毒。

1. 发病特点

（1）中毒全年都有发生，多见于夏、秋两季，主要集中在5—10月，尤以7—9月最多。

（2）中毒食品以动物性食品为多见。主要是肉类，如病死牲畜肉、冷荤、熟肉等，也可由鱼、禽、奶、蛋类食品引起。

（3）中毒原因主要是加工食品用具、容器或食品存储场所生熟不分、交叉污染，食前未加热处理或加热不彻底。

2. 中毒表现

沙门氏菌食物中毒临床上有五种类型：胃肠炎型、类霍乱型、类伤寒型、类感冒型和败血症型。其共同特点如下。

潜伏期一般为12～36小时。短者6小时，长者48～72小时，大都集中在48小时。

中毒初期表现为头痛、恶心、食欲不振，以后出现呕吐、腹泻、腹痛、发热，重者可引起痉挛、脱水、休克等。腹泻一日数次至十余次，或数十次不等，主要为水样便，少数带有黏液或血。

3. 预防措施

（1）防止污染。不食用病死牲畜肉，加工冷荤熟肉一定要生熟分开。控制感染沙门氏菌的病畜肉类流入市场。

（2）高温杀灭细菌。烹调时肉块不宜过大，肉块深部温度须达到80 ℃以上，持续12分钟；禽蛋煮沸8分钟以上等。

（3）控制细菌繁殖。影响沙门氏菌繁殖的主要因素是温度和储存时间。沙门氏菌繁殖的最适宜温度为37 ℃，但在20 ℃以上即能大量繁殖，因此低温冷藏食品控制在5 ℃以下，避光、隔氧，则可有效控制细菌繁殖。

（二）葡萄球菌食物中毒

葡萄球菌在空气、土壤、水、粪便、污水及食物中广泛存在，主要来源于动物及人的鼻腔、咽喉、皮肤、头发及化脓性病灶。健康人的咽部带菌率可达40%～70%，手部达56%。葡萄球菌可产生多种毒素（A型、B型、C型、D型、E型）和酶类。引起食物中毒的主要原因是能产生肠毒素的葡萄球菌，其中以金黄色葡萄球菌致病力最强，此菌耐热性不强，最适合生长温度为37 ℃，最适合pH为7.4。但食物中的肠毒素耐热性强，218～248 ℃油温下经30分钟或100 ℃下经2小时才能破坏肠毒素。

1. 发病特点

（1）中毒多发生在夏、秋季节，其他季节亦有发生。

（2）中毒食品主要为乳类及其制品、蛋及蛋制品、各类熟肉制品，其次为含有乳制品的冷冻食品，个别也有含淀粉类食品。

（3）中毒原因主要是被葡萄球菌污染后的食品在较高温度下保存时间过长，如在25～30℃环境中放置5～10小时，就能产生足以引起食物中毒的葡萄球菌肠毒素。

2. 中毒表现

（1）起病急，潜伏期短，一般在2～3小时，多在4小时内，最短1小时，最长不超过10小时。

（2）中毒表现为典型的胃肠道症状，表现为恶心，剧烈而频繁地呕吐（严重者可呈喷射状，吐物中常有胆汁、黏液和血）、腹痛、腹泻（水样便）等。病程较短，一般在1～2天内痊愈，很少死亡。

（3）年龄越小的患者对肠毒素的敏感性越强，因此儿童发病较多，病情较成人严重。

3. 预防措施

（1）防止污染。防止带菌人群对食物的污染，定期对食品加工人员、饮食从业人员、保育员进行健康检查，对患局部化脓性感染、上呼吸道感染（化脓性咽炎、口腔疾病等）者应暂时调换其工作。防止葡萄球菌对奶的污染，要定期对健康奶牛的乳房进行检查，患化脓性乳腺炎时，其奶不能食用。健康奶牛的奶在挤出后，应迅速冷却至10℃以下，此外奶制品应以消毒奶为原料。患局部化脓性感染的畜、禽被宰杀后应按病畜、病禽肉处理，将病变部位除去后，按条件可食肉经高温处理以熟制品出售。

（2）防止肠毒素的形成。在低温、通风良好条件下储存食物不仅能防止葡萄球菌生长繁殖，亦是防止毒素形成的重要条件，如剩饭在常温下存放应置于阴凉通风的地方，其放置时间亦不应超过2小时，尤其是气温较高的夏、秋季节，食前还应彻底加热。

### （三）肉毒梭菌毒素食物中毒

肉毒梭菌是一种具有芽孢的革兰染色阳性厌氧菌，主要存在于土壤、江河海的淤泥及人畜粪便中。引起人类中毒的肉毒梭菌有A型、B型、E型、F型四种，其中A型、B型最常见。食物中毒是由肉毒梭菌产生的外毒素即肉毒毒素所致。该类毒素是一种强烈的神经毒素，毒性比氰化钾强1万倍。

肉毒梭菌芽孢能耐高温，干热180℃下需5～15分钟方能杀死芽孢。肉毒梭菌的各菌型之间对温度的抵抗力略有差别，杀死A型肉毒梭菌芽孢，湿热100℃下需6小时，120℃下需4分钟；E型肉毒梭菌芽孢不耐高热，100℃下需1分钟、90℃下需5分钟、80℃下需20分钟即死亡，但70℃下经2

小时仍能存活；F 型的芽孢在 110 ℃下需 10 分钟可被杀灭。

1. 发病特点

（1）四季均有发生中毒，冬、春季节多发。

（2）中毒食品主要为家庭自制的发酵豆、谷类制品（面酱、臭豆腐），其次为肉类和罐头食品。

（3）中毒原因主要是被污染了肉毒毒素的食品在食用前未进行彻底的加热处理。

2. 中毒表现

（1）潜伏期数小时至数天不等，一般为 12～48 小时，最短者 6 小时，长者可达 8～10 天。

（2）中毒主要表现为运动神经麻痹症状，如头晕、无力、视物模糊、眼睑下垂、复视、咀嚼无力、走路不稳、张口困难、伸舌困难、咽喉阻塞感、饮食发呛、吞咽困难、呼吸困难、头颈无力、垂头等。

（3）病人症状的轻重程度有所不同，病死率较高。

3. 预防措施

（1）不吃生酱及可疑含毒食品。

（2）自制发酵酱类时，原料应清洁新鲜，腌前必须充分冷却，盐量要达到 14% 以上，并提高发酵温度。要经常日晒，充分搅拌，使氧气供应充足。

（3）肉毒梭菌毒素不耐热，加热 80 ℃经 30 分钟或 100 ℃经 10～20 分钟，可使各型毒素破坏，所以对可疑食品进行彻底加热是破坏毒素预防肉毒中毒的可靠措施。

### （四）副溶血弧菌食物中毒

副溶血弧菌是一种嗜盐性细菌，存在于近岸海水、海底沉积物以及鱼、贝等海产品中，革兰染色阴性，兼性厌氧；在 30～37 ℃，pH 为 7.4～8.2，含 2%～4% 氯化钠的普通养基上生长最佳，生长的 pH 范围为 5.0～6.0，温度围为 15～40 ℃。副溶血弧菌中毒是我国沿海地区常见的一种食物中毒。

副溶血弧菌不耐热，75 ℃加热 5 分钟或 90 ℃加热 1 分钟即可被杀灭。对酸敏感，在稀释一倍的食醋中经 1 分钟即可死亡。在淡水中生存不超过 2 天，海水中能生存 47 天以上。带有少量细菌的食品，在适宜温度下经 3～4 小时，细菌可急剧增加，并可引起食物中毒。

人体摄入致病活菌株 $10^6$ 个以上，几小时后即可发生胃肠炎。细菌在胃肠道繁殖，引起组织病变，并可产生耐热溶血毒素，起到协同致病作用。

1. 发病特点

（1）副溶血性弧菌食物中毒多发生在 6—9 月高温季节，海产品大量上市时。

（2）中毒食品主要是海产品，其次为咸菜、熟肉类、禽肉、禽蛋类，约半数为腌制品。

（3）中毒原因主要是烹调时未烧熟、煮透，或熟制品污染后未再彻底加热。

2. 中毒表现

（1）潜伏期一般在 6~10 小时，最短者 1 小时，长者 24~48 小时。

（2）发病急，主要症状为恶心、呕吐、腹泻、腹痛、发热，尚伴有头痛、多汗、口渴等。

（3）腹泻多为水样便，重者为黏液便和黏血便。呕吐、腹泻严重，失水过多者可引起虚脱并伴有血压下降。

（4）大部分患者发病后 2~3 天恢复正常；少数重症患者因休克、昏迷而死亡。

3. 预防措施

（1）停止食用可疑中毒食品。

（2）加工海产品，如鱼、虾、蟹、贝类一定要烧熟煮透。蒸煮时间需加热 100 ℃下经 30 分钟。海产品用盐渍（40%盐水）也可有效地杀死细菌。

（3）烹调或调制海产品、拼盘时可加适量食醋。

（4）加工过程中生熟用具要分开，宜在低温下储藏。烹调后的鱼虾和肉类等熟食品，应放在 10 ℃以下存放，存放时间最好不超过 2 天。

（五）$O_{157}$：$H_7$ 大肠埃希菌食物中毒

$O_{157}$：$H_7$ 大肠埃希菌是致泻性大肠埃希菌中一种最常见的血清型（肠出血性大肠埃希菌），可寄宿于牛、猪、羊、鸡等家畜家禽的肠内，一旦侵入人的肠内，便依附肠襞，产生类志贺样毒素和肠溶血毒素，导致人发生出血性结肠炎和溶血性尿毒综合征。1996 年 5—8 月日本发生了迄今为止世界上最大规模的 $O_{157}$：$H_7$ 大肠埃希菌暴发，9 000 多名儿童感染，其中 11 名儿童死亡。$O_{157}$：$H_7$ 大肠埃希菌毒性极强，很少量的病菌即可使人致病，对细胞破坏力极大，主要侵犯小肠远端和结肠，引起肠黏膜水肿出血，同时可引起肾脏、脾脏和大脑的病变。该菌耐低温但不耐高温，60 ℃下经 20 分钟可灭活；耐酸不耐碱。

1. 发病特点

（1）流行与饮食习惯有关。病菌基本上是通过食品和饮品传播，且多以爆发形式流行，尤以食源性爆发更多见。

（2）常见中毒食品和饮品是肉及奶制品、汉堡包、生牛奶、奶制品、蔬菜、鲜榨果汁、饮水等，传播途径以通过污染食物经粪—口途径感染较为多见，直接传播较罕见。

（3）中毒多发生在夏、秋季节，尤以6—9月更多见。人类对此菌普遍易感，其中小儿和老人最易感。

2. 中毒表现

（1）起病急骤，潜伏期为2~9天，最快仅5小时。

（2）中毒表现主要为突发性的腹部痉挛，有时为类似于阑尾炎的疼痛。有些患者仅为轻度腹泻；有些患者有水样便，继而转为血性腹泻，腹次数有时可达每天10余次，低热或不发热；许多患者同时伴有呼吸道症状。

（3）严重者可造成溶血性尿毒综合征、血栓性血小板减少性紫癜、脑神经障碍等多器官损害，危及生命，尤其是老人和小儿患者死亡率高。

3. 预防措施

（1）停止食用可疑中毒食品。

（2）不吃生的或加热不彻底的牛奶、肉等动物性食品，不吃不干净的水果、蔬菜。剩余饭菜使用前要彻底加热。防止食品生熟交叉感染。

（3）养成良好的个人卫生习惯，饭前便后洗手。避免与患者密切接触，或者在接触时应特别注意个人卫生。要特别注意保护年老体弱等免疫力低下的人群。

（4）食品加工、生产企业尤其是餐饮业应严格保证食品加工、运输及销售的安全性。

### （六）其他细菌性食物中毒

其他细菌性食物中毒见表5-1。

表5-1　其他细菌性食物中毒

| 中毒名称 | 病原体 | 中毒表现 | 中毒食物 | 预防措施 |
| --- | --- | --- | --- | --- |
| 变形杆菌食物中毒 | 普通变形杆菌、奇异变形杆菌 | 潜伏期为5~15小时，表现为急性腹泻，伴有恶心、呕吐、头痛、发热，体温一般在38~39℃，病程1~3天 | 动物性食品为主，其次为豆制品和凉拌菜 | 注意食堂卫生，严格做到生熟用具分开 |

续上表

| 中毒名称 | 病原体 | 中毒表现 | 中毒食物 | 预防措施 |
|---|---|---|---|---|
| 大肠埃希菌食物中毒 | 致病性大肠埃希菌及其产生的耐热、不耐热肠毒素 | 感染性潜伏期为4~48小时，表现为急性胃肠炎型、急性菌痢型，体温在38~40℃ | 动物性食品，特别是熟肉食品、凉拌菜 | 防止熟肉制品再污染 |
| 链球菌食物中毒 | D族链球菌中的粪便链球菌 | 感染型、毒素型或混合型，潜伏期为6~24小时，急性胃肠炎症状，体温略高，偶有头痛、头晕等 | 动物性食品，尤以熟肉制品、奶类食品为主 | 防止熟肉制品再污染 |
| 志贺菌属食物中毒 | 宋内志贺菌属及其肠毒素 | 感染型、毒素型或混合型，潜伏期为10~20小时，剧烈腹痛，腹泻，水样、血样或黏液便，体温40℃，里急后重 | 凉拌菜 | 加强食品卫生法规宣传 |
| 空肠弯曲菌食物中毒 | 空肠弯曲菌及其霍乱样肠毒素 | 感染型、毒素型或混合型，潜伏期为3~5天，急性胃肠炎症状，体温在38~40℃ | 牛乳及肉制品 | 加强幼儿食品及奶类食品卫生管理 |

## 三、真菌毒素和霉变食物中毒

食物中的真菌及其毒素引起的食物中毒，其发病率和死亡率都较高，且有明显的季节性和地区性。

### （一）毒蕈中毒

毒蕈又称毒蘑菇，是指食后可引起中毒的蕈类。在我国目前已鉴定的蕈类中，可食用蕈近300种；有毒蕈约有100种，可致人死亡的至少有10种，它们是褐鳞小伞、肉褐鳞小伞、白毒伞、褐柄白毒伞、毒伞、残托斑毒伞、毒粉褶蕈、秋生盔孢伞、包脚黑褶伞、鹿花蕈。由于生长条件的差异，不同地区发现的毒蕈种类、大小形态不同，所含毒素也不一样。

毒蕈的有毒成分十分复杂，一种毒蕈可以含有几种毒素，而一种毒素又可存在于数种毒蕈之中。毒蕈中毒事件全国各地均有发生，且多发生在高温、多雨的夏、秋季节，以家庭散发为主，有时在一个地区连续发生多起中毒事件，且常是因误采食毒蕈而中毒。

1. 中毒表现

毒蕈中毒的临床表现复杂多样，因毒蕈种类与有毒成分不同，临床表现也不同。目前，按临床表现分为五种类型。

（1）胃肠炎型。引起此型中毒的毒蕈多见于红菇属、乳菇属、粉褶蕈全属、黑伞蕈属、白菇属和牛肝蕈属中的一些毒蕈，国内以红菇属为最多。有毒物质可能为类树脂、甲醛类的化合物，对胃、肠道有刺激作用。

潜伏期一般为0.5~6小时，多在食后2小时左右发病，最短仅10分钟。主要症状为剧烈恶心、呕吐，阵发性腹痛或绞痛，以上腹部和脐部为主，剧烈腹泻，水样便，每日可多达10余次，不发热。病程较短，经适当对症处理可迅速恢复，一般病程为2~3天，愈后良好，死亡率低。

（2）神经精神型。引起该型中毒的毒蕈种约有30种，所含毒性成分多种多样，多为混合并存，尚在研究之中，临床表现最为复杂多变。

潜伏期一般为0.5~4小时，最短仅10分钟。以精神兴奋、精神抑制、精神错乱、矮小幻觉或以上表现交互出现为特点。患者有幻觉、狂笑、手舞足蹈、行动不稳、共济失调，形似醉汉，可出现"小人国幻觉症"，闭眼时幻觉更明显，也可有迫害妄想，类似精神分裂症。重症患者出现谵妄、精神错乱、抽搐、昏迷等。可有副交感神经兴奋症状，如流涎、流泪、大量出汗、瞳孔缩小、脉缓、血压下降等。也可引起交感神经兴奋，如瞳孔扩散、心跳加快、血压上升、颜面潮红。部分患者伴有消化道症状，病程1~2天，病死率低。

（3）溶血型。引起该型中毒的多为鹿花蕈（又称马鞍蕈）、褐鹿花蕈、赭鹿花蕈等。

潜伏期为6~12小时，最长可达2天，初始表现为恶心、呕吐、腹泻等胃肠道症状，发病三四天后出现溶血性黄疸、肝脾肿大、肝区疼痛，少数患者出现血红蛋白尿。严重者出现心律不齐、谵妄、抽搐或昏迷。也可引起急性肾功能衰竭，导致愈后不良。给予肾上腺皮质激素治疗可很快控制病情，病程为2~6天，一般死亡率不高。

（4）脏器损害型。此型中毒最严重，病情凶险，如不及时抢救，死亡率极高。毒素为剧毒，主要有毒成分为毒肽类和毒伞肽类，存在于毒伞属（如毒伞、白毒伞、鳞柄白毒伞）、褐鳞小伞蕈及秋生盔孢伞蕈中。

病情发展可分为 5 期，但有时分期并不明显。

①潜伏期。一般 10~24 分钟，最短可为 6~7 分钟。

②胃肠炎期。恶心、呕吐、脐周腹痛、水样便腹泻，数次至 10 余次，甚至更多，一般无脓血，无里急后重感，多在持续一两天后逐渐缓。部分严重患者继胃肠炎后病情迅速恶化，出现休克、昏迷、抽搐、全身广泛出血，呼吸衰竭，在短时间内死亡。

③假愈期。患者症状暂时缓解或消失，持续一两天。正是此期毒素由肠道吸收，通过血液进入脏器与靶细胞结合，逐渐侵害实质脏器，肝损害已开始，轻度中毒患者肝损害不严重，可由此期进入恢复期。对假愈期的患者，一定要注意观察，提高警惕，以免误诊误治。

④脏器损害期。患者突然出现肝、肾、心、脑等脏器损害，以肝、肾损害为最重。出现肝脏肿大、黄疸、肝功能异常，甚至发生急性肝坏死、肝昏迷。也可出现弥散性血管内凝血（DIC），表现有呕吐、咯血、鼻出血、皮下和黏膜下出血。肾脏受损，尿中出现蛋白、管型、红细胞。个别患者出现少尿、闭尿或血尿，甚至出现尿毒症、肾功能衰竭。此期还可出现内出血和血压下降。烦躁不安、淡漠、嗜睡，甚至惊厥、昏迷、死亡。病死率一般为 60%~80%。部分患者出现精神失常，如时哭时笑等。也有的患者在胃肠炎期后立即出现烦躁、惊厥、昏迷。

⑤恢复期。经积极治疗，一般在 2~3 周后进入恢复期，中毒症状消失、肝功好转，也有的患者 6 周以后方可痊愈。

（5）日光性皮炎型。引起该型中毒的毒蘑菇是胶陀螺（猪嘴蘑），潜伏期一般为 24 小时左右，开始多为颜面肌肉震颤，继而手指和脚趾疼痛，上肢和面部可出现皮疹。暴露于日光部位的皮肤可出现肿胀，指甲部剧痛、指甲根部出血，患者的嘴唇肿胀外翻。少有胃肠炎症状。

2. 预防措施

毒蘑菇中毒的原因主要是误采、误食。由于毒蘑菇难以鉴别，应适时通过新闻媒体进行广泛宣传，教育当地群众不要采集野蘑菇食用，以免发生中毒。

如果发生中毒事件，应停止食用并销毁毒蘑菇和用毒蘑菇制作的食品，加工盛放毒蘑菇食品的容器炊具也应洗刷干净。

关于毒蕈与食用蕈的鉴别，目前尚缺乏简单可靠的方法，一般认为毒蕈有如下一些特征（仅作参考）：颜色奇异鲜艳，形态特殊，蕈盖有斑点、疣点，断开后流浆、发黏，蕈柄上有蕈环、蕈托，气味恶劣，不长蛆，不生虫，破碎后易变色，煮时能使银器变色、大蒜变黑等。

### (二) 赤霉病麦中毒

赤霉病麦中毒是由误食被赤霉菌（一类真菌）侵染的麦类（"赤霉病麦"）等引起的、以呕吐为主要症状的一种急性中毒。多发生在多雨、气候潮湿地区。在全国各地均有发生，以淮河和长江中下游一带最严重。

1. 中毒原因

引起麦类赤霉病的真菌，主要为镰刀菌属中的禾谷镰刀菌。小麦、大麦、燕麦等在田间抽穗灌浆阶段的条件合适于真菌生长繁殖，可以使麦类以及稻谷、玉米发生赤霉病。引起中毒的有毒成分为赤霉病麦毒素，毒素对热稳定，一般烹调加热不会被破坏。

2. 中毒表现

潜伏期为10分钟至5小时。症状多为头昏，恶心、胃部不适、有烧灼感、呕吐、乏力，少数有腹痛、腹泻、颜面潮红。重者出现呼吸、脉搏、血压不稳、四肢酸软、步态不稳似醉酒者。一般停止食用病麦后1～2天，即可恢复。

3. 预防措施

(1) 根据粮食中毒素的限量标准，加强粮食的卫生管理。

(2) 去除或减少粮食中的病粒或毒素。

(3) 加强田间和储藏期间的防霉措施，包括选用抗霉品种，降低田间水位，改善田间的小气候，使用高效、低毒、低残留的杀菌剂，及时脱粒、晾晒，使谷物中的水分含量降至安全水分以下，贮存的粮食要勤加翻晒，并注意通风。

### (三) 霉变甘蔗中毒

储存环境条件不良会使甘蔗上微生物大量繁殖引起霉变。食用此种甘蔗后可引起中毒，发病者多为儿童，且病情常较严重，甚至可危及生命。

1. 中毒原因

引起中毒的有毒成分是霉变甘蔗中的3-硝基丙酸，它是由引起甘蔗霉变的节菱孢霉产生的神经毒素，主要损害中枢神经。

2. 中毒表现

潜伏期为15～30分钟，最长可达48小时。潜伏期越短，症状越严重。中毒初期有头晕、头痛、恶心、呕吐、腹痛、腹泻，部分病人有复视或幻视。重者可很快出现阵发性抽搐、四肢强直或屈曲，手呈鸡爪状，大小便失禁，牙关禁闭，面部发绀。严重者很快昏迷，体温升高，甚至死于呼吸衰竭。幸存者常因中枢神经损害导致终生残疾。

3. 预防措施

甘蔗应成熟后收割，不成熟的甘蔗易于霉变。甘蔗收割、运输、储存过程应注意防伤、防冻、防霉变。严禁销售和食用不成熟或有病害的甘蔗。

## 四、有毒动植物食物中毒

### （一）河豚中毒

河豚中毒是指食用了含有河豚毒素的鱼类引起的食物中毒。在我国主要发生在沿海地区及长江、珠江等水域处。

1. 毒性物质

河豚的有毒成分为河豚毒素，是一种神经毒，可引起中毒的河豚毒素可分为河豚素、河豚酸、河豚卵巢毒素及河豚肝脏毒素。毒素对热稳定，220 ℃以上才可被分解。河豚的卵巢和肝脏毒性最强，其次为肾脏、血液、眼睛、鳃和皮肤。河豚死后，河豚毒素可渗入肌肉，使本来无毒的肌肉也含毒。河豚的毒素常随季节变化而有差异，每年2—5月为生殖产卵期，毒性最强。6—7月产卵后，卵巢萎缩，毒性减弱，故河豚中毒多发生于春季。

2. 中毒表现

（1）发病急，潜伏期为0.5~3小时，一般10~45分钟。

（2）先感觉手指、口唇、舌尖麻木或有刺痛感，然后出现恶心、呕吐、腹痛、腹泻等胃肠道症状，并有四肢无力、口唇、舌尖及肢端麻痹，进而四肢肌肉麻痹，以致身体摇摆、行走困难，甚至全身麻痹呈瘫痪状。

（3）严重者眼球运动迟缓，瞳孔散大，对光反射消失，随之言语不清、紫绀，血压和体温下降，呼吸先迟缓、浅表，继而呼吸困难，最后呼吸衰竭引致死亡。

3. 预防措施

（1）捕捞时必须将河豚剔除。

（2）水产部门必须严格执行《水产品卫生管理办法》，严禁出售鲜河豚。加工干制品必须严格按规定操作程序操作。

（3）加强宣传教育，宣传河豚鱼的毒性及危害，不擅自吃不知名或未吃过的鱼。

### （二）鱼类引起的组胺中毒

引起中毒的鱼大多是含组胺高的鱼类，主要是海产鱼中的青皮红肉鱼类，如金枪鱼、秋刀鱼、竹荚鱼、沙丁鱼、青鳞鱼、金线鱼、鲐鱼等。当鱼不新鲜或腐败时，鱼体中游离组氨酸经脱羧酶作用产生组胺。当组胺积蓄至一定量时，食后便可引起中毒。

1. 中毒表现

中毒特点是发病快、症状轻、恢复迅速，发病率可达50%左右，偶有死亡病例。

（1）潜伏期一般为0.5~1小时，最短可为5分钟，最长达4小时。中毒特点是发病快、症状轻、恢复迅速，发病率可达50%左右，偶有死亡病例。

（2）以局部或全身毛细血管扩张、通透性增强、支气管收缩为主，主要症状有脸红、头晕、头痛、心慌、脉快、胸闷和呼吸促迫等，部分患者出现眼结膜充血、瞳孔散大、视物模糊、脸发胀、唇水肿、口和舌及四肢发麻、恶心、呕吐、腹痛、荨麻疹、全身潮红、血压下降等。

2. 预防措施

不吃腐败变质的鱼，特别是青皮红肉的鱼类。市售鲜鲐鱼等青皮红肉鱼类应冷藏或冷冻，保持较高的鲜度。选购鲜鲐鱼等要特别注意其鲜度，如发现鱼眼变红、色泽不新鲜、鱼体无弹力时，则不应选购，亦不得食用。购后应及时烹调，如盐腌，应劈开鱼背并加25%以上的食盐腌制。

食用鲜、咸鲐鱼时，烹调前应去内脏、洗净、切成二段，用水浸泡4~6小时，可使组胺量下降44%，烹调时加入适量雪里蕻或红果，组胺可下降65%，红烧或清蒸、酥闷，不宜油煎或油炸。

有过敏性疾患者，不宜吃此类鱼。

（三）含氰苷类植物中毒

引起食物中毒的往往是杏、桃子、李子和枇杷等核仁和木薯。杏仁中含有苦杏仁苷，木薯和亚麻子中含有亚麻苦苷。苦杏仁苷在苦杏仁中含量比甜杏仁高20~30倍，引起的食物中毒最为常见，后果最严重。此外还有苦桃仁、枇杷仁、李子仁、樱桃仁和木薯等。氰苷在酶或酸的作用下释放出氢氰酸。苦杏仁苷属剧毒，对人的最小致死量为0.4~1 mg/（kg·bw）。

1. 中毒表现

苦杏仁中毒潜伏期为半小时至数小时，一般为1~2小时。主要症状为口内苦涩、头晕、头痛、恶心、呕吐、心慌、脉速、四肢无力，继而出现不同程度的呼吸困难、胸闷，有时可闻到苦杏仁味，严重者意识不清、呼吸微弱、四肢冰冷、昏迷，常发出尖叫。继而意识丧失，瞳孔散大，对光反射消失，牙关紧闭，全身阵发性痉挛，最后因呼吸麻痹或心跳停止而死亡，也可引起周围神经症状。空腹、年幼及体弱者中毒症状重，病死率高。

2. 预防措施

加强宣传教育，不生吃各种苦味果仁，也不能食用炒过的苦杏仁。若食用果仁，必须用清水充分浸泡，再敞锅蒸煮，使氢氰酸挥发掉。不吃生木薯，食用时必须将木薯去皮，加水浸泡2天，再敞锅蒸煮后食用。

（四）其他有毒动植物食物中毒

其他有毒动植物食物中毒的表现和预防措施见表5-2。

表5-2 其他有毒动植物食物中毒的表现和预防措施

| 中毒名称 | 有毒成分 | 中毒表现 | 急救处理 | 预防措施 |
|---|---|---|---|---|
| 甲状腺中毒 | 甲状腺素 | 潜伏期10~24小时，头痛、乏力、抽搐、四肢肌肉痛，重者狂躁、昏迷 | 抗甲状腺素药，促肾上腺皮质激素，对症处理 | 屠宰时去除甲状腺 |
| 动物肝脏中毒（狗、鲨鱼、海豹、北极熊等） | 大量维生素A | 潜伏期0.5~12小时，头痛、恶心、呕吐、腹部不适、皮肤潮红、脱皮等 | 对症处理 | 含大量维生素A的动物肝脏不宜过量食用 |
| 贝类中毒 | 石房蛤毒素 | 潜伏期数分钟至数小时，开始唇、舌、指尖麻，继而腿、臂和颈部麻木，运动失调 | 尽早催吐、洗胃、导泻，对症处理 | 在贝类生长的水域采取藻类检查 |
| 有毒蜂蜜中毒 | 雷公藤碱及其他生物碱 | 潜伏期1~2天，口干、舌麻、恶心、呕吐、心慌、腹痛、肝肿大、肾区痛 | 输液、保肝、对症处理 | 加强蜂蜜检查 |
| 四季豆中毒 | 皂素、植物血凝素 | 潜伏期2~4小时，恶心、呕吐等胃肠症状，四肢麻木 | 对症处理 | 充分煮熟 |

续上表

| 中毒名称 | 有毒成分 | 中毒表现 | 急救处理 | 预防措施 |
| --- | --- | --- | --- | --- |
| 发芽马铃薯中毒 | 龙葵素 | 潜伏期数十分钟至数小时,咽喉瘙痒、烧灼感,胃肠炎,重者有溶血性黄疸 | 催吐、洗胃、对症处理 | 马铃薯应储存于干燥阴凉处,食用前削皮去芽,烹调时加醋 |
| 鲜黄花菜中毒 | 类秋水仙碱 | 潜伏期0.5~4小时,以胃肠症状为主 | 及时洗胃、对症处理 | 食鲜黄花菜应用水浸泡或用开水烫后弃水炒熟食用 |
| 白果中毒 | 银杏酸、银杏酚 | 潜伏期1~12小时,呕吐、腹泻、头痛、恐惧感、惊叫、抽搐、昏迷,甚至死亡 | 催吐、洗胃、灌肠,对症处理 | 白果需去皮加水煮透后弃水食用 |

## 五、化学性食物中毒

### (一) 亚硝酸盐食物中毒

亚硝酸盐食物中毒是指食用了含硝酸盐及亚硝酸盐的蔬菜或误食亚硝酸盐后引起的一种高铁血红蛋白血症,也称肠源性青紫症。常见的亚硝酸盐有亚硝酸钠和亚硝酸钾。蔬菜中常含有较多的硝酸盐,特别是当大量施用含硝酸盐的化肥或土壤中缺钼时,可增加植物中的硝酸盐。

1. 亚硝酸盐的来源

(1) 新鲜的叶菜类,如菠菜、芹菜、大白菜、小白菜、圆白菜、生菜、韭菜、甜菜、菜花、萝卜叶、灰菜、荠菜等含有硝酸盐,但一般摄入量并无碍,如大量摄入后,在肠道内由于硝酸盐还原菌的作用也可转化为亚硝酸盐。因此新鲜蔬菜煮熟后若存置过久,或不新鲜蔬菜中,亚硝酸盐的含量会明显增高。

(2) 刚腌不久的蔬菜(暴腌菜)含有大量亚硝酸盐,尤其是加盐量少于12%、气温高于20℃的情况,可使菜中亚硝酸盐含量增加,于第7~第8

天达到高峰,一般于腌后 20 天降至最低。

(3)苦井水含较多的硝酸盐,当用该水煮粥或食物,再在不洁的锅内放置过夜后,则硝酸盐在细菌作用下可还原成亚硝酸盐。

(4)食用蔬菜过多时,大量硝酸盐进入肠道,对于儿童胃肠机能紊乱、贫血、蛔虫症等消化功能欠佳者,肠道内细菌可将硝酸盐转化为亚硝酸盐,且由于形成过多、过快而来不及分解,结果大量亚硝酸盐进入血液导致中毒。

(5)腌肉制品加入过量硝酸盐或亚硝酸盐。

(6)误将亚硝酸盐当作食盐应用。

2. 中毒表现

(1)潜伏期。误食纯亚硝酸盐引起的中毒,潜伏期一般为 10~15 分钟;大量食入蔬菜或未腌透菜类者,潜伏期一般为 1~3 小时,个别可长达 20 小时后发病。

(2)症状体征。有头痛、头晕、无力、胸闷、气短、嗜睡、心悸、恶心、呕吐、腹痛、腹泻、口唇、指甲及全身皮肤、黏膜发绀等。严重者可伴有心率减慢、心律不齐、昏迷和惊厥等症状,常因呼吸循环衰竭而死亡。

3. 急救处理

催吐、洗胃和导泻以消除毒物;应用氧化型亚甲蓝(美蓝)、维生素 C 等解毒剂;临床上将美蓝、维生素 C 和葡萄糖三者合用,效果较好;以及对症治疗。

4. 预防措施

(1)保持蔬菜新鲜,禁食腐烂变质蔬菜。短时间不要进食大量含硝酸盐较多的蔬菜;勿食大量刚腌的菜,腌菜时盐应稍多,至少待腌制 15 天以上再食用。

(2)肉制品中硝酸盐和亚硝酸盐的用量应严格按国家卫生标准的规定,不可多加。

(3)不喝苦井水,不用苦井水煮饭、煮粥,尤其勿将剩饭粥存放过夜。

(4)妥善保管好亚硝酸盐,防止错把其当成食盐或碱而误食中毒。

## (二)砷化物中毒

砷(As)本身毒性不大,而其化合物一般均有剧毒,特别是三氧化二砷($As_2O_3$)的毒性最强。三氧化二砷又名亚砷酐、砒霜、信石、白砷、白砒。

1. 中毒原因

常见原因是食品加工时,使用的原料或添加剂中含砷量过高,或误食含砷农药拌种的粮食及喷洒过含砷农药不久的蔬菜,或将三氧化二砷当作食盐、面碱、小苏打等使用，食用盛过含砷杀虫剂的容器或袋子盛放的食品和粮食，或食用碾磨过农药的工具加工的米面等。

2. 中毒表现

潜伏期为几分钟至数小时，中毒后患者口腔和咽喉部有烧灼感，口渴及吞咽困难，口中有金属味，常表现为剧烈恶心、呕吐（甚至吐出血液和胆汁）、腹绞痛、腹泻（水样或米汤样，有时混有血）。由于剧烈吐泻而脱水，血压下降，严重者引起休克、昏迷和惊厥，并可发生中毒性心肌病和急性肾功能衰竭，若抢救不及时，中毒者常因呼吸循环衰竭，肝肾功能衰竭，于1~2日内死亡。

3. 急救治疗

应催吐，彻底洗胃以排除毒物；应用特效解毒剂：巯基类药物，如二巯基丙醇、二巯基丙磺酸钠和二巯基丁二酸钠；病情严重，特别是伴有肾功能衰竭者应用血液透析，以及对症治疗。

4. 预防措施

（1）严格保管好砷化物和砷制剂农药，实行专人专库管理。盛放过砷化合物的容器严禁存放粮食和食品。

（2）蔬菜、果树收获前半个月内停止使用含砷农药，防止蔬菜、水果农药残留量过高。

## 六、食物中毒的调查与处理

食物中毒的调查的主要内容：判断是否是食物中毒事件，是哪种食物中毒（确定病原），可疑餐次及可疑食物是什么。另外根据初步调查情况必须在调查现场及时、正确地抢救和处置患者。

（一）调查步骤和内容

1. 前往现场

接到发生食物中毒的报告后迅速地组织有关人员携带采样器材和协助抢救的物品前往现场。

2. 抢救

到达现场前或到达现场后，进行必要和可能的抢救，如调用特效药、调动抢救工作所需人员。对于症状特殊的患者，迅速协助抢救的医务人员及时确诊。

3. 收集吐泻物

到现场后应尽快地收集患者吐泻物，收集患者的粪便应该首先从还未进行抗生素治疗前收集。收集剩余食物时，也包括食物所涉及的餐具、炊具的细菌涂抹样。

4. 对进餐者逐个进行询问调查

（1）调查对象不限于已明确的中毒患者。应询问每一个进餐者在大批患者发病前48小时内进餐食谱，每个人进餐的主食副食名称、数量。除集中怀疑的一餐之外，特别注意那些进餐与众不同的人。如凡是没吃某种食品的无一发病的或者凡吃某一食品的多数都发病的。通过询问明确出现最早的中毒症状、主要症状与潜伏期。

（2）应尽快明确有无可能涉及公安机关追查的问题或是否涉及犯罪，如涉及应尽量会同公安机关共同调查。

（3）每个被询问的人都应该有自己写的或者签字的询问笔录。

（4）调查中对现场的情况，必要时可拍照，留下视听证据。

（5）调查中可以继续补充采集样品。

（6）对可能导致食物中毒的食品，对其原料来源、加工过程、储存条件等进行调查，必要时还应该追踪到食品的供应点及生产经营场所。

5. 应重点查清的问题

（1）疑似食物中毒的事件，应查明是否为一起食物中毒；更应查明引发食物中毒的主要致病责任。

（2）查明剩余食物中的致病因子，掌握剩余食物引起食物中毒的实验室诊断根据，在判定食物中毒上至为重要。在得不到实验室诊断根据的条件下，要特别重视流行病学调查。在无剩余食物所做的实验室诊断根据时的流行病学调查资料，可以作为判定食物中毒的根据，必要时对此种流行病学调查报告组织专家鉴定。

（3）对剩余食物中只查到大肠杆菌、变形杆菌等一类肠道寄生菌或腐败菌，而在无绝对的致病菌的条件下，要特别重视病人吐泻物中同一菌株大量检出的结果，特别是患者双份血清（一份为发病初期，另一份为发病后2周左右）。做血清凝集反应时凝集价的明显升高是判定这类菌引起食物中毒的有力证据。

（4）对怀疑是厌氧菌引起的食物中毒，应该尽量克服条件上的困难，进行厌氧培养，以免遗漏厌氧菌食物中毒。

**（二）食物中毒的处理**

1. 撰写食物中毒的调查报告

必须及时地整理出调查报告，避免资料散落在参加者手中。书写食物中毒调查报告时既要注意调查报告的科学性，又要重视书写行政执法法律文书的程序性要求。

2. 追究责任

对于食物中毒的责任追究，现场调查笔录、发病单位人的口述情况及签名，是行政处罚的法律根据，应密切注意收集。

3. 宣教工作

卫生部门除追究引起中毒的当事人的法律责任之外，还应该重视卫生宣传与指导工作，即向病人的家属及所属集体单位说明发生食物中毒的原因，指出仍然存在的隐患，提出具体改进意见和措施。

4. 整理调查资料

对食物中毒的调查资料整理、分析和总结，进行必要的报告和登记。

## 思考与练习

（1）简述食品安全与食品卫生的区别。
（2）食品污染造成的危害主要有哪些？
（3）简述粮豆的主要卫生问题。
（4）简述蔬菜、水果的主要卫生问题。
（5）简述畜肉的主要卫生问题。
（6）简述罐头食品胖听的分类。

# 附　录

## 附录1　膳食指南知识自测表

"膳食指南知识自测表"中题目都是从《中国居民膳食指南（2016）》中提取的最实用的推荐内容，按照六个核心条目，每个条目下附有小题，共50道小题。每道题1分，做对得分，完成后统计总分，看看你的"营养称号"吧。（小提示：有任何不懂的都可以查阅书中内容）

附表1　膳食指南知识自测表（共50分）

| 题号 | 题目 | 得分 |
|---|---|---|
| 推荐一　食物多样，以谷类为主（共8分） | | |
| 1 | 我今天吃了12种食物 | |
| 2 | 我这一周吃了25种食物 | |
| 3 | 我吃的食物中注意了多种颜色搭配/荤素搭配 | |
| 4 | 我每顿饭都吃了主食 | |
| 5 | 我今天吃了4~6份谷类食物 | |
| 6 | 我今天吃了全谷物或杂豆（占谷类的1/3~1/2） | |
| 7 | 我这周吃了3次或3次以上薯类 | |
| 8 | 我通常会注意少吃精制米面 | |

续上表

| 题号 | 题目 | 得分 |
|---|---|---|
| | 推荐二　吃动平衡，健康体重（共7分） | |
| 9 | 我今天做了有氧运动（如快走、跑步、骑单车至少持续10分钟） | |
| 10 | 我今天坚持了日常身体活动量（如快步走、跑步），相当于6 000步 | |
| 11 | 我这周至少进行了5天的中等强度身体活动，累计150分钟以上 | |
| 12 | 我通常会注意增加户外运动 | |
| 13 | 我通常能做到食不过量 | |
| 14 | 我平时每小时会起来活动一下 | |
| 15 | 我的体质指数：BMI＝体重（kg）÷身高（m）的平方（BMI数值在18.5~24.0为正常） | |

小计：

| 题号 | 题目 | 得分 |
|---|---|---|
| | 推荐三　多吃蔬果、奶类、大豆（共7分） | |
| 16 | 我每顿饭都吃了蔬菜 | |
| 17 | 我今天吃了4种以上蔬菜、水果 | |
| 18 | 我今天吃的蔬菜中一半以上是深色蔬菜 | |
| 19 | 我今天吃了3份或以上蔬菜 | |
| 20 | 我今天吃了水果 | |
| 21 | 我今天喝了1杯奶或1杯酸奶或1份其他奶制品 | |
| 22 | 我今天吃了至少1份豆类或豆制品 | |
| | 推荐四　适量吃鱼、禽、蛋、瘦肉（共6分） | |
| 23 | 我这周吃了5份以上的鱼 | |
| 24 | 我这周吃了5~10份的畜禽肉 | |
| 25 | 我这周吃了4~7个鸡蛋 | |
| 26 | 我吃鸡蛋从不弃蛋黄 | |
| 27 | 我注意减少吃肥肉、多吃瘦肉 | |
| 28 | 我这个月几乎没吃烟熏和腌制食品 | |

小计：

续上表

| 题号 | 题目 | 得分 |
|---|---|---|
| | 推荐五　少盐少油，控糖限酒（共8分） | |
| 29 | 我今天喝了7~8杯水（1 500~1 700 mL） | |
| 30 | 我今天没有喝酒 | |
| 31 | 我喝酒的时候，每天没有超过25 g（男）／15 g（女）的酒精量 | |
| 32 | 我通常吃得很清淡 | |
| 33 | 我开始减盐，烹饪的时候注意少放盐、生抽、酱油等调味料 | |
| 34 | 我这周没喝含糖饮料 | |
| 35 | 我很少吃甜食 | |
| 36 | 我很少吃油炸食品 | |
| | 推荐六　杜绝浪费，兴新食尚（共14分） | |
| 37 | 我平时珍惜食物，不浪费饭菜 | |
| 38 | 我经常回家吃饭 | |
| 39 | 我经常回家陪老人吃饭 | |
| 40 | 我们家注意言传身教，让孩子文明餐饮 | |
| 41 | 我注意按需购买和烹饪食物 | |
| 42 | 我通常购买食材的时候注意选择新鲜、当地、当季的食材 | |
| 43 | 我通常买包装食品时仔细查看食品标签（包括日期、配料表和营养标签） | |
| 44 | 我定期检查、清理、清洗冰箱 | |
| 45 | 我在烹饪和储藏时都注意生食和熟食分开 | |
| 46 | 我通常做饭、吃饭前都洗手 | |
| 47 | 我从不购买和食用受保护的动植物 | |
| 48 | 我通常在餐桌上不酗酒，不过分劝酒 | |
| 49 | 我通常不使用一次性餐具 | |
| 50 | 我在外面吃饭时尽量选择分餐和份餐，不大吃大喝 | |
| 小计： | | |
| 合计： | | |

(1) 45~50分【营养模范级】：太完美了！你做得非常棒，食物多样，吃动平衡，懂新食尚。好好保持，天天好营养，一生享健康。

(2) 35~45分【营养达人级】：很好！你懂得了很多营养知识和技能，并且有较好的饮食和生活习惯。看看失分的题目，按照《中国居民膳食指南（2016）》里的推荐多实践哦。

(3) 25~35分【粉丝级】：懂得一些，但是还要做得更好，看看哪里失分比较多，要注意按照《中国居民膳食指南》里的推荐多实践哦。

(4) 25分以下【补课员级】：为了保持健康，还得多多努力哦，建议好好把《中国居民膳食指南（2016）》通读一遍吧，你就是下一个营养达人。

# 附录 2　中国成人 BMI 与健康体重对应关系

附表 2　中国成人 BMI 与健康体重对应关系

| 身高/m | 轻体重 BMI<18.5 | | 健康体重 18.5≤BMI<24.0 | | | | | | 健康体重 24.0≤BMI<28.0 | | | | 健康体重 BMI≥28.0 | | | | | | | |
|---|---|---|---|---|---|---|---|---|---|---|---|---|---|---|---|---|---|---|---|
| | | | | | | | | | 体重/kg | | | | | | | | | | |
| 1.40 | 33.3 | 35.3 | 37.2 | 39.2 | 41.2 | 43.1 | 45.1 | 47.0 | 49.0 | 51.0 | 52.9 | 54.9 | 56.8 | 58.8 | 60.8 | 62.7 | 64.7 | 66.6 | 68.6 |
| 1.42 | 34.3 | 36.3 | 38.3 | 40.3 | 42.3 | 44.4 | 46.4 | 48.4 | 50.4 | 52.4 | 54.4 | 56.5 | 58.5 | 60.5 | 62.5 | 64.5 | 66.5 | 68.6 | 70.6 |
| 1.44 | 35.3 | 37.3 | 39.4 | 41.5 | 43.5 | 45.6 | 47.7 | 49.8 | 51.8 | 53.9 | 56.0 | 58.1 | 60.1 | 62.2 | 64.3 | 66.4 | 68.4 | 70.5 | 72.6 |
| 1.46 | 36.2 | 38.4 | 40.5 | 42.6 | 44.8 | 46.9 | 49.0 | 51.2 | 53.3 | 55.4 | 57.6 | 59.7 | 61.8 | 63.9 | 66.1 | 68.2 | 70.3 | 72.5 | 74.6 |
| 1.48 | 37.2 | 39.4 | 41.6 | 43.8 | 46.0 | 48.2 | 50.4 | 52.6 | 54.8 | 57.0 | 59.1 | 61.3 | 63.5 | 65.7 | 67.9 | 70.1 | 72.3 | 74.5 | 76.7 |
| 1.50 | 38.3 | 40.5 | 42.8 | 45.0 | 47.3 | 49.5 | 51.8 | 54.0 | 56.3 | 58.5 | 60.8 | 63.0 | 65.3 | 67.5 | 69.8 | 72.0 | 74.3 | 76.5 | 78.8 |
| 1.52 | 39.3 | 41.6 | 43.9 | 46.2 | 48.5 | 50.8 | 53.1 | 55.4 | 57.8 | 60.1 | 62.4 | 64.7 | 67.0 | 69.3 | 71.6 | 73.9 | 76.2 | 78.6 | 80.9 |
| 1.54 | 40.3 | 42.7 | 45.1 | 47.4 | 49.8 | 52.2 | 54.5 | 56.9 | 59.3 | 61.7 | 64.0 | 66.4 | 68.8 | 71.1 | 73.5 | 75.9 | 78.3 | 80.6 | 83.0 |
| 1.56 | 41.4 | 43.8 | 46.2 | 48.7 | 51.1 | 53.5 | 56.0 | 58.4 | 60.8 | 63.3 | 65.7 | 68.1 | 70.6 | 73.0 | 75.4 | 77.9 | 80.3 | 82.7 | 85.2 |
| 1.58 | 42.4 | 44.9 | 47.4 | 49.9 | 52.4 | 54.9 | 57.4 | 59.9 | 62.4 | 64.9 | 67.4 | 69.9 | 72.4 | 74.9 | 77.4 | 79.9 | 82.4 | 84.9 | 87.4 |
| 1.60 | 43.5 | 46.1 | 48.6 | 51.2 | 53.8 | 56.3 | 58.9 | 61.4 | 64.0 | 66.6 | 69.1 | 71.7 | 74.2 | 76.8 | 79.4 | 81.9 | 84.5 | 87.0 | 89.6 |

续上表

| 身高/m | 轻体重 BMI<18.5 | 健康体重 18.5≤BMI<24.0 | | | | 健康体重 24.0≤BMI<84.0 | | | | 健康体重 BMI≥28.0 | | | |
|---|---|---|---|---|---|---|---|---|---|---|---|---|---|
| | | | | | | 体重/kg | | | | | | | |
| 1.62 | 44.6 | 47.2 | 49.9 | 52.5 | 55.1 | 57.7 | 60.4 | 63.0 | 65.6 | 68.2 | 70.9 | 73.5 | 76.1 | 78.7 | 81.4 | 84.0 | 86.6 | 89.2 | 91.9 |
| 1.64 | 45.7 | 48.4 | 51.1 | 53.8 | 56.5 | 59.2 | 61.9 | 64.6 | 67.2 | 69.9 | 72.6 | 75.3 | 78.0 | 80.7 | 83.4 | 86.1 | 88.8 | 91.4 | 94.1 |
| 1.66 | 46.8 | 49.6 | 52.4 | 55.1 | 57.9 | 60.6 | 63.4 | 66.1 | 68.9 | 71.6 | 74.4 | 77.2 | 79.9 | 82.7 | 85.4 | 88.2 | 90.9 | 93.7 | 96.4 |
| 1.68 | 48.0 | 50.8 | 53.6 | 56.4 | 59.3 | 62.1 | 64.9 | 67.7 | 70.6 | 73.4 | 76.2 | 79.0 | 81.8 | 84.7 | 87.5 | 90.3 | 93.1 | 96.0 | 98.8 |
| 1.70 | 49.1 | 52.0 | 54.9 | 57.8 | 60.7 | 63.6 | 66.5 | 69.4 | 72.3 | 75.1 | 78.0 | 80.9 | 83.8 | 86.7 | 89.6 | 92.5 | 95.4 | 98.3 | 101.2 |
| 1.72 | 50.3 | 53.3 | 56.2 | 59.2 | 62.1 | 65.1 | 68.0 | 71.0 | 74.0 | 76.9 | 79.9 | 82.8 | 85.8 | 88.8 | 91.7 | 94.7 | 97.6 | 100.6 | 103.5 |
| 1.74 | 51.5 | 54.5 | 57.5 | 60.6 | 63.6 | 66.6 | 69.6 | 72.7 | 75.7 | 78.7 | 81.7 | 84.8 | 87.8 | 90.8 | 93.9 | 96.9 | 99.9 | 102.9 | 106.0 |
| 1.76 | 52.7 | 55.8 | 58.9 | 62.0 | 65.0 | 68.1 | 71.2 | 74.3 | 77.4 | 80.5 | 83.6 | 86.7 | 89.8 | 92.9 | 96.0 | 99.1 | 102.2 | 105.3 | 108.4 |
| 1.78 | 53.9 | 57.0 | 60.2 | 63.4 | 66.5 | 69.7 | 72.9 | 76.0 | 79.2 | 82.4 | 85.5 | 88.7 | 91.9 | 95.1 | 98.2 | 101.4 | 104.6 | 107.7 | 110.9 |
| 1.80 | 55.1 | 58.3 | 61.6 | 64.8 | 68.0 | 71.3 | 74.5 | 77.8 | 81.0 | 84.2 | 87.5 | 90.7 | 94.0 | 97.2 | 100.4 | 103.7 | 106.9 | 110.2 | 113.4 |
| 1.82 | 56.3 | 59.6 | 62.9 | 66.2 | 69.6 | 72.9 | 76.2 | 79.5 | 82.8 | 86.1 | 89.4 | 92.7 | 96.1 | 99.4 | 102.7 | 106.0 | 109.3 | 112.6 | 115.9 |
| 1.84 | 57.6 | 60.9 | 64.3 | 67.7 | 71.1 | 74.5 | 77.9 | 81.3 | 84.6 | 88.0 | 91.4 | 94.8 | 98.2 | 101.6 | 105.0 | 108.3 | 111.7 | 115.1 | 118.5 |
| 1.86 | 58.8 | 62.3 | 65.7 | 69.2 | 72.7 | 76.1 | 79.6 | 83.0 | 86.5 | 89.9 | 93.4 | 96.9 | 100.3 | 103.8 | 107.2 | 110.7 | 114.2 | 117.6 | 121.1 |
| 1.88 | 60.1 | 63.6 | 67.2 | 70.7 | 74.2 | 77.8 | 81.3 | 84.8 | 88.4 | 91.9 | 95.4 | 99.0 | 102.5 | 106.0 | 109.6 | 113.1 | 116.6 | 120.2 | 123.7 |

续上表

| 身高/m | 轻体重 BMI<18.5 | | 健康体重 18.5≤BMI<24.0 | | | | | 健康体重 24.0≤BMI<28.0 | | | | 健康体重 BMI≥28.0 | | | | | | | |
|---|---|---|---|---|---|---|---|---|---|---|---|---|---|---|---|---|---|---|
| 1.90 | 61.4 | 65.0 | 68.6 | 72.2 | 75.8 | 79.4 | 83.0 | 86.6 | 90.3 | 93.9 | 97.5 | 101.1 | 104.7 | 108.3 | 111.9 | 115.5 | 119.1 | 122.7 | 126.4 |
| BMI | 17.0 | 18.0 | 19.0 | 20.0 | 21.0 | 22.0 | 23.0 | 24.0 | 25.0 | 26.0 | 27.0 | 28.0 | 29.0 | 30.3 | 31.0 | 32.0 | 33.0 | 34.0 | 35.0 |

注：引自《中国成年人超重和肥胖症预防控制指南》。

# 附录 3 中国 7~17 岁儿童营养状况的 BMI 标准

附表 3 中国 7~17 岁儿童营养状况的 BMI 标准

| 年龄/岁 | 男生 | | | | 女生 | | | |
| --- | --- | --- | --- | --- | --- | --- | --- | --- |
| | 消瘦 | 正常 | 超重 | 肥胖 | 消瘦 | 正常 | 超重 | 肥胖 |
| 7~8 | ≤13.9 | 14.0~17.3 | 17.4~19.1 | ≥19.2 | ≤13.4 | 13.5~17.1 | 17.2~18.8 | ≥18.9 |
| 8~9 | ≤14.0 | 14.1~18.0 | 18.1~20.2 | ≥20.3 | ≤13.6 | 13.7~18.0 | 18.1~19.8 | ≥19.9 |
| 9~10 | ≤14.1 | 14.2~18.8 | 18.9~21.3 | ≥21.4 | ≤13.8 | 13.9~18.9 | 19.0~20.9 | ≥21.0 |
| 10~11 | ≤14.4 | 14.5~19.5 | 19.6~22.4 | ≥22.5 | ≤14.0 | 14.1~19.9 | 20.0~22.0 | ≥22.1 |
| 11~12 | ≤14.9 | 15.0~20.2 | 20.3~23.5 | ≥23.6 | ≤14.3 | 14.4~21.0 | 21.1~23.2 | ≥23.3 |
| 12~13 | ≤15.4 | 15.5~20.9 | 21.0~24.6 | ≥24.7 | ≤14.7 | 14.8~21.8 | 21.9~24.4 | ≥24.5 |
| 13~14 | ≤15.9 | 16.0~21.8 | 21.9~25.6 | ≥25.7 | ≤15.3 | 15.4~22.5 | 22.6~25.5 | ≥25.6 |
| 14~15 | ≤16.4 | 16.5~22.5 | 22.6~26.3 | ≥26.4 | ≤16.0 | 16.1~22.9 | 23.0~26.2 | ≥26.3 |
| 15~16 | ≤16.9 | 17.0~23.0 | 23.1~26.8 | ≥26.9 | ≤16.6 | 16.7~23.3 | 23.4~26.8 | ≥26.9 |
| 16~17 | ≤17.3 | 17.4~23.4 | 23.5~27.3 | ≥27.4 | ≤17.0 | 17.1~23.6 | 23.7~27.3 | ≥27.4 |
| 17 | ≤17.7 | 17.8~23.7 | 23.8~27.7 | ≥27.8 | ≤17.2 | 17.3~23.7 | 23.8~27.6 | ≥27.7 |

注：引自《中国居民膳食指南（2016）》。

# 附录 4 常见身体活动强度（MET）和能量消耗表

## 附表 4 常见身体活动强度（MET）和能量消耗表

| | 活动项目 | 身体活动强度<br><3 低强度；3~6 中强度；7~9 高强度；10~11 极高强度 | | 能量消耗量<br>kcal/（标准体重·10 分钟） | |
|---|---|---|---|---|---|
| | | | （MET） | 男（66 kg） | 女（56 kg） |
| 家务活动 | 整理床，站立 | 低强度 | 2.0 | 22.0 | 18.7 |
| | 洗碗、熨烫衣服 | 低强度 | 2.3 | 25.3 | 21.5 |
| | 收拾餐桌，做饭或准备食物 | 低强度 | 2.5 | 27.5 | 23.3 |
| | 擦窗户 | 低强度 | 2.8 | 30.8 | 26.1 |
| | 手洗衣服 | 中强度 | 3.3 | 36.3 | 30.8 |
| | 扫地、扫院子、拖地板、吸尘 | 中强度 | 3.5 | 38.5 | 32.7 |
| 步行 | 慢速（3 km/h） | 低强度 | 2.5 | 27.5 | 23.3 |
| | 中速（5 km/h） | 中强度 | 3.5 | 38.5 | 32.7 |
| | 快速（5.5~6 km/h） | 中强度 | 4.0 | 44.0 | 37.3 |
| | 很快（7 km/h） | 中强度 | 4.5 | 49.5 | 42.0 |
| | 下楼 | 中强度 | 3.0 | 33.0 | 28.0 |
| | 上楼 | 高强度 | 8.0 | 88.0 | 74.7 |
| | 上下楼 | 中强度 | 4.5 | 49.5 | 42.0 |

续上表

| 活动项目 | | 身体活动强度（MET）<3 低强度；3~6 中强度；7~9 高强度；10~11 极高强度 | | 能量消耗量 kcal/（标准体重·10 分钟） | |
|---|---|---|---|---|---|
| | | | | 男 (66 kg) | 女 (56 kg) |
| 跑步 | 走跑结合（慢跑成分不超过 10 分钟） | 中强度 | 6.0 | 66.0 | 56.0 |
| | 慢跑，一般 | 高强度 | 7.0 | 77.0 | 65.3 |
| | 8 km/h，原地 | 高强度 | 8.0 | 88.0 | 74.7 |
| | 9 km/h | 极高强度 | 10.0 | 110.0 | 93.3 |
| | 跑，上楼 | 极高强度 | 15.0 | 165.0 | 140.0 |
| 自行车 | 12~16 km/h | 中强度 | 4.0 | 44.0 | 37.3 |
| | 16~19 km/h | 中强度 | 6.0 | 66.0 | 56.0 |
| | 保龄球 | 中强度 | 3.0 | 33.0 | 28.0 |
| | 高尔夫球 | 中强度 | 5.0 | 55.0 | 47.0 |
| 球类 | 篮球，一般 | 中强度 | 6.0 | 66.0 | 56.0 |
| | 篮球，比赛 | 高强度 | 7.0 | 77.0 | 65.3 |
| | 排球，一般 | 中强度 | 3.0 | 33.0 | 28.0 |
| | 排球，比赛 | 中强度 | 4.0 | 44.0 | 37.3 |
| | 乒乓球 | 中强度 | 4.0 | 44.0 | 37.3 |
| | 台球 | 低强度 | 2.5 | 27.5 | 23.3 |

续上表

| 活动项目 | | 身体活动强度（MET）<br><3 低强度；3~6 中强度；7~9 高强度；10~11 极高强度 | | 能量消耗量<br>kcal/（标准体重·10 分钟） | |
|---|---|---|---|---|---|
| | | | | 男（66 kg） | 女（56 kg） |
| 球类 | 网球，一般 | 中强度 | 5.0 | 55.0 | 46.7 |
| | 网球，双打 | 中强度 | 6.0 | 66.0 | 56.0 |
| | 网球，单打 | 高强度 | 8.0 | 88.0 | 74.7 |
| | 羽毛球，一般 | 中强度 | 4.5 | 49.5 | 42.0 |
| | 羽毛球，比赛 | 高强度 | 7.0 | 77.0 | 65.3 |
| | 足球，一般 | 高强度 | 7.0 | 77.0 | 65.3 |
| | 足球，比赛 | 极高强度 | 10.0 | 110.0 | 93.3 |
| 跳绳 | 慢速 | 高强度 | 8.0 | 88.0 | 74.7 |
| | 中速，一般 | 极高强度 | 10.0 | 110.0 | 93.3 |
| | 快速 | 极高强度 | 12.0 | 132.0 | 112.0 |
| 舞蹈 | 慢速 | 中强度 | 3.0 | 33.0 | 28.0 |
| | 中速 | 中强度 | 4.5 | 49.5 | 42.0 |
| | 快速 | 中强度 | 5.5 | 60.5 | 51.3 |

续上表

| 活动项目 | | 身体活动强度（MET）<3 低强度；3~6 中强度；7~9 高强度；10~11 极高强度 | 能量消耗量 kcal/（标准体重·10 分钟） | |
|---|---|---|---|---|
| | | | 男（66 kg） | 女（56 kg） |
| 游泳 | 踩水，中等用力，一般 | 中强度 4.0 | 44.0 | 37.3 |
| | 爬泳（慢），自由泳，仰泳 | 高强度 8.0 | 88.0 | 74.7 |
| | 蛙泳，一般速度 | 极高强度 10.0 | 110.0 | 93.3 |
| | 爬泳（快），蝶泳 | 极高强度 11.0 | 121.0 | 102.7 |
| 其他活动 | 瑜伽 | 中强度 4.0 | 44.0 | 37.3 |
| | 单杠 | 中强度 5.0 | 55.0 | 46.7 |
| | 俯卧撑 | 中强度 4.5 | 49.5 | 42.0 |
| | 太极拳 | 中强度 3.5 | 38.5 | 32.7 |
| | 健身操（轻度或中等轻度） | 中强度 5.0 | 55.0 | 46.7 |
| | 轮滑旱冰 | 高强度 7.0 | 77.0 | 65.3 |

注：数据引自《中国居民膳食指南（2016）》。1 MET 相当于 1 kg 体重每小时消耗 1 kcal 能量 [1 kcal（kg·h）]。应用举例：一个体重为 60 kg 的人慢速行走 10 分钟后，其能量消耗为：2.5×60（kg）×10（分钟）÷60（分钟）=25 kcal。

## 附录 5　定量估计食物摄入量

为了更好地帮助大家实践平衡膳食，实现《中国居民膳食指南（2016）》（以下简称《膳食指南》）推荐目标和数量，食物标准分量不仅可以帮助大家比较轻松地应用，还能帮助大家快速估算食物量。

食物的标准分量通过统一的"重量"来确定。通常我们所说的"一份食物"大小不一，而《膳食指南》的"标准分量"根据食物的能量或者蛋白质等量进行互换，再根据食物的类别和营养特点，来规定不同类别的食物分量基准值。所以，同类食物中主要营养素是一样的，不同类别的食物标准分量的数值有大有小，如一份蔬菜是 100g，而一份（一杯）牛奶是 200～500g。我们通常一次消费的食物量会含有几个食物份，如 1 份馒头，2 份蔬菜等。所以可用标准分量值乘以摄入的份数来计算某类食物的一天摄入量。

食物量是实施平衡膳食的关键，应学会估计食物种类或份数。当没有称量器械的时候，可以用量具或双手来估计食物种类。食物分量的标准物品、参考手势和食物的种类信息见下表。

附表 5-1　标准量具的定义和用途

| 参照物 | 规格和尺寸 | 用途 |
| --- | --- | --- |
|  | 直径为 11 厘米，直口碗 | 一碗，主要用于衡量主食的量 |
|  | 直径为 22.7 厘米，浅式盘 | 一盘，主要用于衡量副食的量 |
|  | 容量为 250 mL 的圆柱形杯子 | 一杯，主要用于衡量奶、豆浆等液体食物的量 |
|  | 容量为 10 mL 的瓷勺 | 一勺，衡量油、盐的量 |

续上表

| 参照物 | 规格和尺寸 | 用途 |
| --- | --- | --- |
|  | 乒乓球 | 一球，比较鸡蛋、奶酪和肉的大小 |
|  | 网球 | 比较水果的大小 |

附表 5-2　参考手势的定义和用途*

| 参照物 | 规格和尺寸 | 用途 |
| --- | --- | --- |
|  | 双手并拢，一捧可以托起的量 | 双手捧，衡量蔬菜类食物的量 |
|  | 一只手可以捧起的量 | 单手捧，衡量大豆、坚果等颗粒状食物的量 |
|  | 食指与拇指弯曲接触可拿起的量 | 一把，衡量叶茎类蔬菜的量；一手抓起或握起的量，衡量水果的量 |
|  | 一个掌心大小的量 | 一个掌心，衡量片状食物的大小 |

续上表

| 参照物 | 规格和尺寸 | 用途 |
|---|---|---|
|  | 五指向内弯曲握拢的拳头大小的量 | 一拳,衡量球形、块状等食物的大小 |
|  | 两指并拢的长和宽的量 | 两指,衡量肉类、奶酪等 |

注:"*"表示以中等身材成年女性的手为参照。

附表5-3 每类食物的标准份一览表

| 食物类别 | | 份/g | 能量/kcal | 备注 |
|---|---|---|---|---|
| 谷类 | | 50~60 | 160~180 | 面粉50 g=馒头70~80 g<br>大米50 g=米饭100~120 g |
| 薯类 | | 80~100 | 80~90 | 红薯80 g=马铃薯100 g(能量相当于0.5份谷类) |
| 蔬菜类 | | 100 | 15~35 | 应注意甜菜、鲜豆类等高淀粉类蔬菜能量的不同,每份的用量应减少 |
| 水果类 | | 100 | 40~55 | 100 g梨和苹果,能量相当于高糖水果如枣25 g,柿子65 g |
| 畜禽肉类 | 瘦肉(脂肪含量≤10%) | 40~50 | 65~80 | 瘦肉的脂肪含量<10%<br>肥瘦肉的脂肪含量10%~35%<br>肥肉、五花肉脂肪含量一般超过50% |
| | 肥瘦肉(脂肪含量11%~35%) | 20~25 | 65~80 | |
| 水产品 | 鱼类 | 40~50 | 50~60 | 鱼类蛋白质含量15%~20%,脂肪1%~8% |
| | 虾贝类 | | 35~50 | 虾贝类蛋白质含量5%~15%,脂肪0.2%~2% |
| 蛋类(含蛋白质7 g) | | 40~50 | 65~80 | 鸡蛋50 g |

续上表

| 食物类别 | | 份/g | 能量/kcal | 备注 |
|---|---|---|---|---|
| 大豆类（含蛋白质7 g） | | 20~25 | 65~80 | 黄豆20 g=北豆腐60 g=南豆腐110 g=内酯豆腐120 g=豆干45 g=豆浆360~380 mL |
| 坚果类（含油脂5 g） | | 10 | 40~55 | 淀粉类坚果相对能量低，如葵花籽仁10 g=板栗25 g=莲子20 g（能量相当于0.5份油脂类） |
| 乳制品 | 全脂（含蛋白质2.5%~3%） | 200~250 mL | 110 | 液态奶200 mL=奶酪20~25 g=奶粉20~30 g |
| | 脱脂（含蛋白质2.5%~3%） | | 55 | 全脂液态奶脂肪含量约3%<br>脱脂液态奶脂肪含量<0.5% |
| 水 | | 200~250 mL | 0 | |

注：①谷类按能量一致原则或按40 g碳水化合物等量原则进行代换。薯类按每份20 g碳水化合物等量原则进行代换，能量相当于0.5份谷类。②蛋类和大豆按7 g蛋白质等量原则进行代换，乳类按5~6 g蛋白质等量原则进行代换。脂肪不同时，能量有所不同。③畜禽肉类、鱼虾类以能量为基础进行代换，参考脂肪含量区别。④坚果类按5 g脂肪等量原则进行代换，每份蛋白质大约2 g。⑤数据来源于《中国居民膳食指南（2016）》（科普版）。

1. 标准分量的用途

（1）学习估计：可以用一个家庭常用的小碗、瓷勺、长玻璃杯、乒乓球等来作为标准量具估算一份食物的大小；还可结合自己的拳头、手掌心、手捧等来估算食物的分量，这样方便记忆和使用，容易对食物"量化"。

（2）同类互换：选定米饭、青菜、瘦猪肉等常吃的食物作为代表性食物，并规定了具体的数量作为"分量"基准，每组食物就有了"标准分量"。代表性食物可以互换，如油菜和叶菜类的对等互换，大豆和豆腐、豆浆的互换等，便于估计食物重量。

（3）估计摄入量：估算食物摄入量是标准分量设置的目标。相对准确地估计一餐食物重量，也可以估算出一天膳食食物的总量和能量，这样可更好地实施《中国居民膳食指南（2016）》。

2. 一份食物是多少

食物的标准分量，是按照同等能量或者同等蛋白质等计算出来的，不同的食物标准分量不同。

## 附录 6 中国居民膳食营养素参考摄入量表（DRIs 2013）

附表 6-1 中国居民膳食能量需要量（EER）、宏量营养素可接受范围（ADMR）、蛋白质参考摄入量（RNI）

| 年龄/生理阶段 | 能量需要量/(kcal/d)（EER） | | | | | | 宏量营养素可接受范围（ADMR） | | | | 蛋白质/(g/d) RNI | |
|---|---|---|---|---|---|---|---|---|---|---|---|---|
| | 轻体力活动水平 | | 中体力活动水平 | | 重体力活动水平 | | 总碳水化合物/(%E) | 添加糖/(%E) | 总脂肪/(%E) | 饱和脂肪酸 U-AMDR/(%E) | 男 | 女 |
| | 男 | 女 | 男 | 女 | 男 | 女 | | | | | | |
| 0~0.5岁 | — | — | 90kcal/(kg·d) | 90kcal/(kg·d) | — | — | — | — | 48（AI） | — | 9（AI） | 9（AI） |
| 0.5~1岁 | — | — | 80kcal/(kg·d) | 80kcal/(kg·d) | — | — | — | — | 40（AI） | — | 20 | 20 |
| 1~2岁 | — | — | 900 | 800 | — | — | 50~65 | — | 35（AI） | — | 25 | 25 |
| 2~3岁 | — | — | 1100 | 1000 | — | — | 50~65 | — | 35（AI） | — | 25 | 25 |
| 3~4岁 | — | — | 1250 | 1200 | — | — | 50~65 | — | 35（AI） | — | 30 | 30 |
| 4~5岁 | — | — | 1300 | 1250 | — | — | 50~65 | <10 | 20~30 | <8 | 30 | 30 |
| 5~6岁 | — | — | 1400 | 1300 | — | — | 50~65 | <10 | 20~30 | <8 | 30 | 30 |
| 6~7岁 | 1400 | 1250 | 1600 | 1450 | 1800 | 1650 | 50~65 | <10 | 20~30 | <8 | 35 | 35 |
| 7~8岁 | 1500 | 1350 | 1700 | 1550 | 1900 | 1750 | 50~65 | <10 | 20~30 | <8 | 40 | 40 |

续上表

| 年龄/生理阶段 | 能量需要量/(kcal/d)(EER) ||||||  宏量营养素可接受范围(ADMR) |||| 蛋白质/(g/d) RNI ||
| | 轻体力活动水平 || 中体力活动水平 || 重体力活动水平 || 总碳水化合物/(%E) | 添加糖/(%E) | 总脂肪/(%E) | 饱和脂肪酸 U-AMDR/(%E) | | |
| | 男 | 女 | 男 | 女 | 男 | 女 | | | | | 男 | 女 |
|---|---|---|---|---|---|---|---|---|---|---|---|---|
| 8~9岁 | 1 650 | 1 450 | 1 850 | 1 700 | 2 100 | 1 900 | 50~65 | <10 | 20~30 | <8 | 40 | 40 |
| 9~10岁 | 1 750 | 1 550 | 2 000 | 1 800 | 2 250 | 2 000 | 50~65 | <10 | 20~30 | <8 | 45 | 45 |
| 10~11岁 | 1 800 | 1 650 | 2 050 | 19 000 | 2 300 | 2 150 | 50~65 | <10 | 20~30 | <8 | 50 | 50 |
| 11~14岁 | 2 050 | 1 800 | 2 350 | 2 050 | 2 600 | 2 300 | 50~65 | <10 | 20~30 | <8 | 60 | 55 |
| 14~18岁 | 2 500 | 2 000 | 2 850 | 2 300 | 3 200 | 2 550 | 50~65 | <10 | 20~30 | <8 | 75 | 60 |
| 18~50岁 | 2 250 | 1 800 | 2 600 | 2 100 | 3 000 | 2 400 | 50~65 | <10 | 20~30 | <10 | 65 | 55 |
| 50~65岁 | 2 100 | 1 750 | 2 450 | 2 050 | 2 800 | 2 350 | 50~65 | <10 | 20~30 | <10 | 65 | 55 |
| 65~80岁 | 2 050 | 1 700 | 2 350 | 1 950 | — | — | 50~65 | <10 | 20~30 | <10 | 65 | 55 |
| 80岁以上 | 1 900 | 1 500 | 2 200 | 1 750 | — | — | 50~65 | <10 | 20~30 | <10 | 65 | 55 |
| 孕妇(早期) | — | 1 800 | — | 2 100 | — | 2 400 | 50~65 | <10 | 20~30 | <10 | — | 55 |
| 孕妇(中期) | — | 2 100 | — | 2 400 | — | 2 700 | 50~65 | <10 | 20~30 | <10 | — | 70 |
| 孕妇(晚期) | — | 2 250 | — | 2 550 | — | 2 850 | 50~65 | <10 | 20~30 | <10 | — | 85 |
| 乳母 | — | 2 300 | — | 2 600 | — | 2 900 | 50~65 | <10 | 20~30 | <10 | — | 80 |

注：①未制定参考值者用"—"表示；②%E 为占能量的百分比；③EER：能量需要量；④ADMR：可接受的宏量营养素范围；⑤RNI：推荐摄入量。

附表6-2 中国居民膳食维生素推荐摄入量（RNI）或适宜摄入量（AI）

| 年龄（岁）/生理阶段 | VitA/(μgRAE/d) RNI 男 | VitA/(μgRAE/d) RNI 女 | VitD/(μg/d) RNI | VitE/(mgα-TE/d) AI | VitK/(μg/d) AI | $VitB_1$/(mg/d) RNI 男 | $VitB_1$/(mg/d) RNI 女 | $VitB_2$/(mg/d) RNI 男 | $VitB_2$/(mg/d) RNI 女 | $VitB_6$/(mg/d) RNI | $VitB_{12}$/(μg/d) RNI | 泛酸/(mg/d) AI | 叶酸/(μgDFE/d) RNI | 烟酸/(mgNE/d) RNI 男 | 烟酸/(mgNE/d) RNI 女 | 胆碱/(mg/d) AI 男 | 胆碱/(mg/d) AI 女 | 生物素/(μg/d) AI | VitC/(mg/d) RNI |
|---|---|---|---|---|---|---|---|---|---|---|---|---|---|---|---|---|---|---|---|
| 0岁~ | 300 (AI) | 300 (AI) | 10 (AI) | 3 | 2 | 0.1 (AI) | 0.1 (AI) | 0.4 (AI) | 0.4 (AI) | 0.2 (AI) | 0.3 (AI) | 1.7 | 65 (AI) | 2 (AI) | 2 (AI) | 120 | 120 | 5 | 40 (AI) |
| 0.5岁~ | 350 (AI) | 350 (AI) | 10 (AI) | 4 | 10 | 0.3 (AI) | 0.3 (AI) | 0.5 (AI) | 0.5 (AI) | 0.4 (AI) | 0.6 (AI) | 1.9 | 100 (AI) | 3 (AI) | 3 (AI) | 150 | 150 | 9 | 40 (AI) |
| 1~4岁 | 310 | 310 | 10 | 6 | 30 | 0.6 | 0.6 | 0.6 | 0.6 | 0.6 | 1.0 | 2.1 | 160 | 6 | 6 | 200 | 200 | 17 | 40 |
| 4~7岁 | 360 | 360 | 10 | 7 | 40 | 0.8 | 0.8 | 0.7 | 0.7 | 0.7 | 1.2 | 2.5 | 190 | 8 | 8 | 250 | 250 | 20 | 50 |
| 7~11岁 | 500 | 500 | 10 | 9 | 50 | 1.0 | 1.0 | 1.0 | 1.0 | 1.0 | 1.6 | 3.5 | 250 | 11 | 10 | 300 | 300 | 25 | 65 |
| 11~14岁 | 670 | 630 | 10 | 13 | 70 | 1.3 | 1.1 | 1.3 | 1.1 | 1.3 | 2.1 | 4.5 | 350 | 14 | 12 | 400 | 400 | 35 | 90 |
| 14~18岁 | 820 | 630 | 10 | 14 | 75 | 1.6 | 1.3 | 1.5 | 1.2 | 1.4 | 2.4 | 5.0 | 400 | 16 | 13 | 500 | 400 | 40 | 100 |
| 18~50岁 | 800 | 700 | 10 | 14 | 80 | 1.4 | 1.2 | 1.4 | 1.2 | 1.4 | 2.4 | 5.0 | 400 | 15 | 12 | 500 | 400 | 40 | 100 |
| 50~60岁 | 800 | 700 | 10 | 14 | 80 | 1.4 | 1.2 | 1.4 | 1.2 | 1.6 | 2.4 | 5.0 | 400 | 14 | 12 | 500 | 400 | 40 | 100 |
| 65~80岁 | 800 | 700 | 15 | 14 | 80 | 1.4 | 1.2 | 1.4 | 1.2 | 1.6 | 2.4 | 5.0 | 400 | 14 | 11 | 500 | 400 | 40 | 100 |
| 80岁以上 | 800 | 700 | 15 | 14 | 80 | 1.4 | 1.2 | 1.4 | 1.2 | 1.6 | 2.4 | 5.0 | 400 | 13 | 10 | 500 | 400 | 40 | 100 |

续上表

| 年龄(岁)/生理阶段 | VitA/(μgRAE/d) | | VitD/(μg/d) | VitE/(mgα-TE/d) | VitK/(μg/d) | VitB₁/(mg/d) | | VitB₂/(mg/d) | | VitB₆/(mg/d) | VitB₁₂/(mg/d) | 泛酸/(mg/d) | 叶酸/(μgDFE/d) | 烟酸/(mgNE/d) | | 胆碱/(mg/d) | | 生物素/(μg/d) | VitC/(mg/d) |
|---|---|---|---|---|---|---|---|---|---|---|---|---|---|---|---|---|---|---|---|
| | RNI | | RNI | AI | AI | RNI | | RNI | | RNI | RNI | AI | RNI | RNI | | AI | | AI | RNI |
| | 男 | 女 | | | | 男 | 女 | 男 | 女 | | | | | 男 | 女 | 男 | 女 | | |
| 孕妇(早期) | - | 700 | 10 | 14 | 80 | - | 1.2 | - | 1.2 | 2.2 | 2.9 | 6.0 | 600 | - | 12 | - | 420 | 40 | 100 |
| 孕妇(中期) | - | 770 | 10 | 14 | 80 | - | 1.4 | - | 1.4 | 2.2 | 2.9 | 6.0 | 600 | - | 12 | - | 420 | 40 | 115 |
| 孕妇(晚期) | - | 770 | 10 | 14 | 80 | - | 1.5 | - | 1.5 | 2.2 | 2.9 | 6.0 | 600 | - | 12 | - | 420 | 40 | 115 |
| 乳母 | - | 1 300 | 10 | 17 | 80 | - | 1.5 | - | 1.5 | 1.7 | 3.2 | 7.0 | 550 | - | 15 | - | 520 | 50 | 150 |

注：①未制定参考值者用"-"表示；②视黄醇活性当量（RAE，μg）＝膳食或补充剂来源反式视黄醇（μg）＋1/2补充剂制品全反式β-胡萝卜素（μg）＋1/12膳食全反式β-胡萝卜素（μg）＋1/24其他膳食β-胡萝卜素A原类胡萝卜素（μg）；③生育酚当量（α-TE），膳食中总α-TE当量（mg）＝1×α-生育酚（mg）＋0.5×β-生育酚（mg）＋0.1×γ-生育酚（mg）＋0.02×δ-生育酚（mg）＋0.3×α-三烯生育酚（mg）；④膳食叶酸当量（DFE，μg）＝天然食物来源叶酸（μg）＋1.7×合成叶酸（μg）；⑤烟酸当量（NE，mg）＝烟酸（mg）＋1/60色氨酸（mg）。

附表6-3 中国居民膳食矿物质的推荐摄入量（RNI）或适宜摄入量（AI）

| 年龄（岁）/生理阶段 | 钙/(mg/d) RNI | 磷/(mg/d) RNI | 钾/(mg/d) AI | 钠/(mg/d) AI | 镁/(mg/d) RNI | 铁/(mg/d) RNI 男 | 铁/(mg/d) RNI 女 | 氯/(mg/d) AI | 碘/(μg/d) RNI | 锌/(mg/d) RNI 男 | 锌/(mg/d) RNI 女 | 硒/(μg/d) RNI | 铜/(mg/d) RNI | 氟/(mg/d) AI | 铬/(μg/d) AI | 锰/(mg/d) AI | 钼/(μg/d) AI |
|---|---|---|---|---|---|---|---|---|---|---|---|---|---|---|---|---|---|
| 0~1岁 | 200(AI) | 100(AI) | 350 | 170 | 20(AI) | 0.3(AI) | 0.3(AI) | 260 | 85(AI) | 2.0(AI) | 2.0(AI) | 15(AI) | 0.3(AI) | 0.01 | 0.2 | 0.01 | 2(AI) |
|  | 250(AI) | 180(AI) | 550 | 350 | 65(AI) | 10 | 10 | 550 | 115(AI) | 3.5 | 3.5 | 20(AI) | 0.3(AI) | 0.23 | 4.0 | 0.7 | 15(AI) |
| 1~4岁 | 600 | 300 | 900 | 700 | 140 | 9 | 9 | 1 100 | 90 | 4.0 | 4.0 | 25 | 0.3 | 0.6 | 15 | 1.5 | 40 |
| 4~7岁 | 800 | 350 | 1 200 | 900 | 160 | 10 | 10 | 1 400 | 90 | 5.5 | 5.5 | 30 | 0.4 | 0.7 | 20 | 2.0 | 50 |
| 7~11岁 | 1 000 | 470 | 1 500 | 1 200 | 220 | 13 | 13 | 1 900 | 90 | 7.0 | 7.0 | 40 | 0.5 | 1.0 | 25 | 3.0 | 65 |
| 11~14岁 | 1 200 | 640 | 1 900 | 1 400 | 300 | 15 | 18 | 2 200 | 110 | 10.0 | 9.0 | 55 | 0.7 | 1.3 | 30 | 4.0 | 90 |
| 14~18岁 | 1 000 | 710 | 2 200 | 1 600 | 320 | 16 | 18 | 2 500 | 120 | 11.5 | 8.5 | 60 | 0.8 | 1.5 | 35 | 4.5 | 100 |
| 18~50岁 | 800 | 720 | 2 000 | 1 500 | 330 | 12 | 20 | 2 300 | 120 | 12.5 | 7.5 | 60 | 0.8 | 1.5 | 30 | 4.5 | 100 |
| 50~65岁 | 1 000 | 720 | 2 000 | 1 400 | 330 | 12 | 12 | 2 200 | 120 | 12.5 | 7.5 | 60 | 0.8 | 1.5 | 30 | 4.5 | 100 |
| 65~80岁 | 1 000 | 700 | 2 000 | 1 400 | 320 | 12 | 12 | 2 200 | 120 | 12.5 | 7.5 | 60 | 0.8 | 1.5 | 30 | 4.5 | 100 |
| 80岁以上 | 1 000 | 670 | 2 000 | 1 300 | 310 | 12 | 12 | 2 000 | 120 | 12.5 | 7.5 | 60 | 0.8 | 1.5 | 30 | 4.5 | 100 |

续上表

| 年龄（岁）/生理阶段 | 钙/(mg/d) RNI | 磷/(mg/d) RNI | 钾/(mg/d) AI | 钠/(mg/d) AI | 镁/(mg/d) RNI | 铁/(mg/d) RNI 男 | 铁/(mg/d) RNI 女 | 氯/(mg/d) AI | 碘/(μg/d) RNI | 锌/(mg/d) RNI 男 | 锌/(mg/d) RNI 女 | 硒/(μg/d) RNI | 铜/(mg/d) RNI | 氟/(mg/d) AI | 铬/(μg/d) AI | 锰/(mg/d) AI | 钼/(μg/d) AI |
|---|---|---|---|---|---|---|---|---|---|---|---|---|---|---|---|---|---|
| 孕妇（早期） | 800 | 720 | 2 000 | 1 500 | 370 | — | 20 | 2 300 | 230 | — | 9.5 | 65 | 0.9 | 1.5 | 31 | 4.9 | 110 |
| 孕妇（中期） | 1 000 | 720 | 2 000 | 1 500 | 370 | — | 24 | 2 300 | 230 | — | 9.5 | 65 | 0.9 | 1.5 | 34 | 4.9 | 110 |
| 孕妇（晚期） | 1 000 | 720 | 2 000 | 1 500 | 370 | — | 29 | 2 300 | 230 | — | 9.5 | 65 | 0.9 | 1.5 | 36 | 4.9 | 110 |
| 乳母 | 1 000 | 720 | 2 400 | 1 500 | 370 | — | 24 | 2 300 | 240 | — | 12 | 78 | 1.4 | 1.5 | 37 | 4.8 | 103 |

注：未制定参考值者用"—"表示。

# 附录 7 常见食物成分表

## 附表 7-1 常见食物成分表（一）

（以每 100 g 可食部计）

| 食物编码 | 食物名称 | 食部/% | 水分/% | 能量/kcal | 能量/kJ | 蛋白质/g | 脂肪/g | 碳水化合物/g | 不溶性膳食纤维/g | 胆固醇/g | 灰分/g | 总维生素A/μgRAE | 胡萝卜素/μg | 视黄醇/μg | 硫胺素/μg | 核黄素/μg |
|---|---|---|---|---|---|---|---|---|---|---|---|---|---|---|---|---|
| 019008 | 薏米（薏仁米、苡米） | 100 | 11.2 | 361 | 1 512 | 12.8 | 3.3 | 71.1 | 2.0 | 0 | 1.6 | — | — | 0 | 0.22 | 0.15 |
| 031101 | 黄豆（大豆） | 100 | 10.2 | 390 | 1 631 | 35.0 | 16.0 | 34.2 | 15.5 | 0 | 4.6 | 18 | 220 | 0 | 0.41 | 0.20 |
| 032101 | 绿豆（干） | 100 | 12.3 | 329 | 1 376 | 21.6 | 0.8 | 62.0 | 6.4 | 0 | 3.3 | 11 | 130 | 0 | 0.25 | 0.11 |
| 033101 | 赤小豆（干）（小豆、红小豆） | 100 | 12.6 | 324 | 1 357 | 20.2 | 0.6 | 63.4 | 7.7 | 0 | 3.2 | 7 | 80 | 0 | 0.16 | 0.11 |
| 034105 | 芸豆（干，虎皮） | 100 | 10.2 | 341 | 1 427 | 22.5 | 0.9 | 62.5 | 3.5 | 0 | 3.9 | — | — | 0 | 0.37 | 0.28 |
| 041204 | 胡萝卜 | 97 | 90.0 | 32 | 133 | 1.0 | 0.2 | 8.1 | — | 0 | 0.7 | 342 | 4 107 | 0 | — | 0.02 |
| 043119 | 番茄（西红柿） | 97 | 95.2 | 15 | 62 | 0.9 | 0.2 | 3.3 | — | 0 | 0.4 | 31 | 375 | 0 | 0.02 | 0.01 |
| 043212 | 苦瓜（鲜）（凉瓜、癞瓜） | 81 | 93.4 | 22 | 91 | 1.0 | 0.1 | 4.9 | 1.4 | 0 | 0.6 | 8 | 100 | 0 | 0.03 | 0.03 |
| 043221 | 冬瓜 | 80 | 96.9 | 10 | 43 | 0.3 | 0.2 | 2.4 | — | 0 | 0.2 | Tr | Tr | 0 | Tr | Tr |

续上表

| 食物编码 | 食物名称 | 食部/% | 水分/g | 能量/kcal | 能量/kJ | 蛋白质/g | 脂肪/g | 碳水化合物/g | 不溶性膳食纤维/g | 胆固醇/g | 灰分/g | 总维生素A/μgRAE | 胡萝卜素/μg | 视黄醇/μg | 硫胺素/μg | 核黄素/μg |
|---|---|---|---|---|---|---|---|---|---|---|---|---|---|---|---|---|
| 041101 | 白萝卜（鲜）（莱菔） | 95 | 94.6 | 16 | 67 | 0.7 | 0.1 | 4.0 | — | 0 | 0.6 | Tr | Tr | 0 | 0.02 | 0.01 |
| 043228 | 丝瓜 | 83 | 94.1 | 20 | 82 | 1.3 | 0.2 | 4.0 | — | 0 | 0.4 | 13 | 155 | 0 | 0.02 | 0.04 |
| 047103 | 葛（鲜）（葛薯、粉葛） | 90 | 60.1 | 150 | 628 | 2.2 | 0.2 | 36.1 | 2.4 | 0 | 1.4 | — | — | 0 | 0.09 | 0.05 |
| 047104 | 山药（鲜）（薯蓣、大薯） | 83 | 84.8 | 57 | 240 | 1.9 | 0.2 | 12.4 | 0.8 | 0 | 0.7 | 3 | 20 | 0 | 0.05 | 0.02 |
| 048051 | 土三七（鲜）（景天三七） | 100 | 87.0 | 48 | 200 | 2.1 | 0.7 | 9.0 | 1.5 | 0 | 1.2 | 212 | 2 540 | 0 | 0.05 | 0.07 |
| 048086 | 枸杞叶 | 100 | 90.3 | 34 | 142 | 3.0 | 1.3 | 5.3 | — | 0 | 1.2 | — | — | 0 | 0.02 | 0.15 |
| 051001 | 草菇（大黑头细花草、稻菇） | 100 | 92.3 | 27 | 112 | 2.7 | 0.2 | 4.3 | 1.6 | 0 | 0.5 | 2 | 20 | 0 | 0.08 | 0.34 |
| 051020 | 香菇（干）（香蕈、冬菇） | 95 | 12.3 | 274 | 1 149 | 20.0 | 1.2 | 61.7 | 31.6 | 0 | 4.8 | 89 | 1070 | 0 | 0.19 | 1.26 |
| 051023 | 羊肚菌（干）（干狼肚） | 100 | 14.3 | 321 | 1 347 | 26.9 | 7.1 | 43.7 | 12.9 | 0 | 8.0 | Tr | Tr | 0 | 0.10 | 2.25 |
| 051054 | 竹荪（干）（竹笙、竹参） | 100 | 13.9 | 248 | 1 025 | 17.8 | 3.1 | 60.3 | 46.4 | 0 | 4.9 | Tr | Tr | 0 | 0.03 | 1.75 |

续上表

| 食物编码 | 食物名称 | 食部/% | 水分/g | 能量/kcal | 能量/kJ | 蛋白质/g | 脂肪/g | 碳水化合物/g | 不溶性膳食纤维/g | 胆固醇/g | 灰分/g | 总维生素A/μgRAE | 胡萝卜素/μg | 视黄醇/μg | 硫胺素/μg | 核黄素/μg |
|---|---|---|---|---|---|---|---|---|---|---|---|---|---|---|---|---|
| 052008 | 紫菜（干） | 100 | 12.7 | 250 | 1 050 | 26.7 | 1.1 | 44.1 | 21.6 | 0 | 15.4 | 114 | 1 370 | 0 | 0.27 | 1.02 |
| 062302 | 枣（干） | 80 | 26.9 | 276 | 1 155 | 3.2 | 0.5 | 67.8 | 6.2 | 0 | 1.6 | 1 | 10 | 0 | 0.04 | 0.16 |
| 065021 | 桂圆（干） | 34 | 14.0 | 319 | 1 352 | 5.6 | 0.2 | 76.2 | — | 0 | 4.0 | — | — | 0 | 0.01 | 0.58 |
| 071001 | 白果（干）（银杏） | 67 | 9.9 | 355 | 1 485 | 13.2 | 1.3 | 72.6 | — | 0 | 3.0 | — | — | 0 | — | 0.10 |
| 071008 | 栗子（鲜）（板栗） | 80 | 52.0 | 188 | 789 | 4.2 | 0.7 | 42.2 | 1.7 | 0 | 0.9 | 16 | 190 | 0 | 0.14 | 0.17 |
| 072005 | 花生仁（生） | 100 | 6.9 | 574 | 2 400 | 24.8 | 44.3 | 21.7 | 5.5 | 0 | 2.3 | 3 | 30 | 0 | 0.72 | 0.13 |
| 072009 | 莲子 | 100 | 9.5 | 350 | 1 463 | 17.2 | 2.0 | 67.2 | 3.0 | 0 | 4.1 | — | — | 0 | 0.16 | 0.08 |
| 072019 | 芡实米（干）（鸡头米） | 100 | 11.4 | 352 | 1 475 | 8.3 | 0.3 | 79.6 | 0.9 | 0 | 0.4 | — | — | 0 | 0.30 | 0.09 |
| 081116 | 猪蹄 | 60 | 58.2 | 260 | 1 080 | 22.6 | 18.8 | 0.0 | 0 | 192 | 0.4 | 3 | 0 | 3 | 0.05 | 0.10 |
| 081120 | 猪肘棒 | 67 | 55.5 | 248 | 1 032 | 16.5 | 16.0 | 9.4 | 0 | 65 | 2.6 | Tr | 0 | Tr | 0.10 | 0.09 |

附表 7-2 常见食物成分表（二）

| 食物编码 | 食物名称 | 烟酸/mg | 维生素C/mg | 维生素E 总/mg | α-E/mg | (β+γ)-E/mg | δ-E/mg | 钙/mg | 磷/mg | 钾/mg | 钠/mg | 镁/mg | 铁/mg | 锌/mg | 硒/mg | 铜/mg | 锰/mg | 备注 |
|---|---|---|---|---|---|---|---|---|---|---|---|---|---|---|---|---|---|---|
| 019008 | 薏米（薏仁米、苡米） | 2.00 | 0 | 2.08 | 1.48 | 0.60 | Tr | 42 | 217 | 238 | 3.6 | 88 | 3.6 | 1.68 | 3.07 | 0.29 | 1.37 | — |
| 031101 | 黄豆（大豆） | 2.10 | — | 18.90 | 0.90 | 13.39 | 4.61 | 191 | 465 | 1 503 | 2.2 | 199 | 8.2 | 3.34 | 6.16 | 1.35 | 2.26 | |
| 032101 | 绿豆（干） | 2.00 | — | 10.95 | Tr | 10.66 | 0.29 | 81 | 337 | 787 | 3.2 | 125 | 6.5 | 2.18 | 4.28 | 1.08 | 1.11 | |
| 033101 | 赤小豆（干）（小豆、红小豆） | 2.00 | — | 14.36 | Tr | 6.01 | 8.35 | 74 | 305 | 860 | 2.2 | 138 | 7.4 | 2.20 | 3.80 | 0.64 | 1.33 | 北京市 |
| 034105 | 苦豆（干、虎皮） | 2.10 | — | 6.02 | — | — | — | 156 | 66 | 809 | 3.3 | 31 | 1.7 | 1.20 | 9.75 | 0.53 | 1.02 | 甘肃省 |
| 041101 | 白萝卜（鲜）（莱菔） | 0.14 | 19.0 | Tr | Tr | Tr | Tr | 47 | 16 | 167 | 54.3 | 12 | 0.2 | 0.14 | 0.12 | 0.01 | 0.05 | |
| 041204 | 胡萝卜 | — | 9.0 | 0.31 | 0.31 | Tr | Tr | 27 | 38 | 119 | 120.7 | 18 | 0.3 | 0.22 | 0.60 | 0.07 | 0.08 | |
| 043119 | 番茄（西红柿） | 0.49 | 14.0 | 0.42 | 0.26 | 0.16 | Tr | 4 | 24 | 179 | 9.7 | 12 | 0.2 | 0.12 | Tr | 0.04 | 0.06 | |
| 043212 | 苦瓜（鲜）（凉瓜、癞瓜） | 0.40 | 56.0 | 0.85 | 0.61 | 0.24 | Tr | 14 | 35 | 256 | 2.5 | 18 | 0.7 | 0.36 | 0.36 | 0.06 | 0.16 | |
| 043221 | 冬瓜 | 0.22 | 16.0 | 0.04 | 0.04 | Tr | Tr | 12 | 11 | 57 | 2.8 | 10 | 0.1 | 0.10 | 0.02 | 0.01 | 0.02 | |
| 043228 | 丝瓜 | 0.32 | 4.0 | 0.08 | 0.08 | Tr | Tr | 37 | 33 | 121 | 3.7 | 19 | 0.3 | 0.22 | 0.20 | 0.05 | 0.07 | |
| 047103 | 葛（鲜）（葛薯、粉葛） | — | 24.0 | — | — | — | — | — | 48 | Tr | — | — | 1.3 | — | 1.22 | — | 0.20 | 广东省 |
| 047104 | 山药（鲜）（薯蓣、大薯） | 0.30 | 5.0 | 0.24 | 0.24 | Tr | Tr | 16 | 34 | 213 | 18.6 | 20 | 0.3 | 0.27 | 0.55 | 0.24 | 0.12 | |

续上表

| 食物编码 | 食物名称 | 烟酸/mg | 维生素C/mg | 维生素E 总/mg | 维生素E α-E/mg | 维生素E (β+γ)-E/mg | 维生素E δ-E/mg | 钙/mg | 磷/mg | 钾/mg | 钠/mg | 镁/mg | 铁/mg | 锌/mg | 硒/mg | 铜/mg | 锰/mg | 备注 |
|---|---|---|---|---|---|---|---|---|---|---|---|---|---|---|---|---|---|---|
| 048051 | 土三七（鲜）（景天三七） | 0.90 | 90.0 | — | — | — | — | 315 | 39 | — | — | — | 3.2 | — | — | — | — | |
| 048086 | 枸杞叶 | — | 24.0 | — | — | — | — | 146 | 31 | 412 | 23.5 | — | 2.2 | 0.44 | — | 0.13 | 0.56 | 广西壮族自治区 |
| 051001 | 草菇（大黑头细花草、稻菇） | 8.00 | — | 0.40 | 0.40 | Tr | Tr | 17 | 33 | 179 | 73.0 | 21 | 1.3 | 0.60 | 0.02 | 0.40 | 0.09 | 广东省 |
| 051020 | 香菇（干）（香蕈、冬菇） | 20.50 | 5.0 | 0.66 | Tr | 0.66 | Tr | 83 | 258 | 464 | 11.2 | 147 | 10.5 | 8.57 | 6.42 | 1.03 | 5.47 | |
| 051023 | 羊肚菌（干）（干狼肚） | 8.80 | 3.0 | 3.58 | — | — | — | 87 | 1193 | 1726 | 33.6 | 117 | 30.7 | 12.11 | 4.82 | 2.34 | 2.49 | 甘肃省 |
| 051054 | 竹荪（干）（竹笙、竹参） | 9.10 | — | — | — | — | — | 18 | 289 | 11882 | 50.0 | 114 | 17.8 | 2.20 | 4.17 | 2.51 | 8.47 | 云南省 |
| 052008 | 紫菜（干） | 7.30 | 2.0 | 1.82 | 1.61 | 0.21 | Tr | 264 | 350 | 1796 | 710.5 | 105 | 54.9 | 2.47 | 7.22 | 1.68 | 4.32 | |
| 062302 | 枣（干） | 0.90 | 14.0 | 3.04 | 0.88 | 2.05 | 0.11 | 64 | 51 | 524 | 6.2 | 36 | 2.3 | 0.65 | 1.02 | 0.27 | 0.39 | |
| 065021 | 桂圆（干） | 2.67 | — | — | — | — | — | 8 | 135 | 891 | 3.2 | 39 | 1.1 | 0.61 | 0.19 | 0.89 | 0.42 | 广东省 |
| 071001 | 白果（干）（银杏） | Tr | Tr | 24.70 | — | — | — | 54 | 23 | 17 | 17.5 | Tr | 0.2 | 0.69 | 14.50 | 0.45 | 2.03 | 河北省 |
| 071008 | 栗子（鲜）（板栗） | 0.80 | 24.0 | 4.56 | Tr | 4.44 | 0.12 | 17 | 89 | 442 | 13.9 | 50 | 1.1 | 0.57 | 1.13 | 0.40 | 1.53 | |

续上表

| 食物编码 | 食物名称 | 烟酸/mg | 维生素C/mg | 维生素E 总/mg | α-E/mg | (β+γ)-E/mg | δ-E/mg | 钙/mg | 磷/mg | 钾/mg | 钠/mg | 镁/mg | 铁/mg | 锌/mg | 硒/mg | 铜/mg | 锰/mg | 备注 |
|---|---|---|---|---|---|---|---|---|---|---|---|---|---|---|---|---|---|---|
| 072005 | 花生仁(生) | 17.90 | 2.0 | 18.09 | 9.73 | 7.87 | 0.49 | 39 | 324 | 587 | 3.6 | 178 | 2.1 | 2.50 | 3.94 | 0.95 | 1.25 | |
| 072009 | 莲子(干) | 4.2 | 5.0 | 2.71 | 0.93 | 1.78 | Tr | 97 | 550 | 846 | 5.1 | 242 | 3.6 | 2.78 | 3.36 | 1.33 | 8.23 | |
| 072019 | 芡实米(鸡头米) | 0.4 | — | — | — | — | — | 37 | 56 | 60 | 28.4 | 16 | 0.5 | 1.24 | 6.03 | 0.63 | 1.51 | |
| 081116 | 猪蹄 | 1.50 | Tr | 0.01 | 0.01 | Tr | Tr | 33 | 33 | 54 | 101.0 | 5 | 1.1 | 1.14 | 5.85 | 0.09 | 0.01 | |
| 081120 | 猪肘棒 | 6.60 | Tr | — | — | — | — | 19 | 122 | 148 | 80.0 | 5 | 1.5 | 1.54 | 7.30 | 0.13 | Tr | 北京市 |

附表 7-3 常见食物成分表(三)

| 食物编码 | 食物名称 | 食部/% | 水分/g | 能量/kcal | 能量/kJ | 蛋白质/g | 脂肪/g | 碳水化合物/g | 不溶性膳食纤维/g | 胆固醇/mg | 灰分/g | 总维生素A/μgRAE | 胡萝卜素/μg | 视黄醇/μg | 硫胺素/μg | 核黄素/μg |
|---|---|---|---|---|---|---|---|---|---|---|---|---|---|---|---|---|
| 081129 | 猪肉(里脊) | 100 | 74.7 | 150 | 626 | 19.6 | 7.9 | 0 | 0 | 55 | 1.2 | Tr | 0 | Tr | 0.32 | 0.20 |
| 081132 | 猪小排(良杂猪) | 61 | 55.4 | 351 | 1450 | 14.1 | 32.7 | 0 | 0 | 68 | 0.8 | 6 | 0 | 6 | 0.30 | 0.32 |
| 081202 | 猪肚 | 96 | 78.2 | 110 | 460 | 15.2 | 5.1 | 0.7 | 0 | 165 | 0.8 | 3 | 0 | 3 | 07 | 0.16 |
| 081214 | 猪肝 | 100 | 72.6 | 126 | 531 | 19.2 | 4.7 | 1.8 | 0 | 180 | 1.7 | 6 502 | 0 | 6 502 | 0.22 | 2.02 |
| 082101× | 牛肉(代表值,fat 9g) | 100 | 69.8 | 160 | 669 | 20 | 8.7 | 0.5 | 0 | 58 | 1.1 | 3 | 0 | 3 | 0.04 | 0.11 |

续上表

| 食物编码 | 食物名称 | 食部/% | 水分/g | 能量/kcal | 能量/kJ | 蛋白质/g | 脂肪/g | 碳水化合物/g | 不溶性膳食纤维/g | 胆固醇/g | 灰分/g | 总维生素A/μgRAE | 胡萝卜素/μg | 视黄醇/μg | 硫胺素/μg | 核黄素/μg |
|---|---|---|---|---|---|---|---|---|---|---|---|---|---|---|---|---|
| 082105 | 牛肉（里脊肉）(牛柳) | 100 | 73.2 | 107 | 452 | 22.2 | 0.9 | 2.4 | 0 | 63 | 1.3 | 4 | 0 | 4 | 0.05 | 0.15 |
| 082116 | 牛肉（腹部肉）(牛腩) | 100 | 57.6 | 332 | 1 375 | 17.1 | 29.3 | 0 | 0 | 44 | 1.0 | Tr | 0 | Tr | 0.02 | 0.06 |
| 083101x | 羊肉(代表值, fat 7g) | 100 | 72.5 | 139 | 581 | 18.5 | 6.5 | 1.6 | 0 | 82 | 1.0 | 8 | 0 | 8 | 0.07 | 0.16 |
| 083103 | 羊肉（后腿） | 77 | 75.8 | 110 | 462 | 19.5 | 3.4 | 0.3 | 0 | 83 | 1.0 | 8 | 0 | 8 | 0.05 | 0.19 |
| 083109 | 羊肉（胸脯） | 81 | 73.6 | 133 | 559 | 19.4 | 6.2 | 0 | 0 | 89 | 0.9 | 11 | 0 | 11 | 0.04 | 0.18 |
| 091102 | 鸡（土鸡，家养） | 58 | 73.5 | 124 | 520 | 20.8 | 4.5 | 0 | 0 | 106 | 1.2 | 64 | 0 | 64 | 0.09 | 0.08 |
| 091103 | 母鸡（一年鸡） | 66 | 56.0 | 256 | 1 065 | 20.3 | 16.8 | 5.8 | 0 | 166 | 1.1 | 139 | 0 | 139 | 0.05 | 0.04 |
| 091107 | 鸡（乌骨鸡） | 48 | 73.9 | 111 | 469 | 22.3 | 2.3 | 0.3 | 0 | 106 | 1.2 | — | 0 | — | 0.02 | 0.20 |
| 091112 | 鸡胸脯肉 | 100 | 71.7 | 118 | 499 | 24.6 | 1.9 | 0.6 | 0 | 65 | 1.2 | 3 | 0 | 3 | 0.07 | 0.06 |
| 092102 | 公麻鸭 | 63 | 47.9 | 360 | 1 490 | 14.3 | 30.9 | 6.1 | 0 | 143 | 0.8 | 238 | 0 | 238 | 0.05 | 0.11 |
| 092103 | 母麻鸭 | 75 | 40.2 | 461 | 1 902 | 13.0 | 44.8 | 1.4 | 0 | 132 | 0.6 | 476 | 0 | 476 | 0.06 | 0.09 |
| 093101 | 鹅 | 63 | 61.4 | 251 | 1 041 | 17.9 | 19.9 | 0 | 0 | 74 | 0.8 | 42 | 0 | 42 | 0.07 | 0.23 |

续上表

| 食物编码 | 食物名称 | 食部/% | 水分/% | 能量/kcal | 能量/kJ | 蛋白质/g | 脂肪/g | 碳水化合物/g | 不溶性膳食纤维/g | 胆固醇/mg | 灰分/g | 总维生素A/μgRAE | 胡萝卜素/μg | 视黄醇/μg | 硫胺素/μg | 核黄素/μg |
|---|---|---|---|---|---|---|---|---|---|---|---|---|---|---|---|---|
| 099003 | 乳鸽 | 56 | 57.5 | 352 | 1 454 | 11.3 | 34.1 | 0 | 0 | — | 1.5 | 46 | 0 | 46 | 0.08 | 0.36 |
| 111101x | 鸡蛋（代表值） | 87 | 75.2 | 139 | 581 | 13.1 | 8.6 | 2.4 | 0 | 648 | 0.9 | 255 | — | 216 | 0.09 | 0.20 |
| 121114 | 泥鳅 | 60 | 76.6 | 96 | 407 | 17.9 | 2.0 | 1.7 | 0 | 136 | 1.8 | 14 | 0 | 14 | 0.10 | 0.33 |
| 121117 | 银鱼（面条鱼） | 100 | 76.2 | 105 | 440 | 17.2 | 4.0 | 0 | 0 | 361 | 2.6 | — | 0 | — | 0.03 | 0.06 |
| 121123 | 鲫鱼（喜头鱼、海附鱼） | 54 | 75.4 | 108 | 455 | 17.1 | 2.7 | 3.8 | 0 | 130 | 1.0 | 17 | 0 | 17 | 0.04 | 0.09 |
| 121124 | 鲛鲛（雪鲛） | 57 | 77.7 | 95 | 402 | 18.4 | 2.1 | 0.7 | 0 | 86 | 1.1 | 125 | 0 | 125 | 0.01 | 0.04 |
| 121128 | 鳙鱼（胖头鱼、花鲢鱼） | 61 | 76.5 | 100 | 421 | 15.3 | 2.2 | 4.7 | 0 | 112 | 1.3 | 34 | — | 34 | 0.04 | 0.11 |
| 122201 | 虾米（海米、虾仁） | 100 | 37.4 | 198 | 839 | 43.7 | 2.6 | 0 | 0 | 525 | 17.0 | 21 | — | 21 | 0.01 | 0.12 |
| 124112 | 扇贝（干）（干贝） | 100 | 27.4 | 264 | 1 121 | 55.6 | 2.4 | 5.1 | 0 | 348 | 9.5 | 11 | — | 11 | Tr | 0.01 |
| 129002 | 海参（干） | 93 | 18.9 | 262 | 1 108 | 50.2 | 4.8 | 4.5 | 0 | 62 | 21.6 | 39 | — | 39 | 0.04 | 0.13 |

续上表

| 食物编码 | 食物名称 | 烟酸/mg | 维生素C/mg | 维生素E 总/mg | α-E/mg | (β+γ)-E/mg | δ-E/mg | 钙/mg | 磷/mg | 钾/mg | 钠/mg | 镁/mg | 铁/mg | 锌/mg | 硒/mg | 铜/mg | 锰/mg | 备注 |
|---|---|---|---|---|---|---|---|---|---|---|---|---|---|---|---|---|---|---|
| 081129 | 猪肉（里脊） | 6.37 | Tr | 0.33 | 0.33 | Tr | Tr | 6 | 184 | 317 | 43.2 | 28 | 1.5 | 2.01 | 8.32 | 0.01 | Tr | 河北省 |
| 081132 | 猪小排（良杂猪） | 3.09 | Tr | 0.72 | 0.72 | Tr | Tr | 36 | 117 | 230 | 62.6 | 14 | 1.4 | 2.20 | 5.94 | Tr | Tr | 河北省 |
| 081202 | 猪肚 | 3.70 | — | 0.32 | 0.32 | Tr | Tr | 11 | 124 | 171 | 75.1 | 12 | 2.4 | 1.92 | 12.76 | 0.10 | 0.12 | |
| 081214 | 猪肝 | 10.11 | 20.0 | Tr | Tr | Tr | Tr | 6 | 243 | 235 | 68.6 | 24 | 23.2 | 3.68 | 26.12 | 0.02 | 0.01 | 河北省 |
| 082101x | 牛肉(代表值, fat 9g) | 4.15 | Tr | 0.68 | 0.48 | 0.10 | 0.10 | 5 | 182 | 212 | 64.1 | 22 | 1.8 | 4.70 | 3.15 | 0.05 | 0.03 | |
| 082105 | 牛肉（里脊肉）（牛柳） | 7.20 | Tr | 0.80 | 0.70 | 0.10 | Tr | 3 | 241 | 140 | 75.1 | 29 | 4.4 | 6.92 | 2.76 | 0.11 | Tr | 青海省 |
| 082116 | 牛肉(腹部肉)（牛腩） | 2.20 | Tr | Tr | Tr | Tr | Tr | — | — | — | — | — | 0.6 | 2.69 | 3.20 | 0.01 | Tr | 河北省 |
| 083101x | 羊肉（代表值, fat 7g） | 4.41 | Tr | 0.48 | 0.48 | Tr | Tr | 16 | 161 | 300 | 89.9 | 23 | 3.9 | 3.52 | 5.95 | 0.13 | 0.06 | |
| 083103 | 羊肉（后腿，带骨） | 6.60 | Tr | 0.34 | 0.34 | Tr | Tr | 6 | 182 | 143 | 60.0 | 20 | 2.7 | 2.18 | 4.49 | 0.16 | 0.08 | |
| 083109 | 羊肉（胸脯） | 4.40 | Tr | 0.45 | 0.45 | Tr | Tr | 7 | 150 | 170 | 86.6 | 17 | 3.0 | 2.20 | 6.74 | 0.14 | 0.09 | |
| 091102 | 鸡（土鸡，家养） | 15.70 | Tr | 2.02 | 1.70 | 0.32 | Tr | 9 | 141 | 276 | 74.1 | 40 | 2.1 | 1.06 | 12.75 | 0.10 | 0.05 | |
| 091103 | 母鸡（一年肉） | 8.80 | Tr | 1.34 | 1.34 | Tr | Tr | 2 | 120 | 275 | 62.2 | 16 | 1.2 | 1.46 | — | 0.09 | 0.04 | |
| 091107 | 鸡（乌骨鸡） | 7.10 | Tr | 1.77 | 1.77 | — | — | 17 | 210 | 323 | 64.0 | 51 | 2.3 | 1.60 | 7.73 | 0.26 | 0.05 | 江西省 |

续上表

| 食物编码 | 食物名称 | 烟酸/mg | 维生素C/mg | 维生素E 总/mg | α-E/mg | (β+γ)-E/mg | δ-E/mg | 钙/mg | 磷/mg | 钾/mg | 钠/mg | 镁/mg | 铁/mg | 锌/mg | 硒/mg | 铜/mg | 锰/mg | 备注 |
|---|---|---|---|---|---|---|---|---|---|---|---|---|---|---|---|---|---|---|
| 091112 | 鸡胸脯肉 | 11.96 | Tr | 0.41 | 0.41 | Tr | Tr | 1 | 170 | 333 | 44.8 | 28 | 1.0 | 0.26 | 11.75 | 0.01 | 0.01 | |
| 092102 | 公麻鸭 | — | Tr | 0.13 | Tr | Tr | 0.13 | 4 | 122 | 109 | 61.6 | 16 | 3.0 | 1.90 | — | 0.29 | 0.09 | 合肥市 |
| 092103 | 母麻鸭 | — | Tr | 0.60 | Tr | Tr | 0.60 | 9 | 64 | 155 | 48.8 | 20 | 2.9 | 1.38 | — | 0.21 | 0.09 | 合肥市 |
| 093101 | 鹅 | 4.90 | Tr | 0.22 | 0.22 | Tr | Tr | 4 | 144 | 232 | 58.8 | 18 | 3.8 | 1.36 | 17.68 | 0.43 | 0.04 | |
| 099003 | 乳鸽 | 2.48 | Tr | 0.84 | 0.48 | 0.36 | Tr | 866 | 573 | 163 | 653.8 | 21 | 2.0 | 2.40 | 11.97 | 0.09 | 0.04 | 河北省 |
| 111101x | 鸡蛋（代表值） | 0.20 | Tr | 1.14 | 0.70 | 0.34 | 0.31 | 56 | 130 | 154 | 131.5 | 10 | 1.6 | 0.89 | 13.96 | 0.19 | 0.03 | |
| 121114 | 泥鳅 | 6.20 | Tr | 0.79 | 0.25 | 0.13 | 0.41 | 299 | 302 | 282 | 74.8 | 28 | 2.9 | 2.76 | 35.30 | 0.09 | 0.47 | |
| 121117 | 银鱼（面条鱼） | 0.20 | Tr | 1.86 | 0.09 | 1.77 | Tr | 46 | 22 | 246 | 8.6 | 25 | 0.9 | 0.16 | 9.54 | — | 0.07 | |
| 121123 | 鲫鱼（喜头鱼、附鱼） | 2.50 | Tr | 0.68 | 0.35 | 0.16 | 0.17 | 79 | 193 | 290 | 41.2 | 41 | 1.3 | 1.94 | 14.31 | 0.08 | 0.06 | 青岛市 |
| 121124 | 鲛鱼（雪鲛） | 3.00 | Tr | 1.54 | 1.33 | 0.21 | Tr | 31 | 176 | 317 | 40.1 | 22 | 0.9 | 0.83 | 48.10 | 0.04 | 0.02 | |
| 121128 | 鳙鱼（胖头鱼、花鲢鱼） | 2.80 | Tr | 2.65 | 2.65 | Tr | Tr | 82 | 180 | 229 | 60.6 | 26 | 0.8 | 0.76 | 19.47 | 0.07 | 0.08 | |
| 122201 | 虾米（海米、虾仁） | 5.00 | Tr | 1.46 | 1.46 | Tr | Tr | 555 | 666 | 550 | 4891.9 | 236 | 11.0 | 3.82 | 75.40 | 2.33 | 0.77 | |
| 124112 | 蚝贝（干）（干贝） | 2.50 | Tr | 1.53 | 1.53 | Tr | Tr | 77 | 504 | 969 | 306.4 | 106 | 5.6 | 5.05 | 76.35 | 0.10 | 0.43 | |

## 续上表

| 食物编码 | 食物名称 | 烟酸/mg | 维生素C/mg | 维生素E 总/mg | 维生素E α-E/mg | 维生素E (β+γ)-E/mg | 维生素E δ-E/mg | 钙/mg | 磷/mg | 钾/mg | 钠/mg | 镁/mg | 铁/mg | 锌/mg | 硒/mg | 铜/mg | 锰/mg | 备注 |
|---|---|---|---|---|---|---|---|---|---|---|---|---|---|---|---|---|---|---|
| 129002 | 海参（干） | 1.30 | Tr | — | — | — | — | — | 94 | 356 | 4 968.0 | 1 047 | 9.0 | 2.24 | 150.00 | 0.27 | 0.43 | |

注：①数据引自《中国食物成分表》（第6版）第一、第二册。②所有营养素的含量均以"每100 g 可食部表达"。可食部=[食品重量（W）－废弃部分的重量（W1）]/食品重量（W）×100%。③x 表示代表值，几条相同食物营养素的中位数或均数。④Tr 表示未检出或微量，低于目前应用的检测方法的检出线或未检出。⑤"0"：估计0值，理论上为0值或不存在，或测定后为零。⑥"—"：未检测。⑦备注栏标注了借用或引用的数据来源。

## 附录 8　重要营养素的主要食物来源

本部分分别统计出了 10 种重要营养素的最高含量或者最低（钠）含量的前几十种常见食物。

1. 高能量的食物（附表 8-1）

每 100 g 食物超过 400 kcal 能量，可以看作高能量的食物，这些食物包括油脂类、高蛋白或高碳水化合物含量的食物。

附表 8-1　高能量的食物

（以 100 g 可食部分计算）

| 食物名称 | 能量/kcal | 食物名称 | 能量/kcal |
| --- | --- | --- | --- |
| 各种植物油（油脂提炼精度略存在差别） | 820~900 | 巧克力 | 586 |
| 猪肉（肥）、肥牛 | 444~807 | 炒南瓜子 | 574 |
| 松子仁 | 698 | 腰果 | 552 |
| 蛋黄粉 | 644 | 牛肉干 | 550 |
| 核桃（干） | 627 | 曲奇饼干、全蛋粉 | 546 |
| 芝麻酱、花生酱 | 600~618 | 芝麻南糖 | 538 |
| 葵花子（炒）、榛子（炒）、花生（炒） | 594~616 | 鸭皮 | 538 |
| 羊肝、腊肠、猪脖肉 | 570~588 | 焦圈、维夫饼干、麻花、开口笑 | 512~530 |
| 油炸土豆片 | 612 | 香肠 | 508 |
| 炸杏仁 | 607 | 猪头皮、腊肉 | 499 |
| 山核桃（干）、杏仁、葵花子 | 579~600 | 油面筋 | 490 |
| | | 全脂加糖奶粉 | 490 |

2. 维生素 A 含量高的食物（附表 8-2）

维生素 A 含量高的食物来源于两部分：一部分来源于动物性食物提供的视黄醇；另一部分来源于富含胡萝卜素的黄绿色蔬菜和水果。

附表 8-2 维生素 A 含量高的食物

（以 100 g 可食部计算）

| 食物名称 | 维生素 A/μgRE | 食物名称 | 维生素 A/μgRE |
| --- | --- | --- | --- |
| 羊肝 | 20 972 | 枸杞子 | 1 625 |
| 牛肝 | 20 220 | 扁蓄菜（竹节草）、豆瓣菜 | 1 592 |
| 鸡肝 | 10 414 | 紫苏（鲜） | 1 232 |
| 鹅肝 | 6 100 | 西蓝花 | 1 202 |
| 猪肝、鸭肝 | 4 675～4 972 | 白薯叶 | 995 |
| 鸡肝（肉鸡） | 2 867 | 沙棘、早橘 | 640～857 |
| 鸡蛋黄、鹅蛋黄 | 1 977～1 980 | 胡萝卜（红） | 688 |
| 鸡心 | 910 | 独行菜 | 655 |
| 鸡蛋黄粉 | 776 | 甜菜叶 | 610 |
| 全蛋粉 | 525 | 枸杞叶、芥蓝 | 575～592 |
| 奶油 | 297 | 芹菜叶、菠菜 | 488 |
| 瘦肉 | 44 | 苜蓿、豌豆苗、豌豆尖 | 440～452 |
| 牛奶 | 24 | 荠菜、茴香 | 400～432 |
| 蛤蜊 | 27 | 刺梨、番杏 | 425～483 |
| 对虾 | 15 | 小叶橘 | 410 |

3. 维生素 $B_1$ 含量高的食物（附表 8-3）

维生素 $B_1$（硫胺素）含量丰富的食物有谷类、豆类及干果类。动物内脏（心、肝、肾）、瘦肉、禽蛋类中含量较高。加工和烹调可造成维生素 $B_1$ 的损失，其损失率为 30%～40%。

附表 8-3 维生素 $B_1$ 含量高的食物

（以 100 g 可食部计算）

| 食物名称 | 维生素 $B_1$/mg | 食物名称 | 维生素 $B_1$/mg |
| --- | --- | --- | --- |
| 葵花子仁 | 0.83 | 猪肝、羊肝 | 0.21 |

续上表

| 食物名称 | 维生素 $B_1$/mg | 食物名称 | 维生素 $B_1$/mg |
| --- | --- | --- | --- |
| 花生仁（生） | 0.72 | 黑豆（干） | 0.20 |
| 芝麻籽（黑） | 0.66 | 挂面（均值）、栗子（熟）（板栗） | 0.19 |
| 莜麦面 | 0.39 | 毛豆（青豆）（鲜） | 0.15 |
| 黄豆 | 0.41 | 鸡蛋（均值） | 0.11 |
| 芸豆（干，虎皮） | 0.37 | 苜蓿（草头） | 0.10 |
| 猪肉（后肘） | 0.37 | 西蓝花（绿菜花） | 0.09 |
| 玉米面（白） | 0.34 | 鸭（均值） | 0.08 |
| 青稞 | 0.34 | 芹菜叶（鲜）、竹笋（鲜）、蘑菇（鲜蘑） | 0.08 |
| 小米 | 0.33 | 柑橘（均值） | 0.08 |
| 鸡蛋黄（生） | 0.33 | 豆腐（内酯） | 0.06 |
| 紫红糯米（血糯米） | 0.31 | 苹果（均值）、波萝蜜（木波萝） | 0.06 |
| 豆腐皮 | 0.31 | 鸡（均值） | 0.05 |
| 荞麦、小麦粉（标准粉）、高粱米 | 0.28~0.29 | 绿豆芽、豌豆苗 | 0.05 |
| 腰果 | 0.27 | 奶柿子（西红柿）、白菜薹（菜心） | 0.05 |
| 薏米（薏仁米） | 0.22 | 胡萝卜 | 0.05 |
| 猪肉（肥瘦）（均值） | 0.22 | 馒头（均值） | 0.04 |

4. 维生素 $B_2$ 含量高的食物（附表 8-4）

自然界中富含维生素 $B_2$ 的食物不多。动物性食品含维生素 $B_2$ 相对较高，如肝、肾和蛋黄等。植物性食物有菇类、胚芽和豆类。

附表 8-4 维生素 $B_2$ 含量高的食物

（以 100 g 可食部计算）

| 食物名称 | 维生素 $B_2$ /mg | 食物名称 | 维生素 $B_2$ /mg |
| --- | --- | --- | --- |
| 大红菇（干） | 6.90 | 小麦胚芽 | 0.79 |
| 香杏丁蘑 | 3.11 | 苜蓿 | 0.73 |
| 羊肚蘑 | 2.25 | 南瓜粉 | 0.70 |
| 猪肝 | 2.08 | 奶豆腐 | 0.69 |
| 羊肾 | 2.01 | 豆腐丝（干）、鸭蛋黄 | 0.6~0.62 |
| 羊肝 | 1.75 | 鹅蛋黄 | 0.59 |
| 冬菇、松蘑 | 1.40~1.48 | 扁蓄菜（竹节草） | 0.58 |
| 牛肝 | 1.30 | 杏仁 | 0.56 |
| 香菇（干） | 1.26 | 金丝小枣 | 0.50 |
| 猪肾 | 1.14 | 猪心、鹌鹑蛋 | 0.48~0.49 |
| 蘑菇（干） | 1.10 | 枸杞子、豆瓣酱 | 0.46 |
| 鸭肝 | 1.05 | 木耳 | 0.44 |
| 桂圆肉 | 1.03 | 黑豆 | 0.33 |
| 紫菜（干） | 1.02 | 鸡蛋（均值） | 0.27 |
| 黄鳝 | 0.98 | 猪肉（腿） | 0.24 |
| 奶酪 | 0.91 | 牛肉（后腿） | 0.15 |
| 牛肾、鸭心 | 0.85~0.87 | 牛奶（均值） | 0.14 |

5. 维生素 C 含量高的食物（附表 8-5）

维生素 C 含量高的食物主要有新鲜蔬菜和水果，尤其是绿色、黄色系蔬菜和色彩鲜艳的水果。

### 附表 8-5 维生素 C 含量高的食物

（以 100 g 可食部计算）

| 食物名称 | 维生素 C /mg | 食物名称 | 维生素 C /mg |
| --- | --- | --- | --- |
| 刺梨（木梨子） | 2 585 | 红果 | 53 |
| 酸枣 | 900 | 豆瓣菜 | 52 |
| 枣（鲜） | 243 | 桃（均值） | 51 |
| 沙棘 | 204 | 西蓝花 | 51 |
| 扁蓄菜（竹节草） | 158 | 枸杞子 | 48 |
| 苜蓿 | 118 | 香菜 | 48 |
| 无核蜜枣 | 104 | 草莓 | 47 |
| 萝卜缨（白） | 77 | 苋菜 | 47 |
| 芥蓝 | 76 | 芦笋 | 45 |
| 芥菜 | 72 | 水萝卜 | 45 |
| 甜菜 | 72 | 刺儿菜 | 44 |
| 番石榴 | 68 | 藕 | 44 |
| 豌豆苗 | 67 | 白菜薹（菜心） | 44 |
| 油菜薹 | 65 | 木瓜 | 44 |
| 猕猴桃 | 62 | 桂圆 | 43 |
| 辣椒（青、尖） | 62 | 荠菜 | 43 |
| 菜花 | 61 | 荔枝 | 41 |
| 枸杞菜 | 58 | 胡萝卜缨 | 41 |
| 紫菜薹 | 57 | 香椿、甘蓝 | 40 |
| 白薯叶 | 56 | 土豆 | 27 |
| 苦瓜 | 56 | 葡萄（均值）、柑橘 | 25~28 |
| 蜜枣 | 55 | | |

6. 钙含量高的食物（附表 8-6）

钙是食物中分布最广泛的营养素之一，钙摄入量高低需要考虑含量和使用量。奶粉、奶酪、液态奶（钙含量约为 100 猫科/100 g）等奶制品是钙的主要来源。豆类、坚果类及小鱼、小虾也是钙的良好来源。

附表 8-6 钙含量高的食物

（以 100 g 可食部计算）

| 食物名称 | 钙/mg | 食物名称 | 钙/mg |
| --- | --- | --- | --- |
| 石螺 | 2 458 | 虾米（海米） | 555 |
| 牛乳粉 | 1 797 | 红螺 | 539 |
| 芥菜干 | 1 542 | 酸枣 | 435 |
| 芝麻酱 | 1 170 | 奶片 | 427 |
| 豆腐干 | 1 019 | 脱水菠菜 | 411 |
| 虾皮 | 991 | 草虾、白米虾 | 403 |
| 全蛋粉 | 654 | 羊奶酪 | 363 |
| 奶皮子 | 818 | 奶豆腐（脱脂） | 360 |
| 榛子（炒） | 815 | 洋葱（脱水紫皮） | 351 |
| 奶酪（干） | 799 | 胡萝卜缨 | 350 |
| 黑芝麻 | 780 | 芸豆（杂、带皮） | 349 |
| 苜蓿 | 713 | 海带（干） | 348 |
| 全脂奶粉 | 676 | 河虾 | 325 |
| 夹菜 | 656 | 素鸡 | 325 |
| 白芝麻 | 620 | 千张 | 319 |
| 鲮鱼（罐头） | 598 | 黄豆、黑豆 | 191~220 |
| 奶豆腐 | 597 | 酸奶（均值） | 118 |
| 丁香鱼干 | 590 | 鸡蛋黄 | 112 |
| | | 牛奶（均值） | 104 |

### 7. 铁含量高的食物（附表 8-7）

铁广泛存在于各种食物中，但吸收利用率相差较大。一般动物性食物铁吸收率均较高，动物肝脏、血、畜肉、禽肉、鱼类是铁的良好来源。

附表 8-7 铁含量高的食物

（以 100 g 可食部计算）

| 食物名称 | 铁/mg | 食物名称 | 铁/mg |
| --- | --- | --- | --- |
| 蔓菜（干） | 283.7 | 沙鸡 | 24.8 |
| 珍珠白蘑（干） | 189.8 | 墨鱼干 | 23.9 |
| 香杏片口蘑 | 137.5 | 脱水蕨菜 | 23.7 |
| 木耳 | 97.4 | 黑芝麻 | 22.7 |
| 松蘑（干） | 86.0 | 猪肝 | 22.6 |
| 紫菜（干） | 54.9 | 黄蘑（干） | 22.5 |
| 蘑菇（干） | 51.3 | 脱水香菜 | 22.3 |
| 芝麻酱 | 50.3 | 火鸡干 | 20.7 |
| 鸭肝（母麻鸭） | 50.1 | 田螺 | 19.7 |
| 桑葚 | 42.5 | 胡麻籽 | 19.7 |
| 青稞 | 40.7 | 白蘑 | 19.4 |
| 鸭血 | 35.7 | 脱水油菜 | 19.3 |
| 芥菜干 | 39.5 | 扁豆 | 19.2 |
| 鸭肝 | 35.1 | 黑笋（干） | 18.9 |
| 蛏子 | 33.6 | 奶疙瘩（干酸奶） | 18.3 |
| 羊肚菌 | 30.7 | 羊血 | 18.3 |
| 鸭血（白鸭） | 30.5 | 牛肉干 | 15.6 |
| 红茶 | 28.1 | 藕粉 | 17.9 |
| 南瓜粉 | 27.8 | 荠菜 | 17.2 |
| 河蚌 | 26.6 | 腐竹 | 16.5 |
| 脱水菠菜 | 25.9 | 豆瓣酱 | 16.4 |
| 车前子（鲜） | 25.3 | 糜子米（炒米） | 14.3 |
| 榛蘑 | 25.1 | 山羊肉 | 13.7 |
| 鸡血 | 25.0 | 莜麦面 | 13.6 |

8. 钾含量高的食物（附表 8-8）

大部分食物都含有钾，每 100 g 谷类食物中含钾 100~200 mg；豆类食物含钾 600~800 mg；蔬菜和水果含钾 200~500 mg；鱼和肉中钾的含量在 150 mg 以上。适量摄入钾有利于控制高血压、中风、心脏病。

附表 8-8 钾含量高的食物

（以 100 g 可食部计算）

| 食物名称 | 钾/mg | 食物名称 | 钾/mg |
| --- | --- | --- | --- |
| 口蘑 | 3 106 | 扁豆（白） | 1 070 |
| 甲级龙井 | 2 812 | 葡萄干 | 995 |
| 榛蘑 | 2 493 | 番茄酱 | 985 |
| 黄蘑（干） | 1 953 | 扇贝 | 969 |
| 红茶 | 1 934 | 洋葱（紫、干） | 912 |
| 黄豆粉 | 1 890 | 芥菜干 | 883 |
| 紫菜（干） | 1 796 | 麦麸 | 862 |
| 白笋（干） | 1 754 | 赤小豆 | 860 |
| 绿茶 | 1 661 | 猪肝 | 855 |
| 银耳 | 1 588 | 莲子（干） | 846 |
| 小麦胚芽 | 1 523 | 砖茶 | 844 |
| 黑豆 | 1 377 | 豌豆 | 823 |
| 桂圆 | 1 348 | 绿豆 | 787 |
| 墨鱼（干） | 1 261 | 杏干 | 783 |
| 榛子（干） | 1 244 | 金针菜（黄花菜） | 610 |
| 蘑菇（干） | 1 225 | 红心萝卜 | 385 |
| 芸豆（红） | 1 215 | 芋头（芋艿） | 378 |
| 冬菇（干） | 1 155 | 苦瓜 | 256 |
| 鱿鱼 | 1 131 | 大葱（红皮） | 329 |
| 蚕豆 | 1 117 | 菠菜 | 311 |
| 马铃薯粉 | 1 075 | 白菜薹（菜心） | 236 |

9. 碘含量高的食物（附表8-9）

碘含量高的食物有海带、紫菜、贻贝（淡菜）等，其他海洋生物如鱼、虾中碘含量也较高。

附表8-9 碘含量高的食物

（以100 g可食部计算）

| 食物名称 | 碘/μg | 食物名称 | 碘/μg |
| --- | --- | --- | --- |
| 海带（干） | 36 240.0 | 开心果 | 37.9* |
| 裙带菜 | 15 878.0 | 鹌鹑蛋 | 37.6 |
| 紫菜 | 4 323.0 | 肉酥 | 35.4* |
| 海带菜 | 923.0 | 牛肉辣酱 | 32.5* |
| 贻贝（淡菜） | 346.0 | 奶粉 | 30.0~150.0* |
| 碘蛋 | 329.6* | 咸鸭蛋 | 30.0 |
| 咸海杂鱼 | 295.9* | 酱排骨 | 28.3* |
| 海苔 | 289.6 | 鸡蛋 | 27.2 |
| 强力碘面 | 276.5* | 鸡精粉 | 26.7 |
| 虾皮 | 264.5 | 脱水菠菜 | 24.0 |
| 虾酱 | 166.6 | 豆豉鱼 | 24.1* |
| 生姜粉 | 133.5 | 油浸沙丁鱼 | 23.0 |
| 烤鸭 | 89.7* | 羊肉串 | 22.7 |
| 海米 | 82.5 | 茄汁沙丁鱼 | 22.0 |
| 叉烧肉 | 57.4* | 山核桃 | 18.8 |
| 红烧鳗鱼 | 56.8* | 鸭蛋 | 18.5 |
| 芥末酱 | 55.9* | 豆豉鲮鱼 | 18.4* |
| 清香牛肉 | 49.7* | 茶树菇 | 17.1 |
| 豆腐干 | 46.2* | 凤尾鱼 | 17.0* |
| 葵花子（熟） | 38.5* | 腊肉 | 12.3 |

注："*"表示含量高低与是否用碘盐有关。

10. 高盐的食物（附表8-10）

每天不超过6 g食盐是科学界的一致推荐，从附表8-10可以知道食物中隐藏6 g盐的食物量。

附表8-10　含6 g盐的食物量

（以100 g可食部计算）

| 食物名称 | 食物量/g | 食物名称 | 食物量/g |
| --- | --- | --- | --- |
| 市场购置的盐 | 6（1小勺） | 鱼片干、香肠 | 103 |
| 腊羊肉 | 27 | 鲮鱼罐头 | 104 |
| 味精 | 29 | 咖喱牛肉干 | 116 |
| 腌芥菜头、冬菜 | 33（半小碟） | 牛肉松、鸡松 | 123~142 |
| 酱萝卜、咸菜 | 35（半小碟） | 咸水鸭 | 154 |
| 豆瓣酱、辣椒酱 | 40 | 蛋清肠、腊肠、火腿 | 200~220 |
| 酱油、咸鲅鱼 | 42~45 | 炒葵花子 | 181 |
| 虾皮、酱莴笋、大头菜、榨菜 | 50~56 | 扒鸡、午餐肉、酱鸭、酱牛肉 | 244~270 |
| 酱黄瓜、黄酱、腌雪里蕻、蒜头 | 64~73（半段） | 烤羊肉串、炸鸡 | 302~319 |
| 蒜蓉辣酱、金钱萝卜、乳黄瓜、酱豆腐、腐乳 | 74~80（6小块腐乳、2根） | 卤猪肝 | 356 |
| 咸鸭蛋 | 89（2个） | 油条、油饼 | 415 |
| 花生酱 | 102 | 松花蛋 | 443 |

11. 膳食纤维含量高的食物（附表8-11）

膳食纤维是植物细胞壁中的成分，一般植物性食物中都含有一定量的膳食纤维，其含量高低与加工过程精细程度有关。膳食纤维包括纤维素、半纤维素、果胶等。《中国居民膳食营养素参考摄入量》（2013年版）推荐成人膳食纤维的摄入量在25~30 g。

### 附表 8-11 膳食纤维含量高的食物

（以 100 g 可食部计算）

| 食物名称 | 膳食纤维/g | 食物名称 | 膳食纤维/g |
| --- | --- | --- | --- |
| 魔芋精粉（鬼芋粉） | 74.4 | 金针菜（黄花菜）（鲜） | 7.7 |
| 大麦（元麦） | 9.9 | 秋葵（黄秋葵、羊角豆） | 4.4* |
| 荞麦 | 6.5 | 洋姜（菊芋）（鲜） | 4.3 |
| 糜子（带皮） | 6.3 | 牛肚菌（鲜） | 3.9 |
| 莜麦面 | 5.8* | 羽衣甘蓝 | 3.7* |
| 玉米面（黄） | 5.6 | 南瓜（栗面） | 2.7* |
| 荞麦面 | 5.5* | 花椰菜 | 2.7 |
| 小米（黄） | 4.6* | 乌塌菜（塌菜） | 2.6* |
| 黄米 | 4.4 | 奶白菜 | 2.3* |
| 高粱米 | 4.3 | 芹菜叶（鲜） | 2.2 |
| 小麦粉（标准粉） | 3.7* | 苋菜（绿、鲜） | 2.2 |
| 大黄米（黍子） | 3.5 | 豆角 | 2.1 |
| 玉米（鲜） | 2.9 | 青蒜 | 1.7 |
| 甘薯（红心）（山芋、红薯） | 2.2* | 茄子（均值） | 1.3 |
| 薏米（薏仁米） | 2.0 | 芹菜茎 | 1.2 |
| 青稞 | 1.8 | 饼干（均值） | 1.1 |
| 紫红糯米（血糯米） | 1.4 | 稻米（均值） | 0.7 |
| 八宝粥（无糖） | 1.4* | 黄豆（大豆） | 15.5 |

注：①表中数据摘自《中国食物成分表2004》、《中国食物成分表第 2 版（2009年）》；②膳食纤维列中带"*"的数据是用酶重量法检测获得，不带"*"的数据是用中性洗涤剂法检测获得。

## 附录9 食物血糖生成指数

食物血糖生成指数（glycemic index，GI）是物质的一种生理学参数，是衡量食物引起餐后血糖反应的一项有效指标，它表示含 50 g 可利用碳水化合物的食物和相当量的葡萄糖或白面包在一定时间内（一般为 2 小时）体内血糖应答水平百分比值，公式表示如下：

$$GI = \frac{含 50\ g\ 可利用碳水化合物的食物的餐后血糖应答}{50\ g\ 葡萄糖（或白面包）的餐后血糖应答} \times 100$$

餐后血糖应答值一般用血糖应答曲线下的面积来表示。

一般认为：当血糖生成指数在 55 以下时，该食物为低 GI 食物；当血糖生成指数在 55~70 时，该食物为中等 GI 食物；当血糖生成指数在 70 以上时，该食物为高 GI 食物。但食物的血糖生成指数受多方面因素的影响，如受食物中碳水化合物的类型、结构、食物的化学成分和含量以及食物的物理状况和加工制作过程的影响等。

高 GI 的食物，进入胃肠后消化快，吸收率高，葡萄糖释放快，葡萄糖进入血液后峰值高；低 GI 食物，在胃肠中停留时间长，吸收率低，葡萄糖释放缓慢，葡萄糖进入血液后的峰值低，下降速度慢。食物血糖生成指数可以用于对糖尿病患者、高血压患者和肥胖患者的膳食管理，也可以用于对运动员的膳食管理。

附表9 食物血糖生成指数

| 食物类 | 序号 | 食物名称 | GI | 食物类 | 序号 | 食物名称 | GI |
| --- | --- | --- | --- | --- | --- | --- | --- |
| 糖类 | 1 | 葡萄糖 | 100 | | 14 | 面条（强化蛋白质，细煮） | 27 |
| | 2 | 绵白糖 | 84 | | 15 | 面条（全麦粉，细） | 37 |
| | 3 | 蔗糖 | 65 | | 16 | 面条（白细，煮） | 41 |
| | 4 | 果糖 | 23 | | 17 | 面条（硬质小麦粉，细煮） | 55 |
| | 5 | 乳糖 | 46 | | 18 | 线面条（实心，细） | 35 |
| | 6 | 麦芽糖 | 105 | | 19 | 通心面（管状，粗） | 45 |
| | 7 | 蜂蜜 | 73 | | 20 | 面条（小麦粉，硬，扁粗） | 46 |
| | 8 | 胶质软糖 | 80 | | 21 | 面条（硬质小麦粉，加鸡蛋，粗） | 49 |
| | 9 | 巧克力 | 49 | | 22 | 面条（硬质小麦粉，细） | 55 |
| | 10 | MM巧克力 | 32 | | 23 | 面条（挂面，全麦粉） | 57 |
| | 11 | 方糖 | 65 | | 24 | 面条（挂面，精制小麦粉） | 55 |
| 谷类及制品 | | | | | 25 | 馒头（全麦粉） | 82 |
| | 12 | 小麦（整粒，煮） | 41 | | 26 | 馒头（精制小麦粉） | 85 |
| | 13 | 粗麦粉（蒸） | 65 | | 27 | 馒头（富强粉） | 88 |
| | | | | | 28 | 烙饼 | 80 |

续上表

| 食物类 | 序号 | 食物名称 | GI | 序号 | 食物名称 | GI |
|---|---|---|---|---|---|---|
| | 29 | 油条 | 75 | 44 | 大麦（整粒，煮） | 25 |
| | 30 | 稻麸 | 19 | 45 | 大麦粉 | 66 |
| | 31 | 米粉 | 54 | 46 | 黑麦（整粒，煮） | 34 |
| | 32 | 大米粥 | 69 | 47 | 玉米（甜） | 55 |
| | 33 | 大米饭（籼米，糙米） | 71 | 48 | 玉米面（粗粉，煮） | 68 |
| | 34 | 大米饭（粳米，糙米） | 78 | 49 | 玉米面粥 | 50 |
| | 35 | 大米饭（籼米，精米） | 82 | 50 | 玉米糁粥 | 51 |
| | 36 | 大米饭（粳米，精米） | 90 | 51 | 玉米饼 | 46 |
| | 37 | 黏米饭/含直链淀粉高，煮 | 50 | 52 | 玉米片（市售） | 79 |
| | 38 | 黏米饭/含直链淀粉低，煮 | 88 | 53 | 玉米片（高纤维，市售） | 74 |
| | 39 | 黑米饭 | 55 | 54 | 小米（煮） | 71 |
| | 40 | 速冻米饭 | 87 | 55 | 小米粥 | 60 |
| | 41 | 糯米饭 | 87 | 56 | 米饼 | 82 |
| | 42 | 大米糯米粥 | 65 | 57 | 荞麦（黄） | 54 |
| | 43 | 黑米粥 | 42 | 58 | 荞麦面条 | 59 |

续上表

| 食物类 | 序号 | 食物名称 | GI | 序号 | 食物名称 | GI |
|---|---|---|---|---|---|---|
| | 59 | 荞麦面馒头 | 67 | 74 | 饼干（小麦片） | 69 |
| | 60 | 燕麦麸 | 55 | | 薯类，淀粉及制品 | |
| | 61 | 莜麦饭（整粒） | 49 | 75 | 马铃薯 | 62 |
| | 62 | 糜子饭（整粒） | 72 | 76 | 马铃薯（煮） | 66 |
| | 63 | 燕麦饭（整粒） | 42 | 77 | 马铃薯（烤） | 60 |
| | 64 | 燕麦片粥 | 55 | 78 | 马铃薯（蒸） | 65 |
| | 65 | 即食燕麦粥 | 79 | 79 | 马铃薯（用微波炉烤） | 82 |
| | 66 | 白面包 | 75 | 80 | 马铃薯（烧烤，无油脂） | 85 |
| | 67 | 全麦（全麦面包） | 74 | 81 | 马铃薯泥 | 87 |
| | 68 | 面包（未发酵小麦） | 70 | 82 | 马铃薯粉条 | 14 |
| | 69 | 印度卷饼 | 62 | 83 | 马铃薯片（油炸） | 60 |
| | 70 | 薄煎饼（美式） | 52 | 84 | 炸薯条 | 60 |
| | 71 | 意大利面（精制面粉） | 49 | 85 | 甘薯（山芋） | 54 |
| | 72 | 意大利面（全麦） | 48 | 86 | 甘薯（红，煮） | 77 |
| | 73 | 乌冬面 | 55 | 87 | 藕粉 | 33 |

续上表

| 食物类 | 序号 | 食物名称 | GI | 序号 | 食物名称 | GI |
|---|---|---|---|---|---|---|
| | 88 | 苕粉 | 35 | 102 | 扁豆（绿，小，罐头） | 52 |
| | 89 | 粉丝汤（豌豆） | 32 | 103 | 小扁豆汤 | 44 |
| 豆类及其制品 | | | | 104 | 利马豆（棉豆） | 31 |
| | 90 | 黄豆（浸泡） | 18 | 105 | 利马豆（加5 g蔗糖） | 30 |
| | 91 | 黄豆（罐头） | 14 | 106 | 利马豆（加10 g蔗糖） | 31 |
| | 92 | 黄豆挂面（有面粉） | 67 | 107 | 利马豆（嫩，冷冻） | 32 |
| | 93 | 豆腐（炖） | 32 | 108 | 鹰嘴豆 | 33 |
| | 94 | 豆腐（冻） | 22 | 109 | 鹰嘴豆（罐头） | 42 |
| | 95 | 豆腐干 | 24 | 110 | 咖喱鹰嘴豆（罐头） | 41 |
| | 96 | 绿豆 | 27 | 111 | 青刀豆 | 39 |
| | 97 | 绿豆挂面（五香） | 33 | 112 | 青刀豆（罐头） | 45 |
| | 98 | 蚕豆 | 17 | 113 | 豌豆 | 42 |
| | 99 | 扁豆 | 38 | 114 | 黑马诺豆 | 46 |
| | 100 | 扁豆（红，小） | 26 | 115 | 黑豆汤 | 46 |
| | 101 | 扁豆（绿，小） | 30 | 116 | 四季豆 | 27 |

续上表

| 食物类 | 序号 | 食物名称 | GI | 食物类 | 序号 | 食物名称 | GI |
|---|---|---|---|---|---|---|---|
| | 117 | 四季豆（高压处理） | 34 | | 131 | 芹菜 | 15 |
| | 118 | 四季豆（罐头） | 52 | | 132 | 黄瓜 | 15 |
| | 119 | 芸豆 | 24 | | 133 | 茄子 | 15 |
| 蔬菜类 | | | | | 134 | 鲜青豆 | 15 |
| | 120 | 甜菜 | 64 | | 135 | 莴笋（各种类型） | 15 |
| | 121 | 胡萝卜（金笋） | 71 | | 136 | 生菜 | 15 |
| | 122 | 南瓜（倭瓜，番瓜） | 75 | | 137 | 青椒 | 15 |
| | 123 | 麝香瓜 | 65 | | 138 | 西红柿 | 15 |
| | 124 | 山药（薯蓣） | 51 | | 139 | 菠菜 | 15 |
| | 125 | 雪魔芋 | 17 | | 140 | 胡萝卜（煮） | 39 |
| | 126 | 芋头（蒸芋艿） | 48 | 水果类及制品 | | | |
| | 127 | 朝鲜笋 | 15 | | 141 | 苹果 | 36 |
| | 128 | 芦笋 | 15 | | 142 | 梨 | 36 |
| | 129 | 绿菜花 | 15 | | 143 | 桃子 | 28 |
| | 130 | 菜花 | 15 | | 144 | 桃子（罐头，含果汁） | 30 |

续上表

| 食物类 | 序号 | 食物名称 | GI | 序号 | 食物名称 | GI |
|---|---|---|---|---|---|---|
| | 145 | 桃子（罐头，含糖浓度低） | 52 | 160 | 芭蕉（甘蕉板蕉） | 53 |
| | 146 | 桃子（罐头，含糖浓度高） | 58 | 161 | 香蕉 | 52 |
| | 147 | 杏干 | 31 | 162 | 香蕉（生） | 30 |
| | 148 | 杏罐头，含淡味果汁 | 64 | 163 | 西瓜 | 72 |
| | 149 | 李子 | 24 | 164 | 哈密瓜 | 70 |
| | 150 | 樱桃 | 22 | 165 | 枣 | 42 |
| | 151 | 葡萄 | 43 | 166 | 草莓酱（果冻） | 49 |
| | 152 | 葡萄干 | 64 | 种子类 | | |
| | 153 | 葡萄（淡黄色，小无核） | 56 | 167 | 花生 | 14 |
| | 154 | 猕猴桃 | 52 | 168 | 腰果 | 25 |
| | 155 | 柑（橘子） | 43 | 乳类及乳制品 | | |
| | 156 | 柚子 | 25 | 169 | 牛奶 | 28 |
| | 157 | 巴婆果 | 58 | 170 | 牛奶（加糖和巧克力） | 34 |
| | 158 | 菠萝 | 66 | 171 | 牛奶（加人工甜味剂和巧克力） | 24 |
| | 159 | 杧果 | 55 | 172 | 全脂牛奶 | 27 |

续上表

| 食物类 | 序号 | 食物名称 | GI | 序号 | 食物名称 | GI |
|---|---|---|---|---|---|---|
| | 173 | 脱脂牛奶 | 32 | 187 | 小麦片 | 69 |
| | 174 | 低脂牛奶 | 12 | 188 | 燕麦片（混合） | 83 |
| | 175 | 降糖奶粉 | 26 | 189 | 荞麦方便面 | 53 |
| | 176 | 老年奶粉 | 40 | 190 | 即食羹 | 69 |
| | 177 | 克糖奶粉 | 47.6 | 191 | 营养饼 | 66 |
| | 178 | 酸奶（加糖） | 48 | 192 | 全麦维（家乐氏） | 42 |
| | 179 | 酸乳酪（普通） | 36 | 193 | 可可米（家乐氏） | 77 |
| | 180 | 酸乳酪（低脂） | 33 | 194 | 比萨（含乳酪） | 60 |
| | 181 | 酸乳酪（低脂，加入人工甜味剂） | 14 | 195 | 汉堡包 | 61 |
| | 182 | 豆奶 | 19 | 196 | 白面包 | 88 |
| | 183 | 冰激凌 | 51 | 197 | 面包（全麦粉） | 69 |
| | 184 | 酸奶（水果） | 41 | 198 | 面包（粗面粉） | 64 |
| 速食食品 | | | | 199 | 面包（黑麦） | 65 |
| | 185 | 大米（即食，煮1分钟） | 46 | 200 | 面包（小麦粉，高纤维） | 68 |
| | 186 | 大米（即食，煮6分钟） | 87 | 201 | 面包（小麦粉，去面筋） | 70 |

328

续上表

| 食物类 | 序号 | 食物名称 | GI | 序号 | 食物名称 | GI |
|---|---|---|---|---|---|---|
| | 202 | 面包（小麦粉，含水果干） | 47 | 217 | 小麦饼干 | 70 |
| | 203 | 面包（50%~80%碎小麦粒） | 52 | 218 | 苏打饼干 | 72 |
| | 204 | 面包（75%~80%大麦粒） | 34 | 219 | 华夫饼干 | 76 |
| | 205 | 面包（50%大麦粒） | 46 | 220 | 香草华夫饼干 | 77 |
| | 206 | 面包（80%~100%大麦粉） | 66 | 221 | 膨化薄脆饼干 | 81 |
| | 207 | 面包（黑麦粒） | 50 | 222 | 闲趣饼干（达能） | 47 |
| | 208 | 面包（45%~50%燕麦麸） | 47 | 223 | 牛奶香脆饼干 | 39 |
| | 209 | 面包（80%燕麦粒） | 65 | 224 | 酥皮糕点 | 59 |
| | 210 | 面包（混合谷物） | 45 | 225 | 爆玉米花 | 55 |
| | 211 | 新月形面包 | 67 | | 饮料类 | |
| | 212 | 棍子面包 | 90 | 226 | 苹果汁 | 41 |
| | 213 | 燕麦粗粉饼干 | 55 | 227 | 水蜜桃汁 | 33 |
| | 214 | 油酥脆饼干 | 64 | 228 | 巴梨汁（罐头） | 44 |
| | 215 | 高纤维黑麦薄脆饼干 | 65 | 229 | 菠萝汁（不加糖） | 46 |
| | 216 | 竹芋粉饼干 | 66 | 230 | 柚子汁（不加糖） | 48 |

续上表

| 食物类 | 序号 | 食物名称 | GI | 食物类 | 序号 | 食物名称 | GI |
|---|---|---|---|---|---|---|---|
| | 231 | 橙汁（纯果汁） | 50 | | 244 | 包子/芹菜猪肉 | 39 |
| | 232 | 橘子汁 | 57 | | 245 | 硬质小麦粉肉馅馄饨 | 39 |
| | 234 | 可乐饮料 | 40 | | 246 | 牛肉面 | 89 |
| | 235 | 芬达饮料 | 68 | | 247 | 米饭 + 鱼 | 37 |
| | 236 | 啤酒（澳大利亚产） | 66 | | 248 | 米饭 + 芹菜炒猪肉 | 57 |
| | 237 | 冰激凌 | 61 | | 249 | 米饭 + 炒蒜苗 | 58 |
| | 238 | 冰激凌/低脂 | 50 | | 250 | 米饭 + 蒜苗炒鸡蛋 | 68 |
| 混合膳食及其他 | | | | | 251 | 米饭 + 红烧猪肉 | 73 |
| | 239 | 馒头 + 芹菜炒鸡蛋 | 49 | | 252 | 玉米粉加入人造黄油/煮 | 69 |
| | 240 | 馒头 + 酱牛肉 | 49 | | 253 | 猪肉炖粉条 | 17 |
| | 241 | 馒头 + 黄油 | 68 | | 254 | 西红柿汤 | 38 |
| | 242 | 饼 + 鸡蛋炒木耳 | 48 | | 255 | 二合面窝头/玉米面 + 面粉 | 65 |
| | 243 | 饺子/三鲜 | 28 | | 256 | 牛奶蛋糊/牛奶 + 淀粉 + 糖 | 43 |

# 参考文献

[1] 杨月欣，中国疾病预防控制中心营养与健康所. 中国食物成分表标准版 第一册 [M]. 6版. 北京：北京大学医学出版社，2018.

[2] 杨月欣，中国疾病预防控制中心营养与健康所. 中国食物成分表标准版 第二册 [M]. 6版. 北京：北京大学医学出版社，2019.

[3] 孙长颢. 营养与食品卫生学 [M]. 8版. 北京：人民卫生出版社，2017.

[4] 中国营养学会. 中国居民膳食营养素参考摄入量（2013版）[M]. 北京：科学出版社，2014.

[5] 杨月欣. 实用食物营养成分分析手册 [M]. 北京：中国轻工业出版社，2002.

[6] 中国营养学会. 中国居民膳食指南（2016）[M]. 北京：人民卫生出版社，2017.

[7] 周俭. 中医营养学 [M]. 北京：中国中医药出版社，2012.

[8] 孙秋华. 中医护理学 [M]. 北京：人民卫生出版社，2017.

[9] 路志正. 国医大师的养生汤 [M]. 天津：天津人民出版社，2017.

[10] 国医编委会. 食疗药膳养生大全 [M]. 哈尔滨：黑龙江科学技术出版社，2015.

[11] 吴剑坤，于雅婷. 本草纲目中药煲汤养生速查全书 [M]. 南京：江苏凤凰科学技术出版社，2015.

[12] 赵佶. 圣济总录 [M]. 北京：人民卫生出版社，1992.

[13] 中国大百科全书出版社. 中国烹饪百科全书 [M]. 北京：中国大百科全书出版社，1992.

［14］黄明超. 粤菜烹饪教程［M］. 北京：中国轻工业出版社，2003.

［15］巫炬华，邓宇兵，沈为林. 现代粤菜烹调技术［M］. 北京：机械工业出版社，2012.

［16］秦艳芬. 广东靓汤［M］. 广州：广东科技出版社，2004.

［17］徐峰. 岭南养生汤特色研究. 广东省研究生学术论坛中医养生学分论坛：广东省研究生学术论坛中医养生学分论坛文集［C］. 2013.

［18］杨小红，陈团营. 万全儿科三书（校注）［M］. 郑州：河南科学技术出版社，2019.

［19］叶桔泉. 食物中药与便方［M］. 南京：江苏人民出版社，1973.

［20］邢淑婕，王家东. 食品卫生学［M］. 北京：中国科学技术出版社，2013.

［21］柳春红，刘烈刚. 食品卫生学［M］. 北京：科学出版社，2013.

［22］刘冬梅，邓桂兰. 食品营养与卫生［M］. 北京：中国轻工业出版社，2015.

［23］黄昆仑，车会莲. 现代食品安全学［M］. 北京：科学出版社，2019.

［24］郭元新. 食品安全与质量管理［M］. 北京：中国纺织出版社，2020.

［25］周芸. 临床营养学［M］. 4版. 北京：人民卫生出版社，2017.